APPRENDRE AUTODESK INVENTOR

Manuel de formation pratique

© 2019, SAIDANI Walid

ISBN : 978-2-9568738-0-8

ISBN e-book : 978-2-9568738-1-5

E-mail : contact@apprendre-le-dao.com

Site web : www.apprendre-le-dao.com

Table des matières

Introduction

1. <u>A propos d'Autodesk Inventor :</u>

Inventor est un logiciel de modélisation 3D réalisé par la société Autodesk, également créateur du logiciel de DAO AutoCAD.

Il permet d'exploiter le concept de conception paramétrique. C'est un logiciel de dessin technique à vocation mécanique que l'on retrouve dans plusieurs domaines :

- Automobile
- Architecture
- Construction
- Biens de consommation
- Équipement industriel
- Matériel industriel
- Éducation
- Électricité

Ce logiciel permet principalement de modéliser :

- Pièce

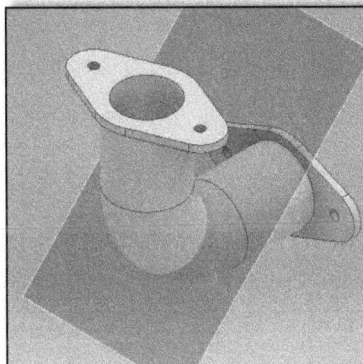

- Assemblage

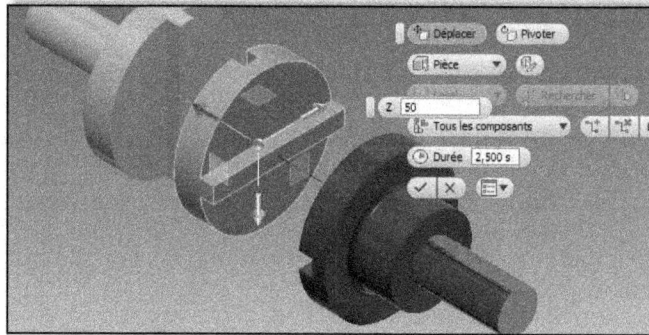

- Dessin sous forme de plan

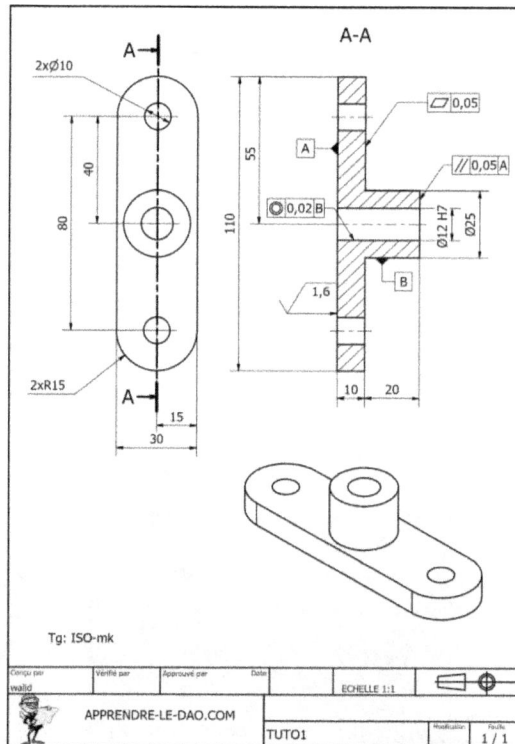

2. Objectifs du livre :

Le but principal de ce livre est d'apprendre à dessiner avec Autodesk Inventor. On ne va pas se limiter à apprendre les commandes et les fonctionnalités du logiciel, en fait, on va apprendre aussi à élaborer des dessins industriels compréhensibles par l'opérateur de la machine en appliquant les règles du dessin industriel.

Dans cet ouvrage, j'ai tout fait pour qu'il soit aussi à la portée des personnes qui n'ont pas suivis des branches techniques soit dans le lycée soit à l'université. La volonté et l'enthousiasme suffisent pour débuter une carrière de dessinateur projeteur mécanique.

J'ai élaboré ce livre avec l'esprit du **PARETO** (règle 20-80), dont le principe est d'apprendre le maximum et l'essentiel d'Inventor en pratiquant le minimum d'exercices. Ainsi, les modèles que j'avais sélectionnés dans les applications pour ce livre englobent la majorité des commandes pour les différents gabarits (2D, 3D, Ensemble…). Par la suite, vous serez capables à modéliser d'autres pièces similaires ou même plus complexes.

Chapitre.1 Initiation avec Inventor

Dans ce chapitre vous trouverez un guide simple pour installer Autodesk Inventor, ensuite vous découvrez l'interface du logiciel ainsi les différents gabarits et les commandes afin de comprendre leur utilité.

1. Installation :

C'est important que vous ayez Autodesk Inventor installé déjà dans vos ordinateurs pour que vous puissiez pratiquer en même temps en lisant ce livre.

Si vous êtes étudiant, vous obtenez une licence gratuite pour 3 ans, il suffit juste de suivre ces instructions :

> ➢ Accédez au site officiel de l'éditeur du logiciel Autodesk(**www.autodesk.com**).

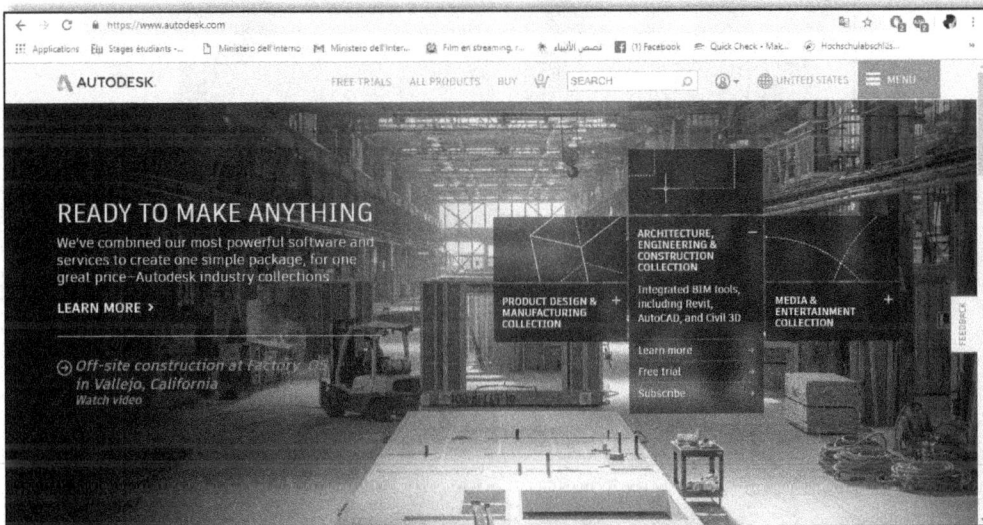

➢ Cliquez en haut à droit sur "**Menu**" puis cliquez sur "**STUDENTS AND EDUCATORS**".

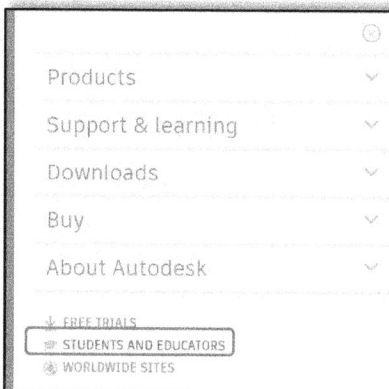

➢ Cliquez ensuite sur "**Start now**" dans "**Download free software**".

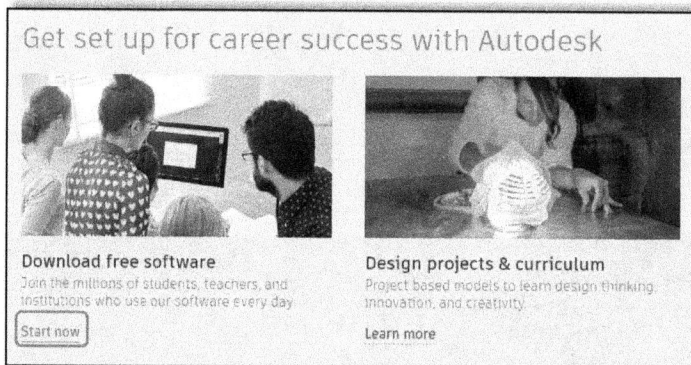

➢ Cliquez sur le logiciel "**Inventor**" dans la liste des produits offerts par l'éditeur.

> Appuyez ''**CREATE ACCOUNT**'' pour créer un compte dans Autodesk si vous n'avez pas.

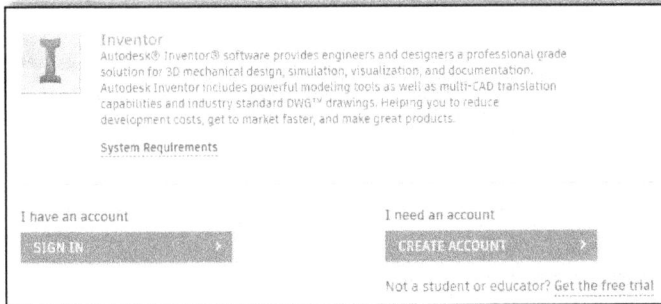

> Entrez les informations demandées : votre pays et votre statut.

Par exemple : ''Country''-> **France**'' et ''Educational role'' -> **Student**''.

Ensuite, il vous sera demandé la date de naissance.

➤ Cliquez sur ''**Next**''.
➤ Remplir vos données de compte.

➤ Cochez ''**I agree...**'' pour accepter les conditions de traitement de votre compte puis cliquez ''**CREATE ACCOUNT**''.

Après avoir créé le compte vérifiez votre boite mail.

➤ Cliquez ''**VERIFY EMAIL**'' dans le mail que vous avez reçu depuis Autodesk.

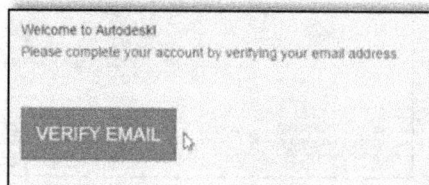

Et voilà votre compte est vérifié.

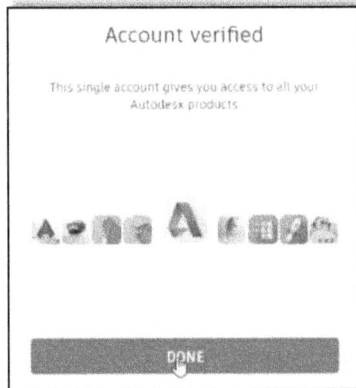

Après la création et la validation du compte, revenez à cette page.

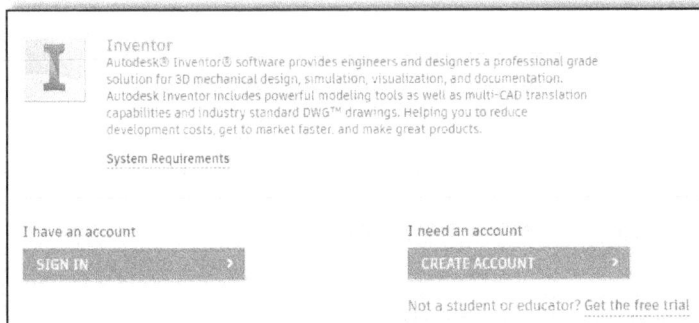

> Cliquez ''**SIGN IN**'' et entrez l'e-mail et le mot de passe de votre compte.

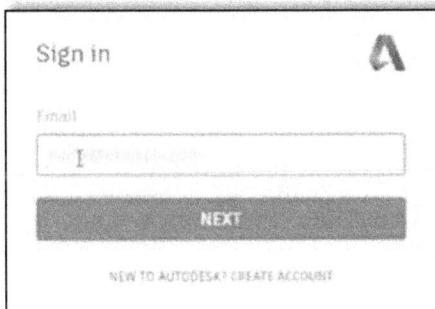

➢ Cliquez ''**DOWNLOAD NOW**''.

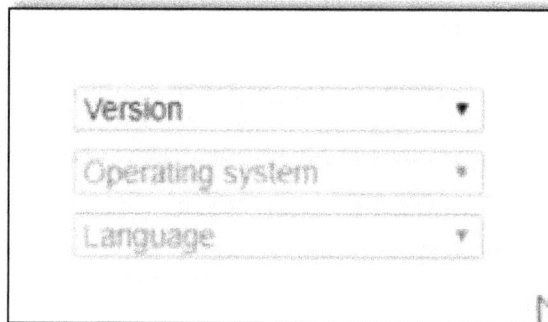

➢ Sélectionnez la version d'Inventor.

Dans ce livre, on va travailler avec la **version 2018**.

Dans ''**Operating system**'', sélectionnez le processeur de votre ordinateur (**32bits- 64bits**).

➢ Choisir enfin la langue (**Français**).

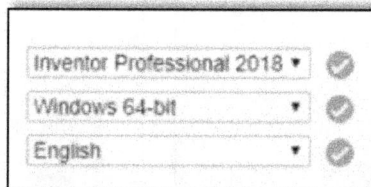

Une fois que vous avez fini de remplir les caractéristiques de votre version Inventor, il vous sera affiché le numéro de série et la clé de votre produit.

Vous pouvez faire une capture d'écran pour enregistrer les données de la licence de votre version Inventor. De toute façon, Autodesk vous les enverra dans votre boite mail.

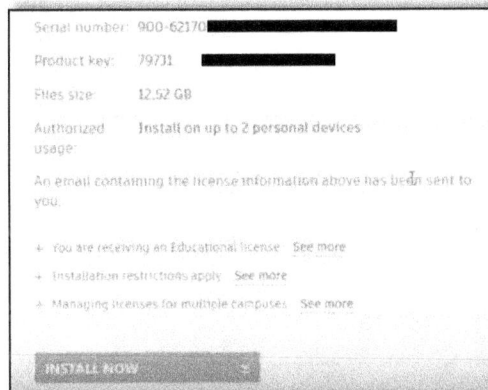

> Cliquez "**INSTALL NOW**".

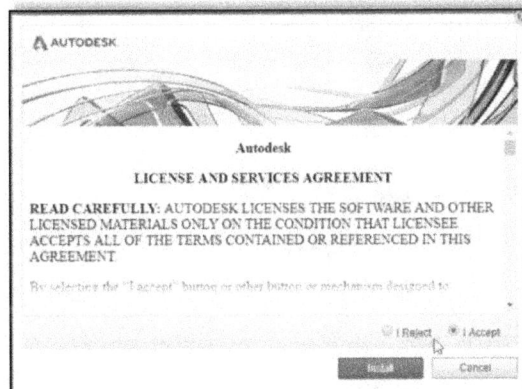

> Sélectionnez "**I Accept**" puis cliquez "**Install**" pour commencer l'installation du logiciel.

Et voilà maintenant votre logiciel est en téléchargement.

> Cliquez dans la barre d'outils en dessous sur le fichier téléchargé.

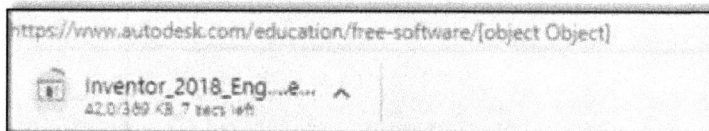

> Cliquez "**Run**" pour exécuter le fichier.

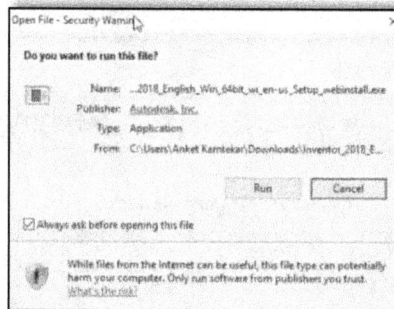

L'installation a commencé.

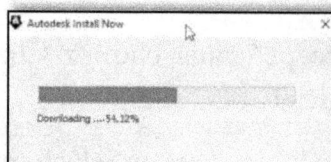

➢ Cliquez ''**Install on this computer**''.

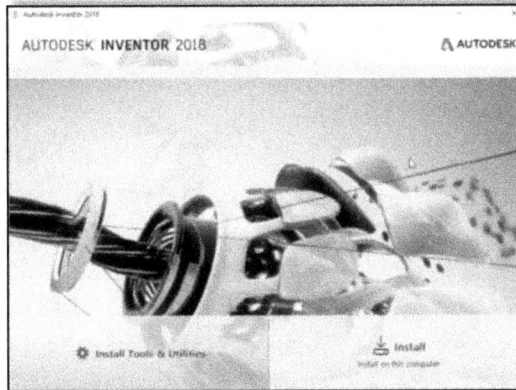

➢ Sélectionnez votre produit (Autodesk Inventor Professional) et cliquez sur ''**Next**''.

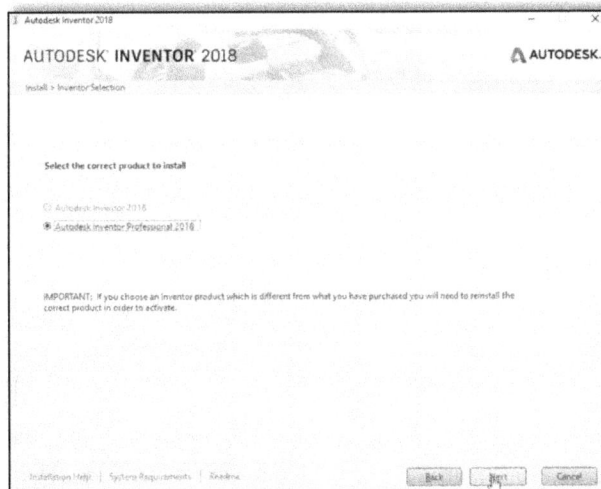

➢ Décochez ''**A360 Desktop**'' puis cliquez ''**Install**''.

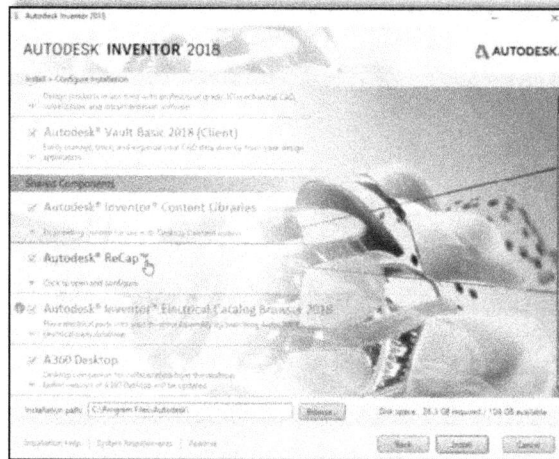

Vous allez attendre environ 30 minutes.

➤ Cliquez sur "**Finish**" une fois l'installation est finie.

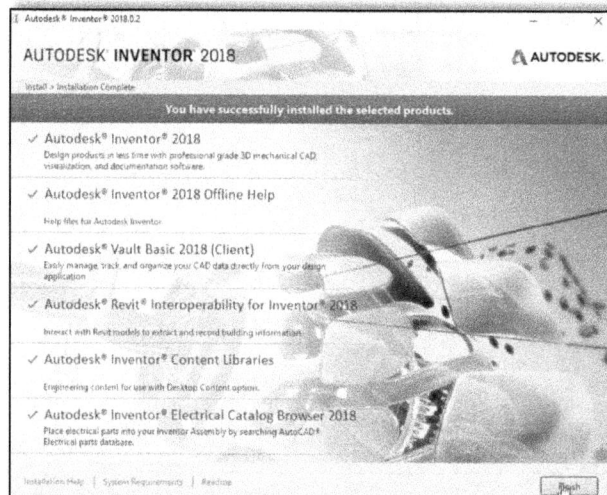

➤ Allez sur votre bureau et cliquez deux fois sur le raccourci du logiciel.
➤ Cliquez "**Enter a Serial Number**".

Let's Get Started

Sign In   Enter a Serial Number   Use a Network License

Select your license type or start a trial.

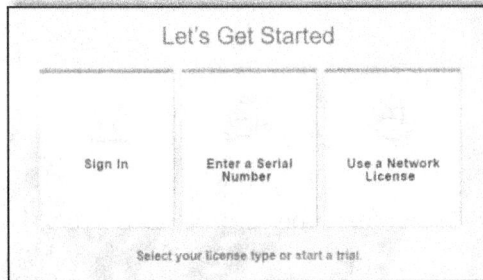

> Cliquez ''**Activate**'' puis entrez les codes envoyés à votre mail.

Enter Serial Number and Product Key

To activate Autodesk Inventor Professional 2018, please enter the Serial Number and Product Key you received at the time of purchase in the fields below. This information can be found on the product package, in your "Autodesk Upgrade and Licensing Information" email, or a similar confirmation email from the point of purchase e.g. online store.

Serial Number:
Product Key:

Back   Close   Next

> Cliquez sur ''**Next**''.

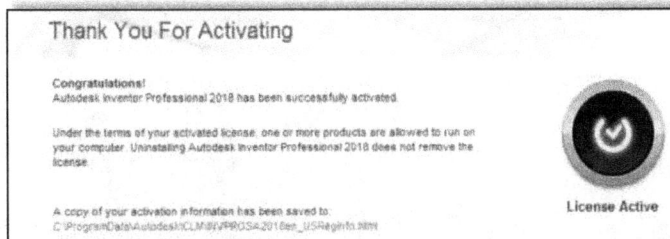

Thank You For Activating

Congratulations!
Autodesk Inventor Professional 2018 has been successfully activated.

Under the terms of your activated license, one or more products are allowed to run on your computer. Uninstalling Autodesk Inventor Professional 2018 does not remove the license.

A copy of your activation information has been saved to:
C:\ProgramData\Autodesk\CLM\BV\PROSA 2018en_USRegInfo.html

License Active

Et voilà, votre licence de 3 ans est activée.

> Cliquez ''**Finish**''.

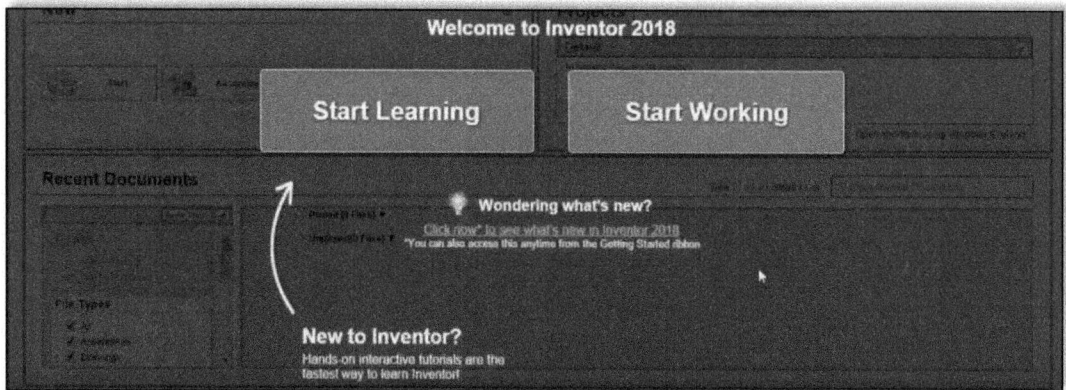

Votre logiciel est bien installé.

➤ Cliquez ''**Start Working**'', si voulez commencer à dessiner.

o Interface utilisateur d'initiation :

Si vous avez fermé Inventor, recliquez deux fois sur le raccourci dans votre bureau pour le relancer.

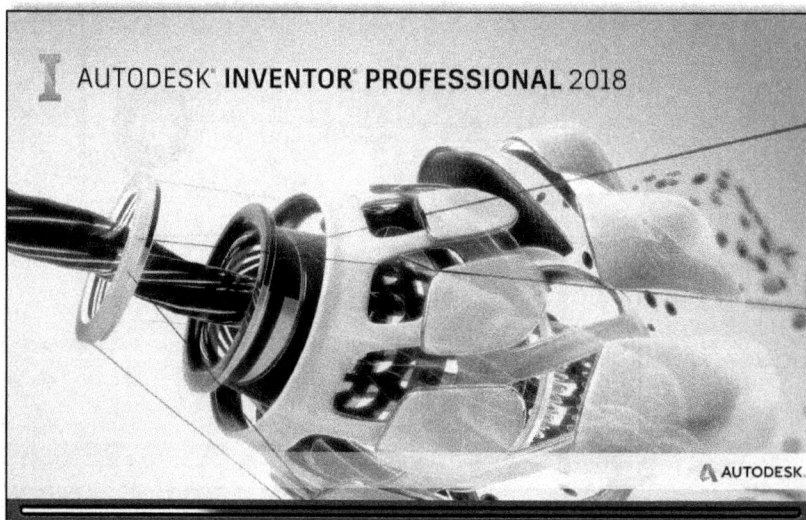

On est maintenant dans cette interface d'initiation, on se trouve dans le ruban ''**MISE EN ROUTE**'' qui est activé par défaut au démarrage du logiciel.

À partir d'ici, on peut créer ou importer des projets Inventor.

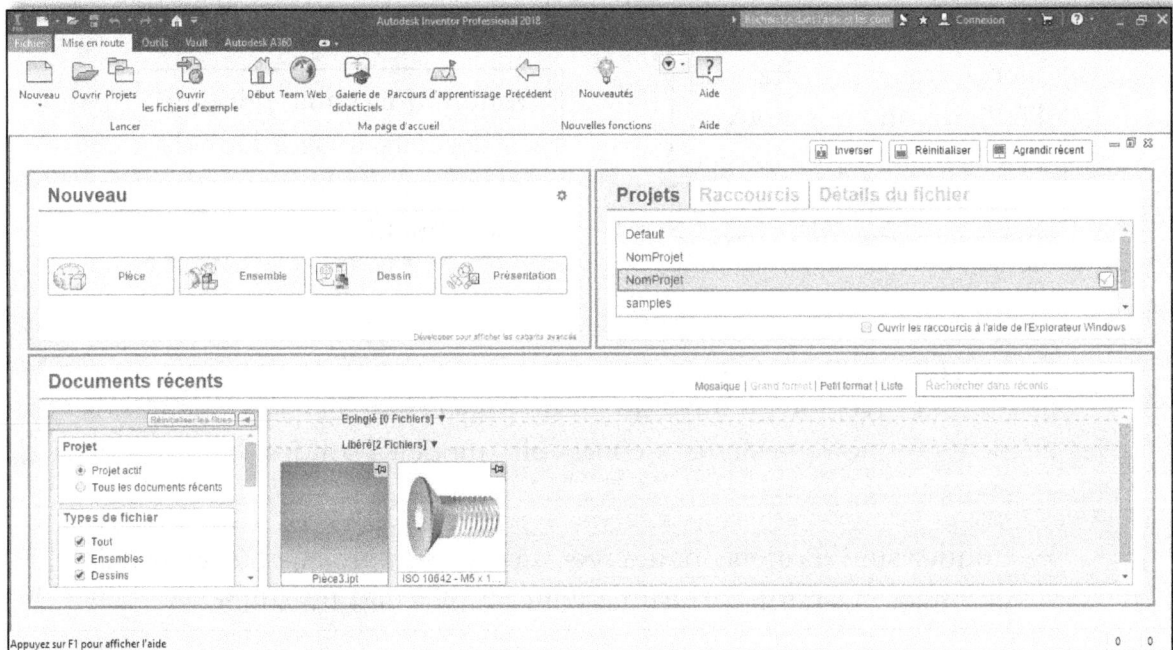

Vous trouverez ci-dessous la fonction de quelques outils et options du ruban ''**MISE EN ROUTE**''.

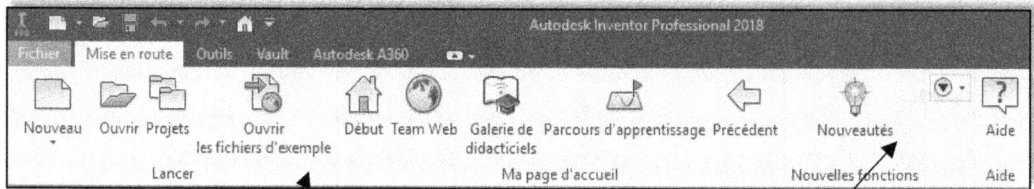

Lien vers le site de l'éditeur, où vous trouvez des fichiers à télécharger pour quelques exemples

Option qui vous présente les derniers mise à jour de votre version (des nouvelles fonctionnalités, ...etc.)

✓ <u>Création d'un projet :</u>

Souvent sur Inventor, on travaille sur un projet complet qui contient tous les éléments de notre système à concevoir (modèles solides 3D, mise en plan, assemblage…).

➢ Cliquez sur '' **Projets** ''pour créer un nouveau projet, vous avez déjà un projet ''**Default**'' sur lequel vous pouvez déjà travailler.

Remarque :

Comme vous voyez dans la photo quand vous pointez le curseur sur n'importe quelle option du ruban une petite description est affichée qui explique son utilité.

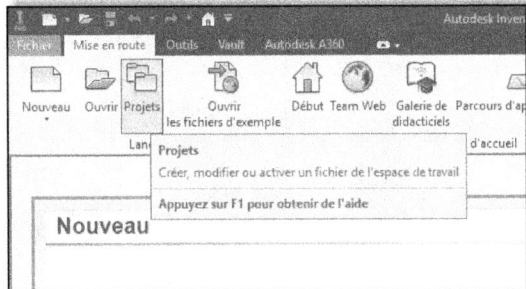

Vous pouvez créer votre propre projet :

➢ Cliquez sur **"CREER"** pour créer votre projet.

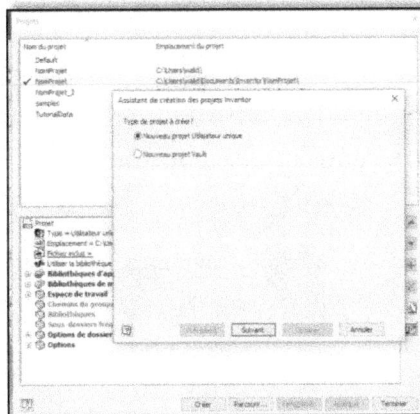

Comme vous allez travailler seul, laissez par défaut l'option ''**Nouveau projet utilisateur unique** ''. En fait, ''**Autodesk vault**'' est un outil de gestion de données intégré à Autodesk utilisé par exemple en cas de travail en équipe sur un même projet.

➢ Nommez votre nouveau projet et choisissez l'emplacement d'enregistrement puis cliquez sur ''**Terminer**''.

<u>Remarque</u> : On constate que dans ''**Fichier projet à créer** '' l'extension de l'ensemble de projet est ''**.ipj** ''.

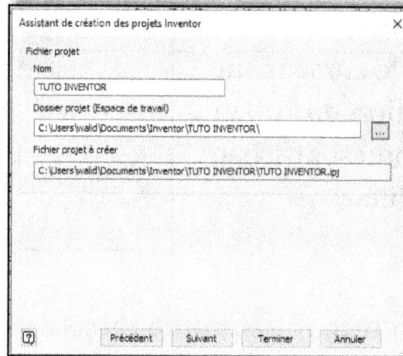

> Cliquez sur '' **Terminer**''.

✓ <u>Choix du gabarit :</u>

> Cliquez sur ''**Nouveau**'' pour commencer à créer les éléments de votre projet.

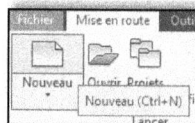

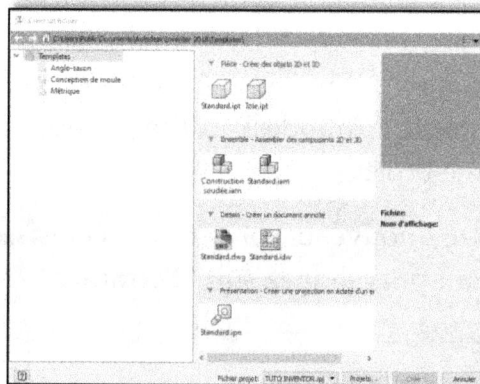

Vous avez au centre de la boite de dialogue "**Créer un fichier**", une liste qui présente des gabarits à partir desquels vous allez créer vos fichiers qui constitueront par la suite l'ensemble de votre projet. Voici la fonction des différents gabarits :

- Créer un objet 3D (solide, surfacique...)
- Mise en plan (2D)
- Créer un assemblage : assembler les pièces conçues dans le premier atelier (objets 3D)
- Créer une projection en éclaté d'un ensemble (on fera des exemples dans les prochains chapitres).

À gauche, vous avez ces trois modèles :

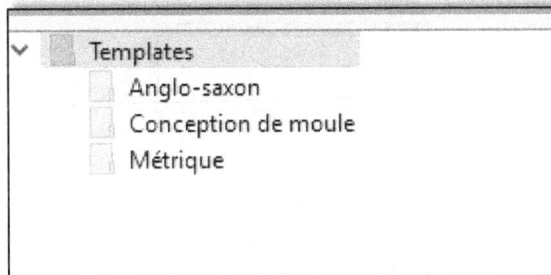

- Conception de moule :

En sélectionnant ce modèle, un gabarit s'affichera sous le nom "**Conception de moule.iam**", c'est un atelier spécial qui consiste à créer des moules.

- Anglo-saxon et Métrique :

La différence entre les deux modèles se base essentiellement sur l'unité de mesure adoptée en dessin. Le premier modèle prend le pouce (inch) comme unité de mesure et le deuxième le millimètre. En fait, chaque modèle est issu d'une norme spécifique.

Pour tous les exemples qu'on va aborder dans ce livre, on va travailler en modèle métrique.

Dans le reste de ce chapitre, on va introduire le gabarit le plus important dans le dessin assisté par ordinateur. En fait, c'est le point de départ d'un étudiant dans l'apprentissage de cette discipline.

C'est un atelier de modélisation paramétrique qui permet de créer des objets 2D et 3D qui peuvent être composés de plusieurs corps.

➤ Sélectionnez ''**Métrique**'' puis '' **Standard (mm).ipt** ''

À droite, vous avez une description du gabarit choisi.

➤ Cliquez sur ''**Créer**'''.

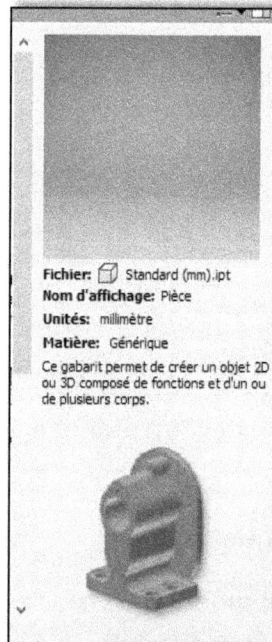

Et là, nous sommes au cœur de notre atelier virtuel de modélisation 3D.

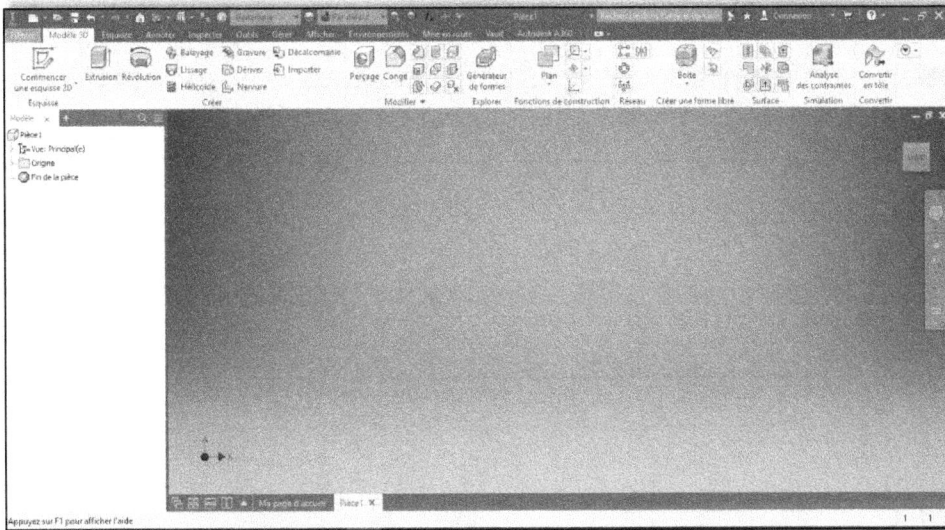

On va détailler le ''Layout'' principal de ce gabarit qui s'affiche par défaut après la création du gabarit :

- Les rubans :

Les rubans, ce sont des barres d'outils dont chacun présente une palette compacte de tous les outils nécessaires pour accomplir les différentes tâches de modélisation.

En fait, le layout du gabarit se compose de plusieurs rubans: ruban ''**Modèle 3D**'', ruban ''**Esquisse**''...ect.

- Ruban ''**Modèle 3D**'':

- Ruban ''**Esquisse**'':

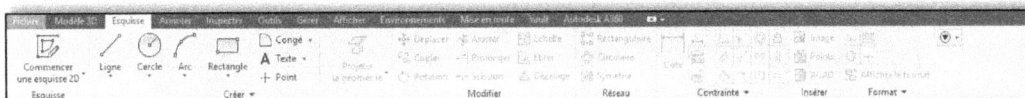

- Ruban "**Annoter**":

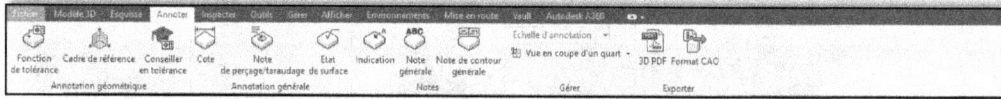

- Ruban "**Outils**":

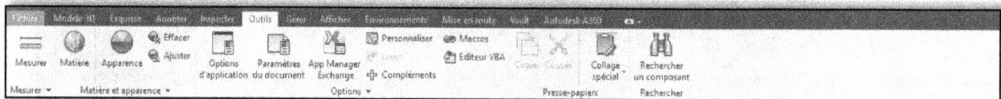

- Barre d'accès rapide:

Elle nous permet d'accéder à : l'aide, se connecter à Autodesk, rechercher dans l'aide…etc.

Aussi, d'autres options liées à la modélisation d'objets comme "**Matière**" et "**Apparence**". On verra plus tard les fonctions de ces options.

- L'arborescence (browser model):

L'arborescence d'un modèle géométrique présente la chronologie suivie au niveau des fonctions dans la modélisation d'un modèle 3D, ainsi la mise en plan et l'assemblage.

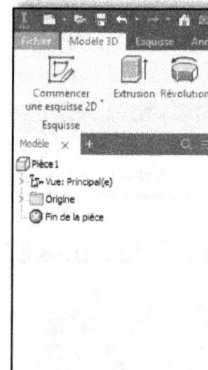

- Le repère de référence.
- Les commandes de la manipulation :

Ce sont des commandes qui permettent de déplacer ou pivoter le modèle en raison d'atteindre une vue ou un détail bien déterminé.

- La barre des messages :
C'est une boite de communication du logiciel qui nous affiche une aide en cas d'erreur par exemple.

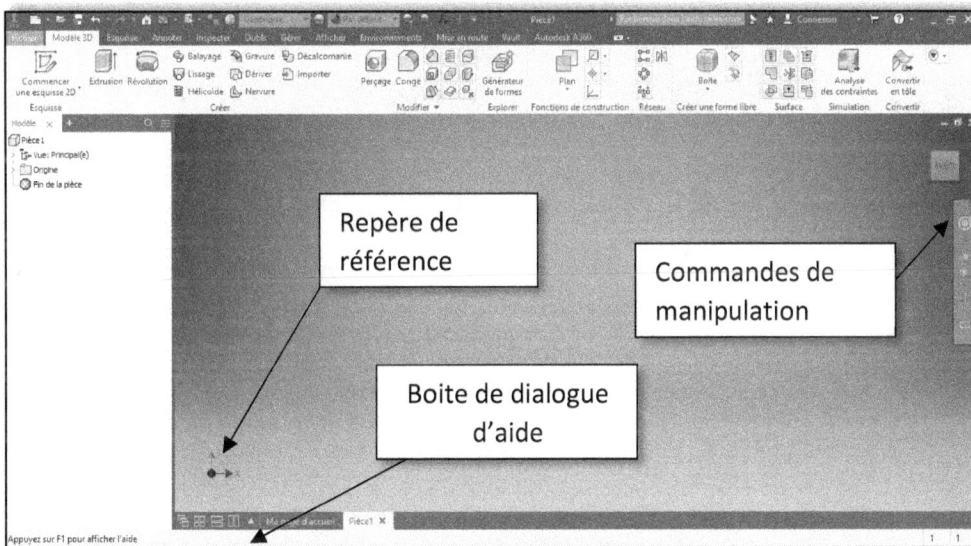

- La commande ''**Fichier**'' :

Cette option existe dans quasi tous les logiciels. Elle consiste à créer, importer ou exporter un fichier et d'autres fonctions.

Bien sûr, il est essentiel d'enregistrer notre travail une fois fini de modéliser. Il est conseillé de sauvegarder après chaque opération.

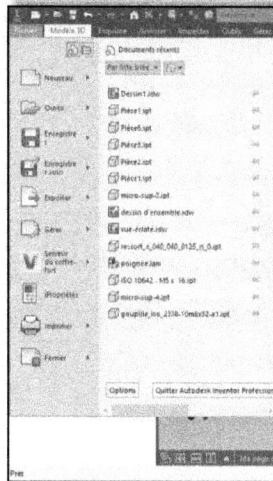

Chapitre.2 Modélisation 3D

1. Introduction :

Dans ce chapitre, on va créer des objets de volume et en fur et à mesure, on expliquera en détail les fonctions géométriques utilisées.

Tous objets de volume, que vous voyez même autour de vous : chaise, souris…etc,

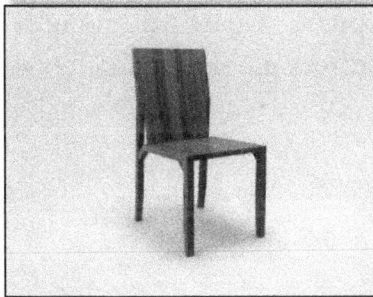

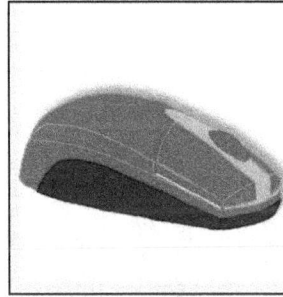

ont été conçu à base de croquis sur des plans 2D. Puis, par la suite, ils sont développés par ajout de volume. L'esquisse présente à la base un croquis 2D élaboré souvent à main libre en forme de contours ou profils imposés par des contraintes de type géométriques et dimensionnelles (dont on en parlera plus tard) afin de le redessiner avec un outil de dessin assisté par ordinateur.

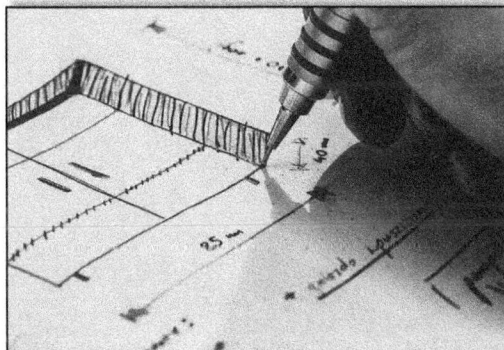

Les modèles que j'avais sélectionnés dans ce livre englobent la majorité des fonctions de modélisation, car mon objectif est que vous maitrisez un maximum de commandes qui vous permet par la suite d'être capable de dessiner même des modèles plus complexes.

2. Applications :

EXERCICE N°1 :

On va modéliser des exemples de pièces à partir d'une mise en plan qui est déjà faite ou une présentation 3D d'une pièce ayant les cotes nécessaires.

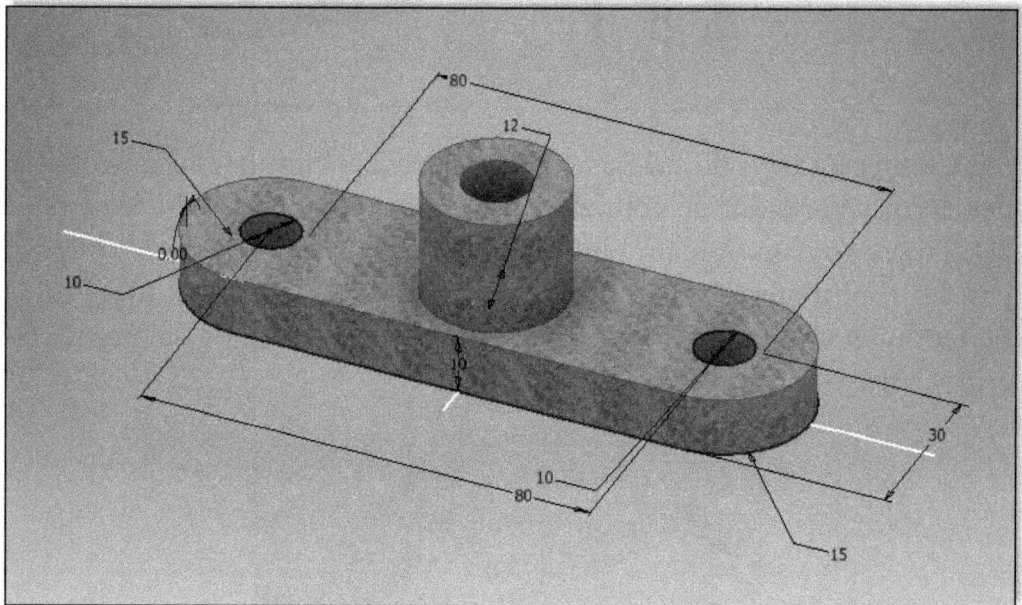

✓ Enregistrement du fichier du modèle :

Revenons à notre projet créé dans le chapitre précédent, nous avons lancé un fichier '' **Standard (mm).ipt** ''.

Tout d'abord, il est conseillé d'enregistrer votre fichier dès le début en cliquant sur l'option fichier puis enregistrer. Vous trouverez aussi cette option dans la barre d'accès rapide ou bien tout simplement à partir du clavier en tapant '' **Ctrl+S** ''.

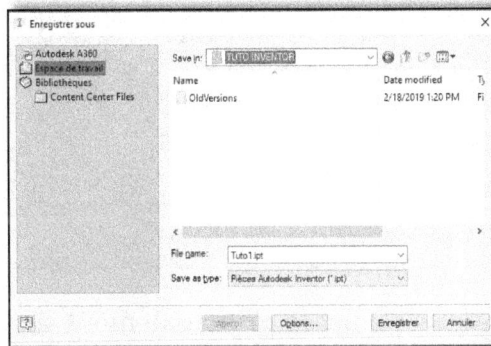

✓ <u>Esquisse :</u>

➢ Cliquez '' **Commencer une esquisse 2D**'' pour créer une nouvelle esquisse.

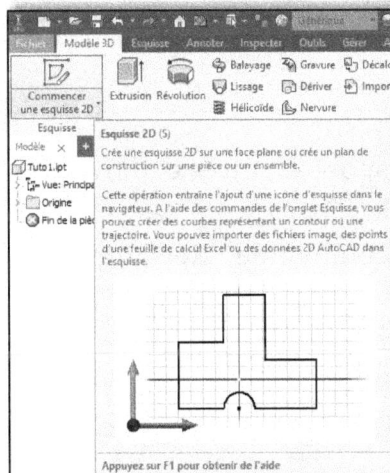

➢ Choisissez un plan de travail à partir du repère de référence cartésien (X, Y, Z)

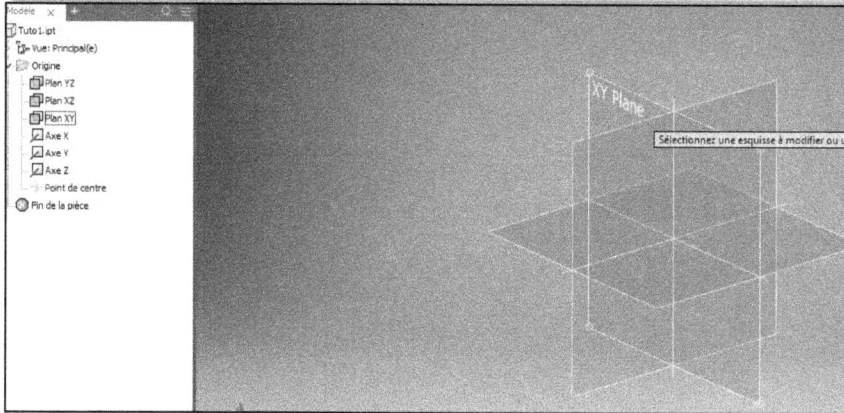

La création de l'esquisse est basée principalement sur ces quatre commandes :

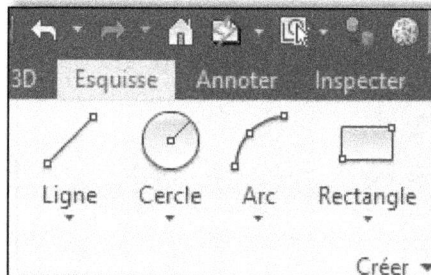

Chaque commande dispose d'autres commandes qui sont généralement dérivées de la principale. Dans notre cas, on va choisir la commande ''**Rainure** '' dérivée de la commande ''**Rectangle**''.

➢ Cliquez sur '' **Rainure** (Centre à centre)''.

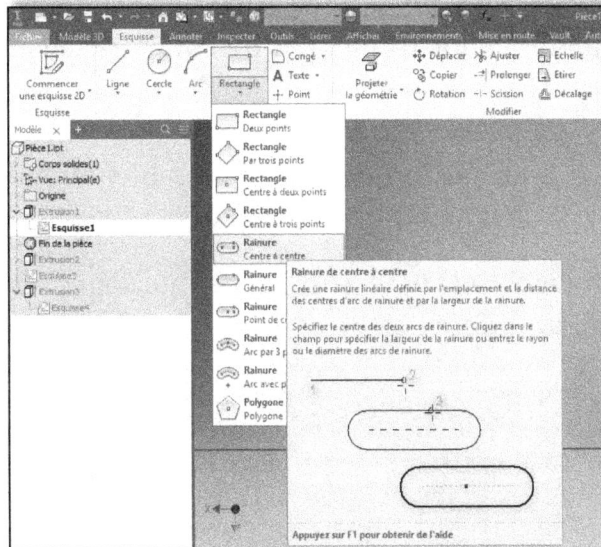

> ➤ Créez ce contour en sélectionnant deux points quelconques du plan.

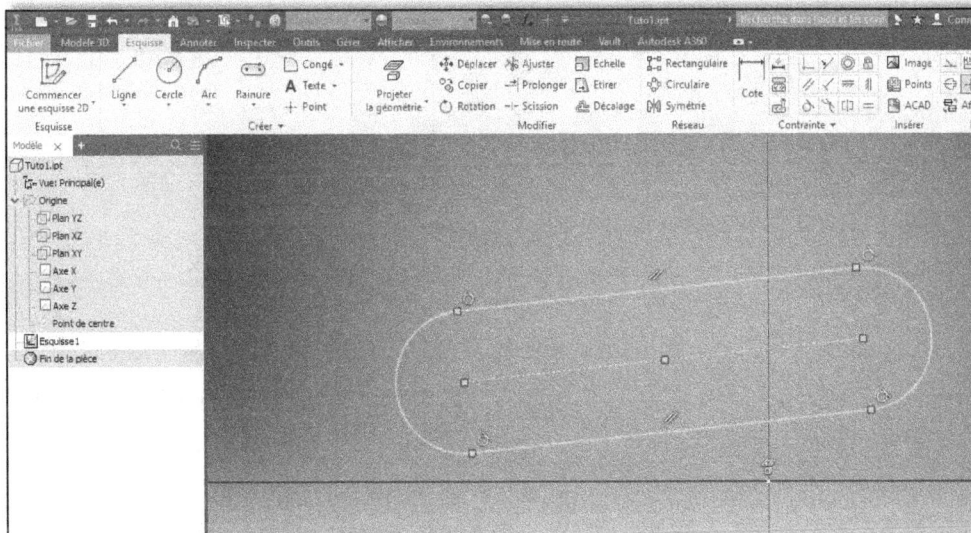

Le contour qu'on vient de créer présente la forme de la base de notre pièce.

Comme vous voyez, il est privé de cotations. Cependant Inventor a généré des contraintes géométriques par défaut (parallélisme, tangente).

- Parallélisme :

En passant le curseur sur l'icône de la contrainte, Inventor nous affiche les entités géométriques en question.

Dans ce cas, il nous a affiché les deux droites qui sont dessinées sous cette contrainte de couleur différente.

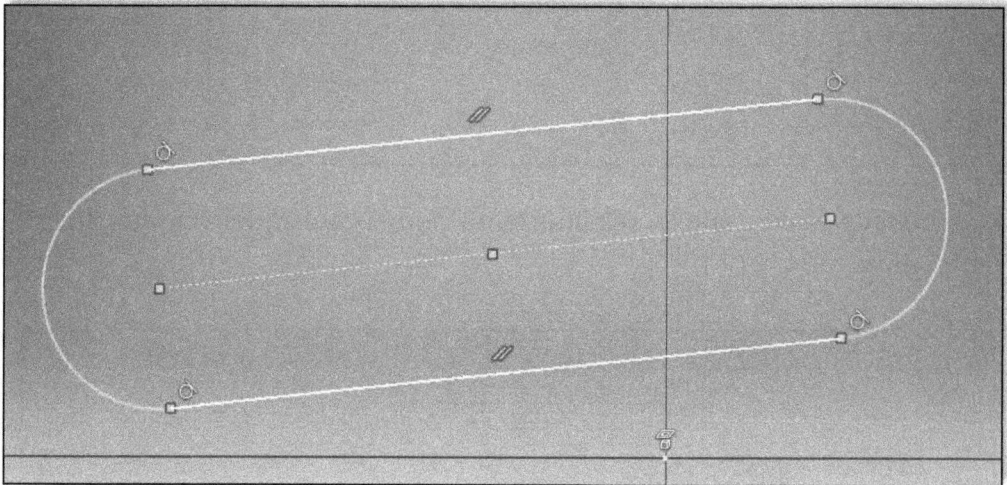

- Tangence :

Cette contrainte est appliquée sur le demi-cercle et l'extrémité de droite. Ici, nous avons quatre contraintes de tangence qui sont nécessaires pour avoir un contour fermé.

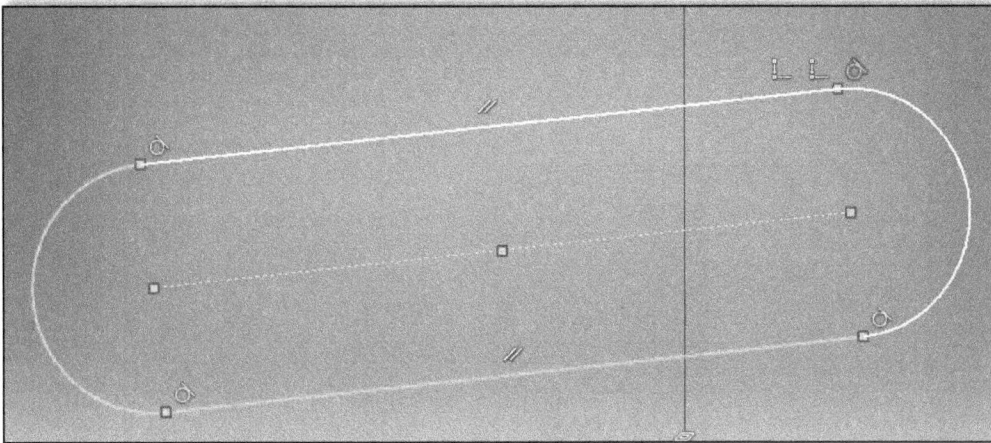

Maintenant, il faut repérer le contour de l'esquisse par rapport au référentiel (X, Y, Z), mais puisque on travaille dans le plan (X, Y) il faut le positionner par rapport à l'axe X et Y.

La question qui se pose pour le dessinateur : quelle position dois-je définir à mon esquisse ?

En réalité, cela n'influe pas sur le modèle 3D et même au niveau de la mise en plan si on repère l'esquisse de manière aléatoire. Mais vue qu'on parle de modélisation paramétrique, c'est très important de bien positionner l'esquisse.

Je vais faire deux exemples de repérage, mais tout d'abord, il vaut mieux projeter les autres plan ((Y, Z) et (X, Z)) sur le plan (X, Y)

  ➢ Cliquez sur la commande ''**Projeter la géométrie**''.

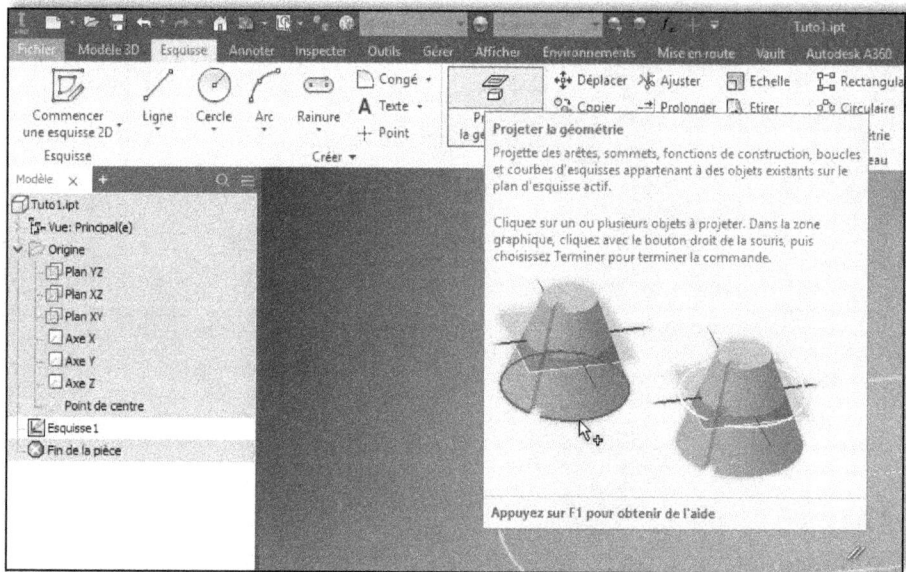

> Sélectionnez les deux plans qu'on veut projeter sur le plan de l'esquisse, qui existent déjà dans l'arborescence du modèle.

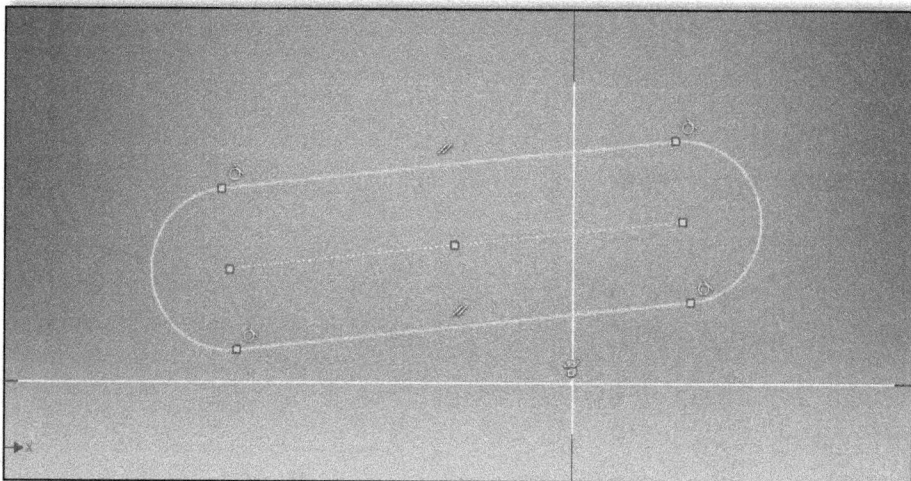

- <u>Repèrage1 :</u>

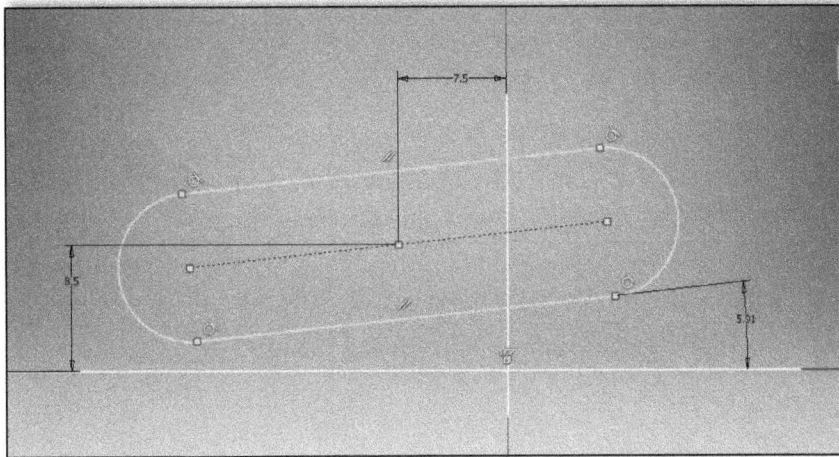

On continue avec les contraintes dimensionnelles pour vous montrer que Inventor va accepter cette position de l'esquisse par rapport au référentiel.

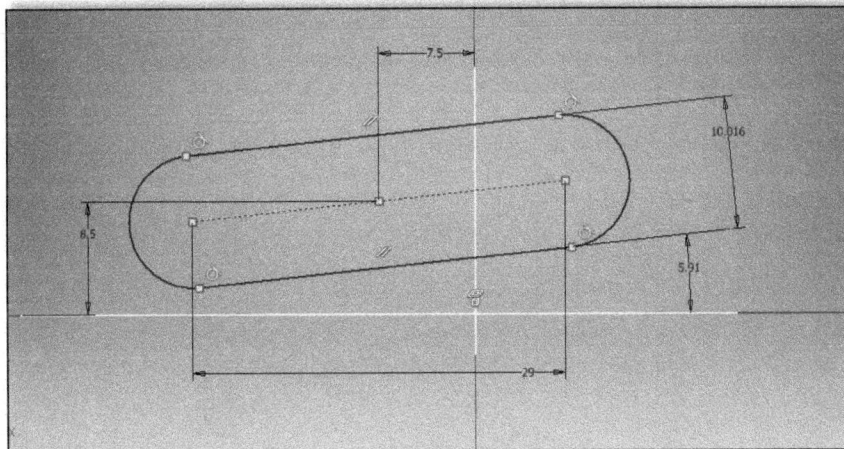

Comme vous voyez, les deux cotes qui manquaient sont la distance entre les deux centres de rainure et sa largeur.

Inventor fait changer la couleur du contour une fois qu'il est entièrement contraint. Il nous affiche alors ce message dans la boite de dialogue au-dessous.

| -45.828 mm, -4.657 mm | Entièrement contraint | 1 | 2 |

En cas d'ajout d'autres contraintes, ceci va surcontraindre l'esquisse.

On va faire un exemple d'ajout d'une cote (cotation de l'un des demi-cercles).

<u>Remarque</u> : ne vous inquiétez pas, on expliquera en détail la cotation.

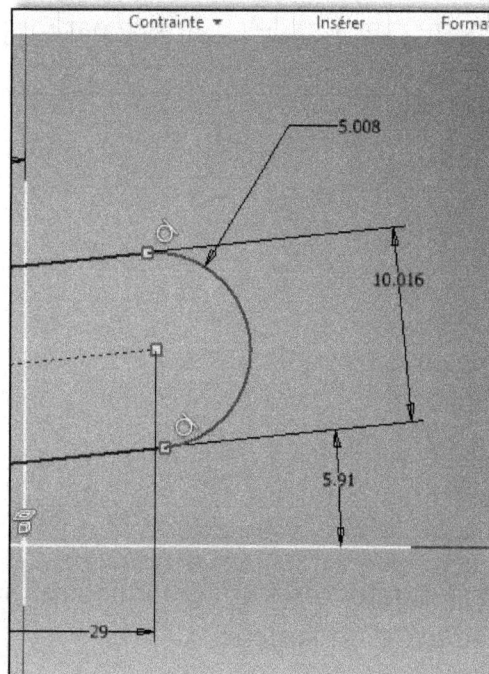

Inventor détecte automatiquement qu'il y a une surcontrainte :

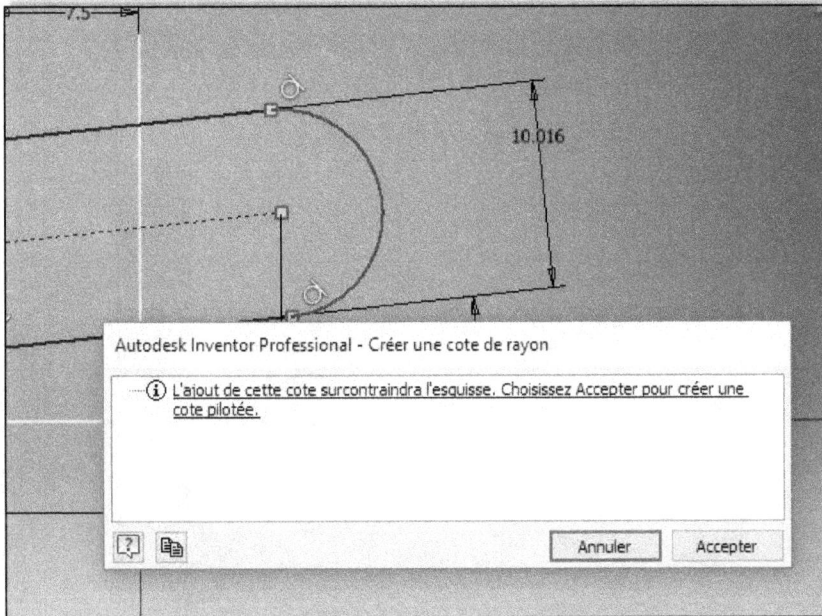

Remarque :

La surcontrainte peut être aussi de type géométrique.

- Repérage2 :

Ce repérage a pour objectif de mettre les éléments géométriques de l'esquisse de manière symétriques.

- o Etape1 : coïncider le centre de la rainure au centre du repère.
- ➤ Cliquez sur la commande ''**Contrainte de coïncidence**'', ensuite sélectionnez le centre de la rainure puis celui du référentiel.

Le contour maintenant a cette nouvelle position :

- Etape2 : appliquer la contrainte de symétrie.

Il y a deux méthodes à suivre du point de vue contrainte pour obtenir la symétrie du contour par :

- Application de la contrainte ''**Symétrique**'' :

➢ Sélectionnez les deux droites à mettre en symétrie puis l'axe de symétrie. Dans ce cas, l'axe X est l'axe de symétrie.

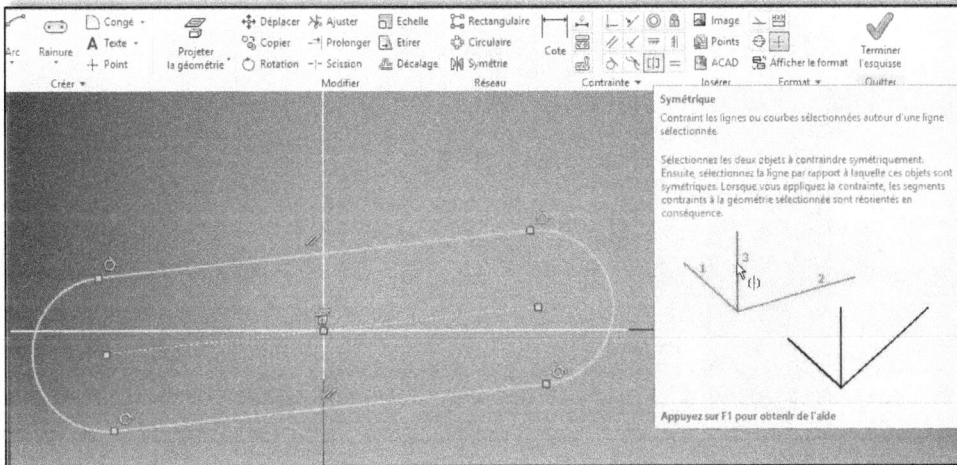

- Application de la ''**Contrainte d'horizontalité**'' :

Etant donnée le centre de la rainure se coïncide avec le centre du référentiel, l'ajout d'une contrainte d'horizontalité sur une des deux droites va les rendre symétriques par rapport à l'axe X et les deux demi-cercles seront de mêmes symétriques par rapport à l'axe Y.

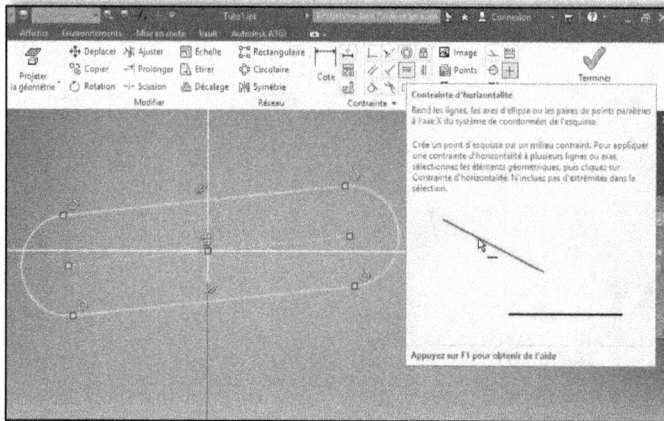

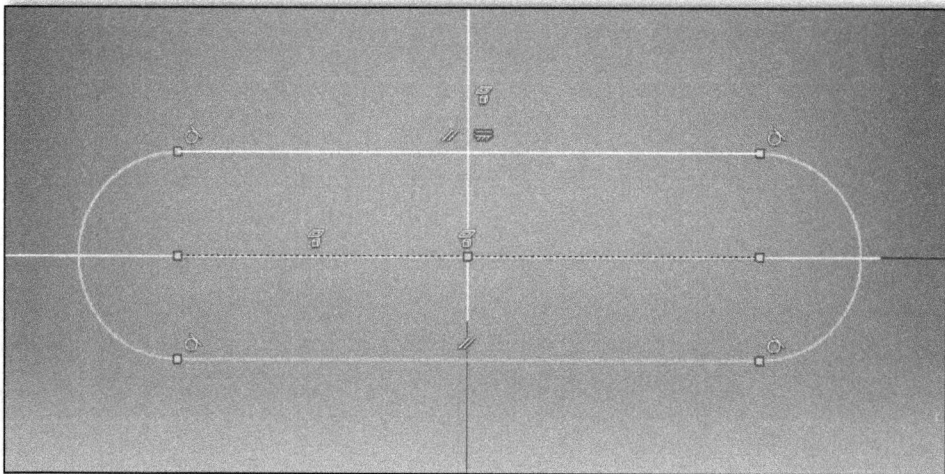

Là, on va continuer avec le deuxième repérage.

- Cotations :

Maintenant, ils nous manquent les cotations de la rainure :

La largeur : **30mm**.
La distance entre les deux centres **: 80mm**, qui est aussi le diamètre du demi-cercle.

➢ Cliquez sur ''**Cote**'' puis sélectionnez les éléments géométriques en question :

Concernant la largeur, il suffit de sélectionner les deux droites. Et pour l'autre cote il faut sélectionner les deux centres.

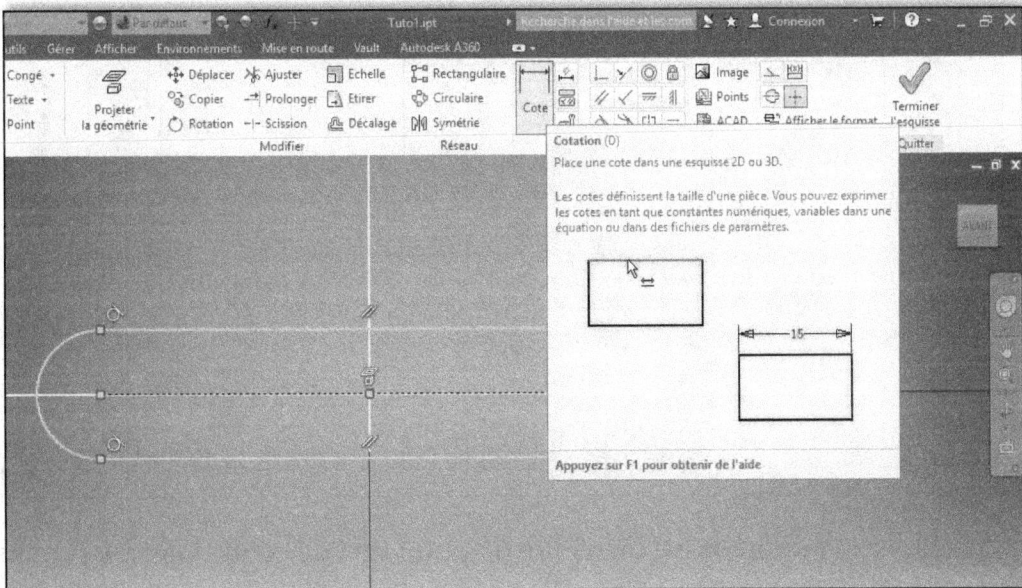

➢ Entrez les valeurs des cotes puis appuyez sur OK.

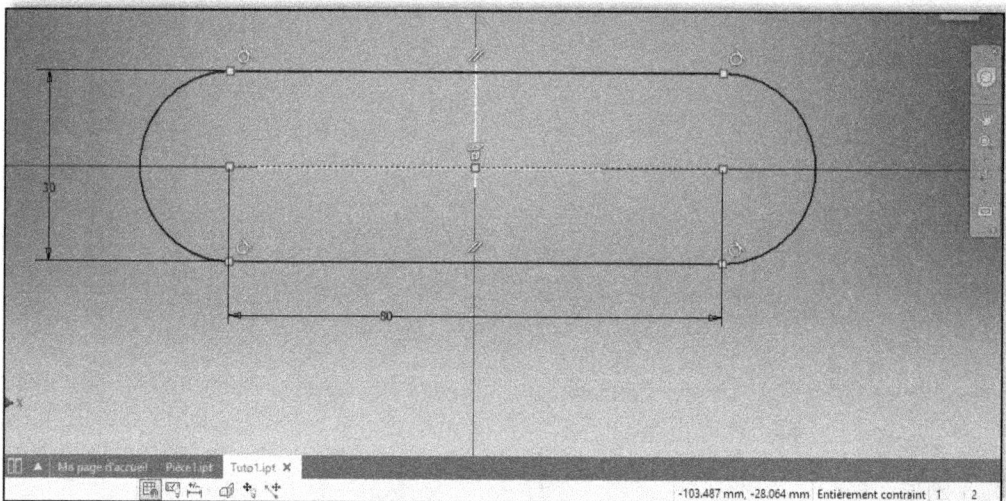

Maintenant l'esquisse est bien faite de point de vue contrainte, aussi nous avons eu le message d'Inventor ''**Entièrement contraint**'' au-dessous.

✓ <u>Extrusion :</u>

➢ Cliquez sur '' **Terminer l'esquisse''** après avoir fini de l'esquisse.

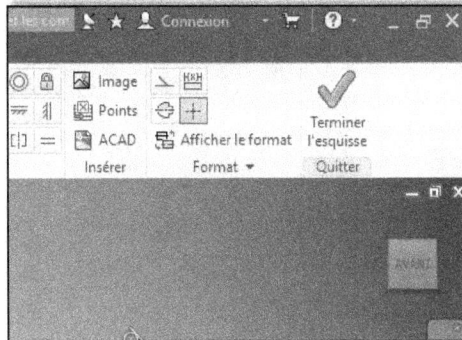

> Cliquez sur '' **Extrusion** '' pour ajouter de volume au contour créé.

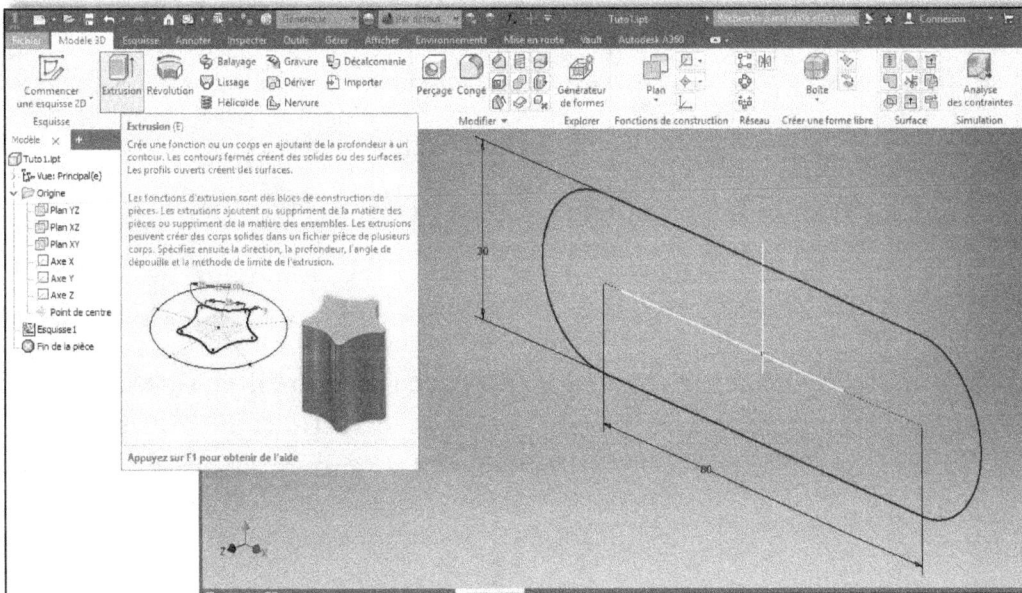

Inventor détecte automatiquement l'esquisse créé s'il s'agit d'un contour fermé et génère par défaut un volume.

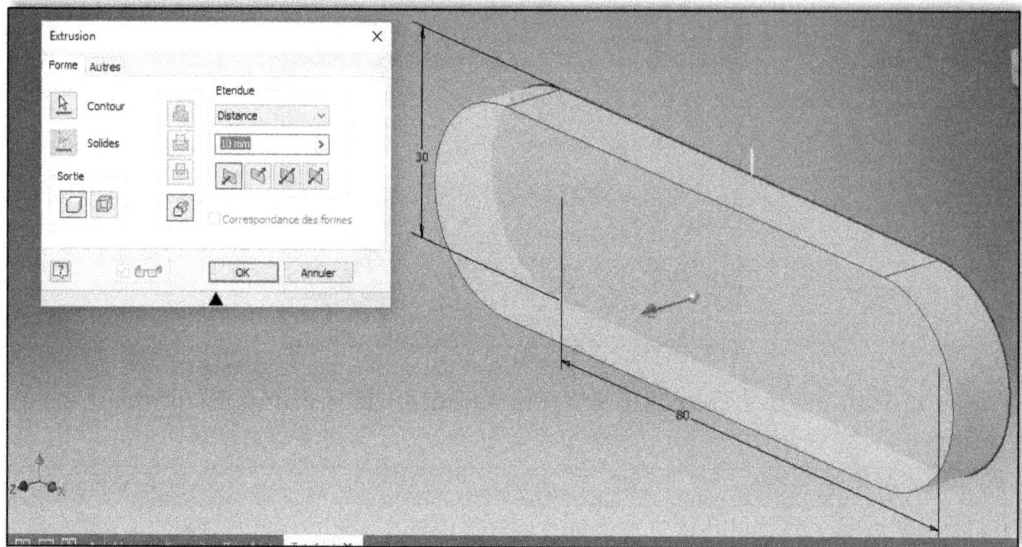

Analysons la boite de dialogue de la fonction '' **Extrusion** ''.

o Distance et direction (dans l'onglet ''**Forme**'') :

La valeur de la distance à entrer présente la longueur de volume à générer : pour notre cas **10mm**.

En dessous il y a les directions. C'est le sens de la création du volume par extrusion. Dans notre cas, on va laisser la **direction1** et on verra dans d'autres exercices que c'est très utile de faire l'extrusion de façon symétrique.

o Contour :

Si nous avons plus d'un contour dans l'esquisse, Inventor nous propose d'en choisir un.

o Sortie :

Choisir le type de l'extrusion (solide ou surface) dans notre cas bien sûr, solide.

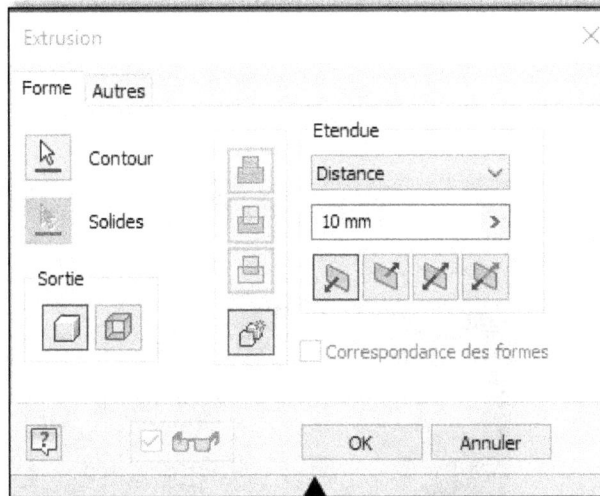

o Dépouille :

Dans l'autre onglet (''**Autres**''), on peut ajouter du volume de façon non normale par rapport au contour c'est-à-dire suivant un angle.

Exemple :

Dépouille : **30 deg**.

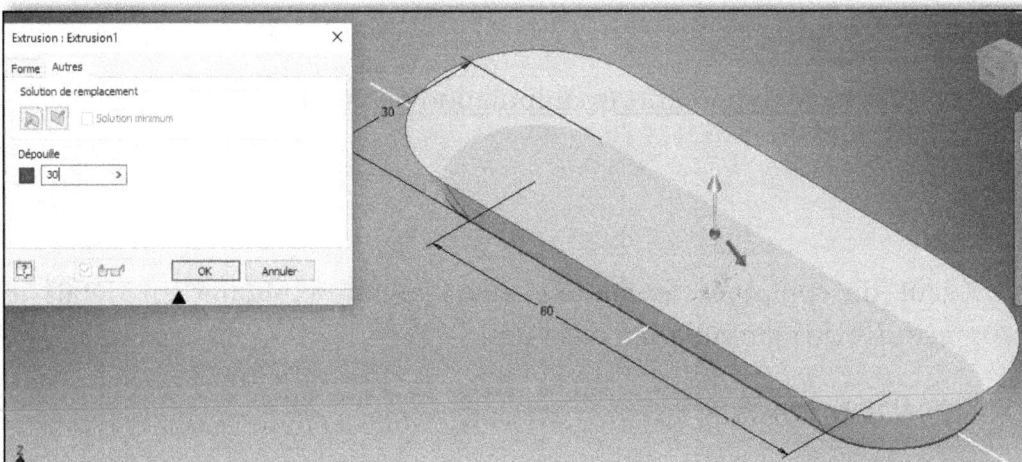

Revenons à notre modèle, on va créer une extrusion normale (pas de dépouille) selon la **direction1** de **10mm**.

> ➢ Cliquez sur Ok pour confirmer.

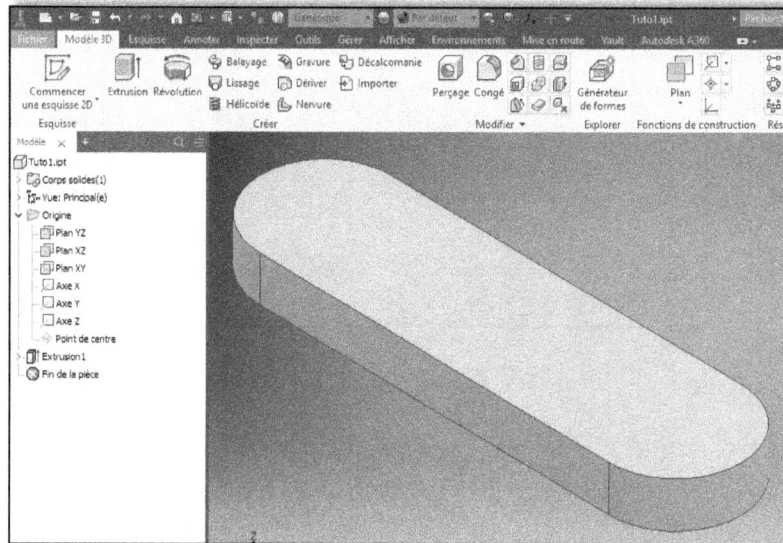

L'opération que nous venons de créer (Extrusion), a été ajouté dans l'arborescence du modèle.

✓ Affichage dynamique (manipulation de vue) :

Avant de continuer le modèle, nous allons expliquer en détail les commandes de manipulation des vues.

Il est très pratique d'utiliser les touches rapides dans la manipulation de vue :

Pour faire un zoom, vous pointez le curseur sur la zone sur laquelle vous voulez faire un zoom et faites rouler la roulette de la souris et selon le sens de rotation de la roulette vous aurez un **zoom IN** ou **zoom OUT**.

Pour faire déplacer la pièce dans un plan, c'est ce qu'on appelle en anglais ''Panning'', vous cliquez sur la roulette de la souris et en même temps déplacer la souris.

Pour pivoter la pièce dans l'espace, cliquez sur ''**shift**'' **+** la roulette de la souris en la déplaçant.

Comme vous pouvez aussi manipuler votre pièce dans l'interface graphique du logiciel à travers le cube de vue. La petite icone ''Home'' au-dessus du cube vous permet de positionner la pièce en vue isométrique (on en parlera en détail dans le chapitre suivant).

✓ <u>Création de la forme cylindrique</u> :

➢ Cliquez ''**Commencer une esquisse 2D**''.
➢ Sélectionnez la face supérieure ou une des faces de la base qu'on vient de modéliser pour créer l'esquisse de la forme cylindrique.

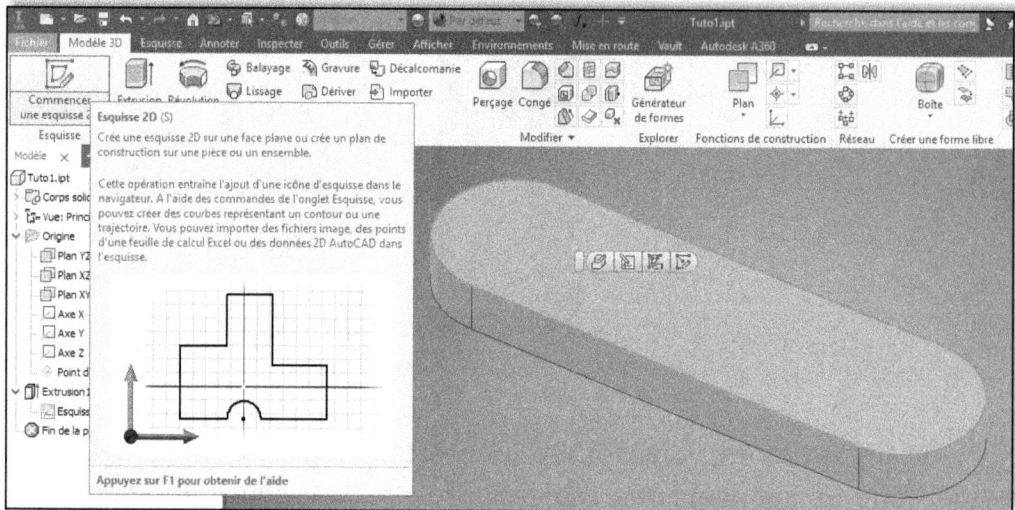

On sait que la section orthogonale par rapport à l'axe d'un cylindre est un cercle, donc l'esquisse sera un cercle.

➢ Cliquez sur ''**Cercle**'' et créez un cercle quelconque.

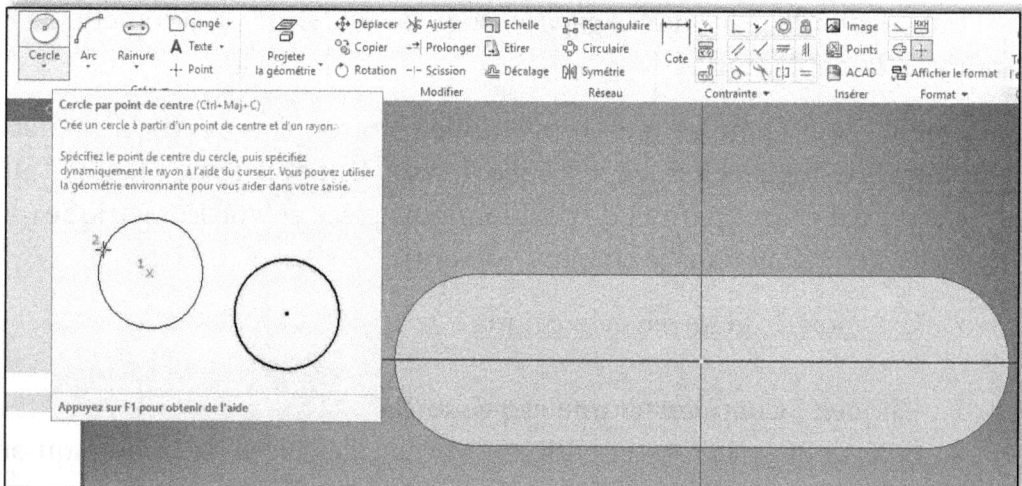

> Cliquez sur '' **Contrainte de coïncidence** '', ensuite sélectionnez le centre du cercle et le centre du référentiel pour les coïncider.
> Cliquez sur ''**Cote**'' et entrez la valeur de la cote du diamètre du cercle(**25mm**).

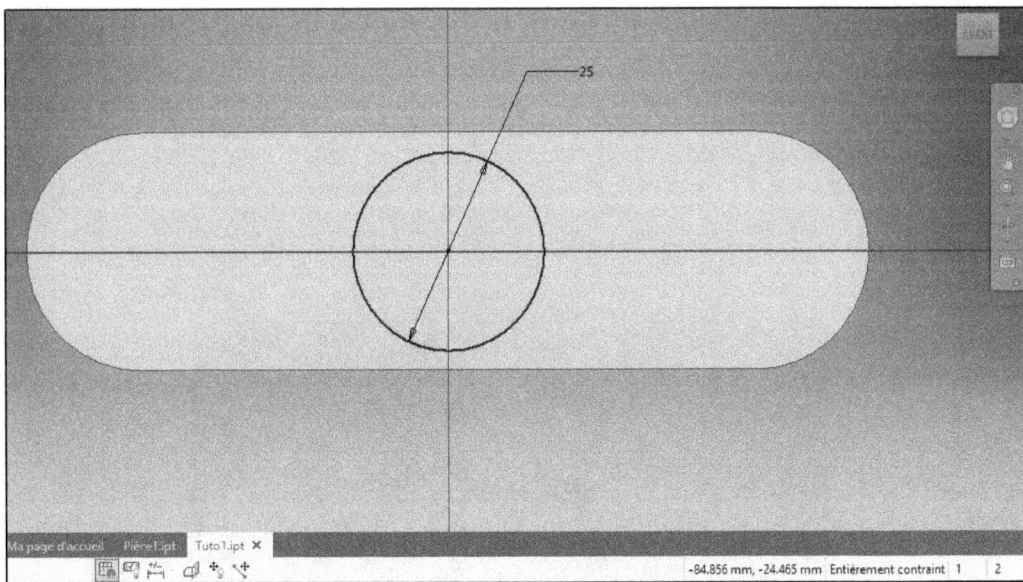

La couleur de l'esquisse a changé. De plus, on voit l'apparition d'une information depuis la barre des messages d'Inventor au-dessous '' **Entièrement contraint** ''. Donc, on peut sortir de l'esquisse tranquillement.

> Cliquez sur '' **Terminer l'esquisse** ''.
> Cliquez sur '' **Extrusion** '' pour créer la forme cylindrique.

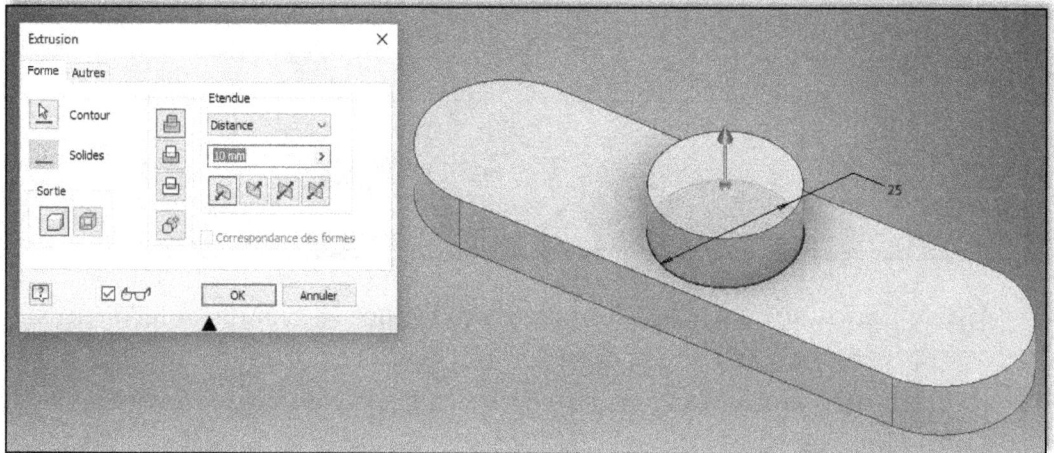

Dans ce cas, on est obligé de choisir la **direction1.** La longueur du cylindre est **20mm**.

> Cliquez sur Ok une fois tous les paramètres sont définis.

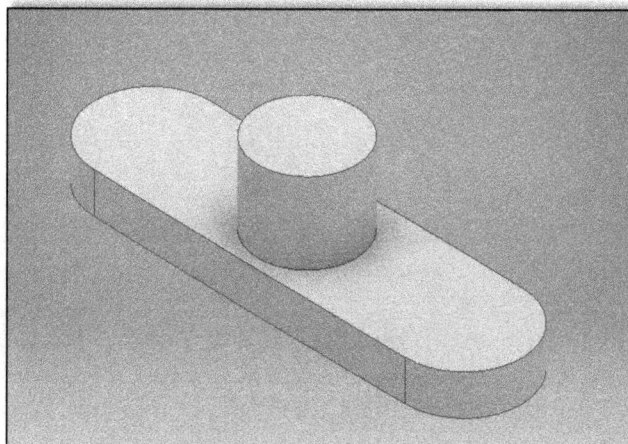

✓ Création des trous :

Depuis le dessin 3D de référence, on constate qu'on a deux trous latéraux identiques (même diamètre) et un trou central de diamètre différent.

Ce qui fait qu'on peut faire les deux trous latéraux dans une opération unique, et après le trou central.

- Trous latéraux :

Les trous sont réalisés par la fonction '' **Perçage** ''.

➢ Cliquez sur la fonction ''**Perçage**''.
➢ Sélectionnez la surface en question pour réaliser le perçage.

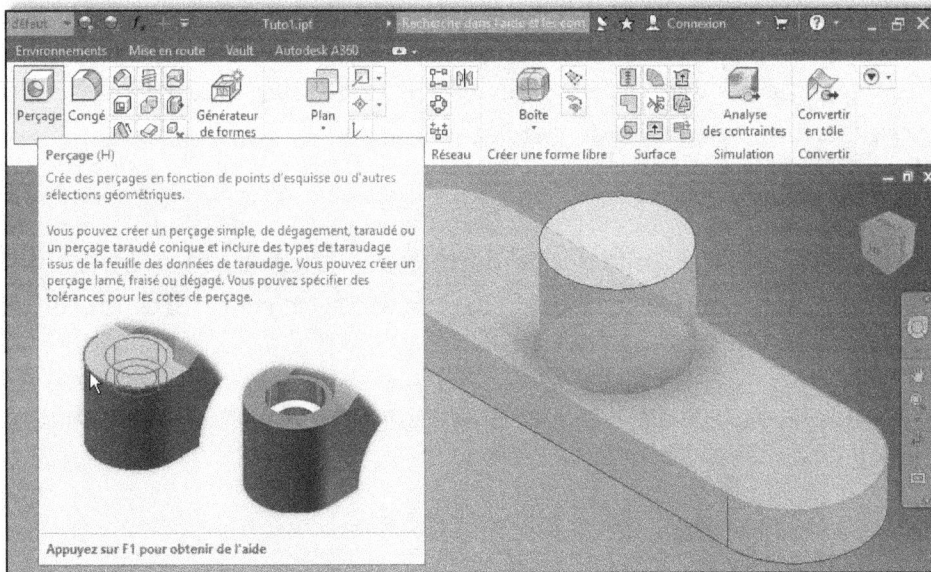

Un perçage est essentiellement caractérisé par son diamètre et sa longueur, mais dans le dessin industriel, il y a beaucoup de désignation des trous qui sont issues des normes différentes (européenne, américaine...).

Inventor nous permet de modéliser les trous selon la norme désirée soit dans le modèle 3D, soit dans la mise en plan.

D'après le dessin 3D de référence, il est donné seulement le diamètre.

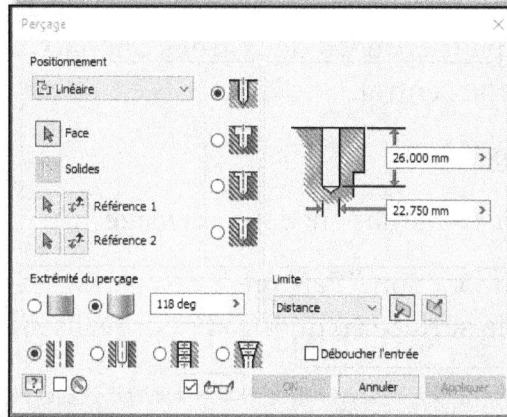

Cette boite de dialogue présente les différents paramètres disponibles pour réaliser une opération de perçage.

    o   Positionnement :

On constate que les centres des deux trous latéraux se coïncident aux centres des extrémités arrondis du modèle, c'est-à-dire qu'ils sont concentriques.

    ➤   Choisir concentricité comme option de positionnement et sélectionner la surface de perçage.

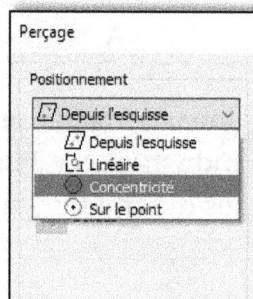

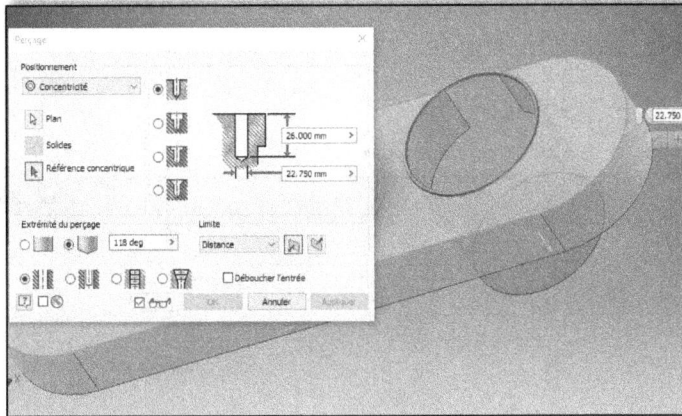

On remarque que le percage n'est pas encore concentrique.

➤ Cliquez sur la surface cylindrique de la base pour centrer le trou.
  Ajoutez aussi le diametre et la longueur :
  Diamètre= **10mm**.
  Longueur : trou passant(''**à travers tout**'').

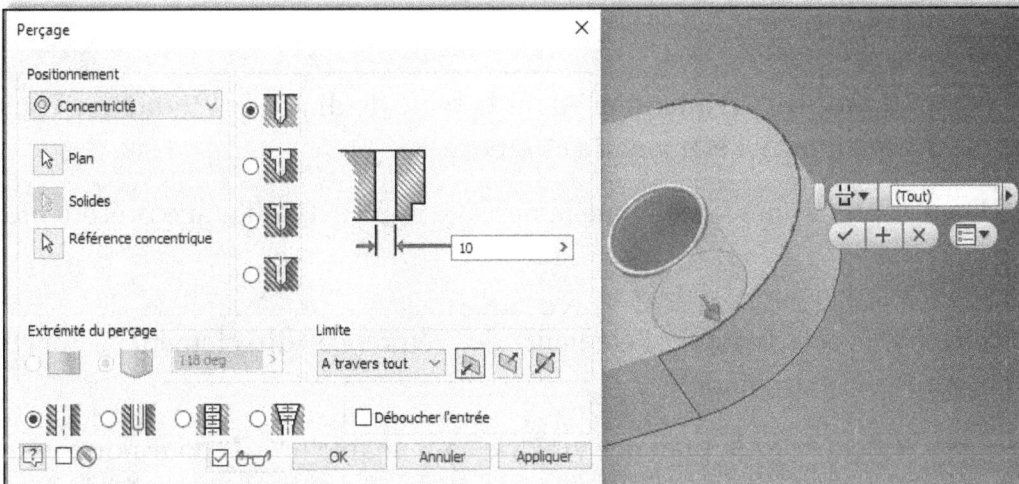

■ Deuxième trou latérale :

On peut faire le deuxième trou de la même manière, comme on peut le réaliser avec une autre méthode.

> Cliquez sur '' **Symétrie**''.

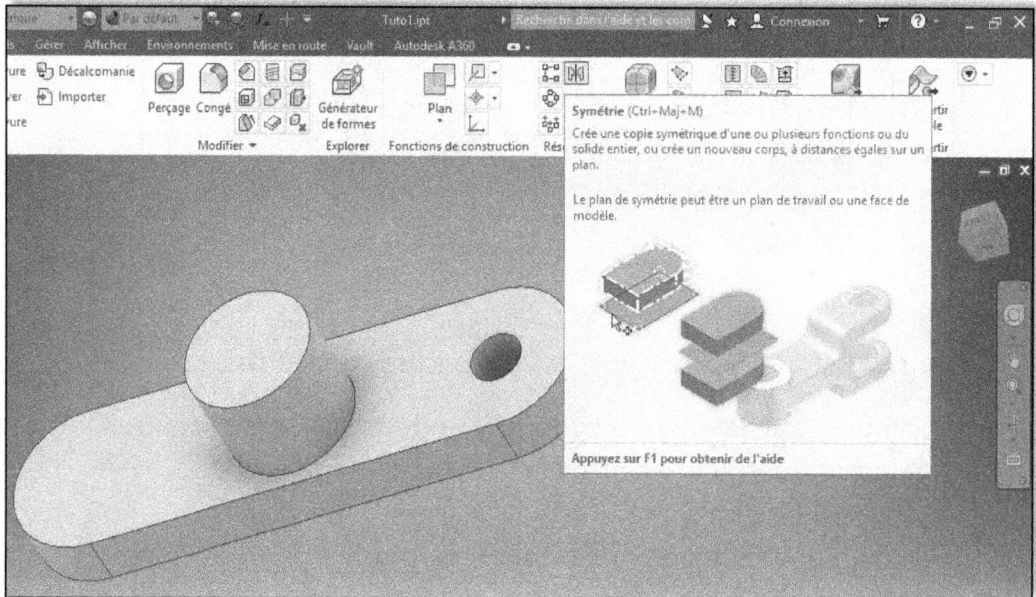

> Cliquez sur '' **Fonctions**'' dans la boite de dialogue ''**Symétrie**'' puis sélectionnez l'élément de référence.

Dans notre cas, on sélectionne le perçage réalisé dans l'étape précédente.

Remarque :

On peut sélectionner l'élément de référence directement à partir l'arborescence du modèle.

> Sélectionnez le plan de symétrie convenable ((Y, Z) pour notre cas).

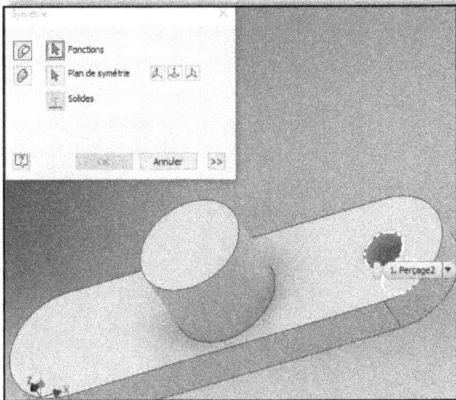

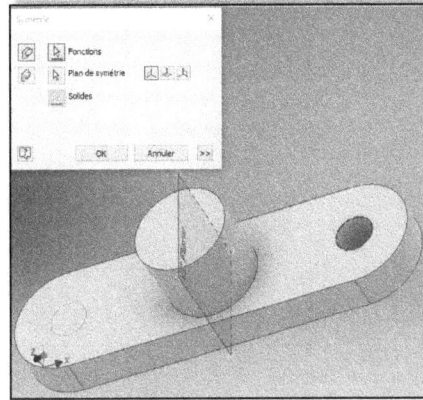

Et voilà, nous avons fini par modéliser les trous latéraux.

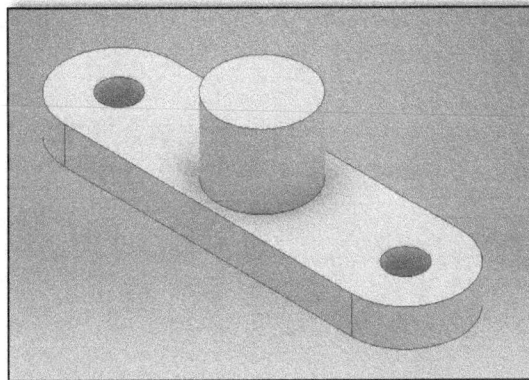

- Trou central :

On va suivre pratiquement la même procédure du premier perçage.

> Cliquez sur la fonction '' **Perçage**'' puis remplissez la boite de dialogue par les paramètres nécessaires :
> Diamètre= **12mm**.
> Longueur : trou passant(''**à travers tout**'').

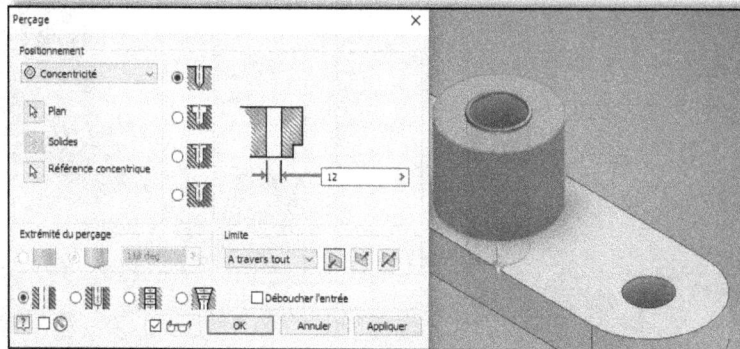

✓ Pièce finie :

Notre modèle maintenant correspond à celui du début (modèle 3D de référence), vous pouvez pivoter votre pièce pour vérifier tous détails.

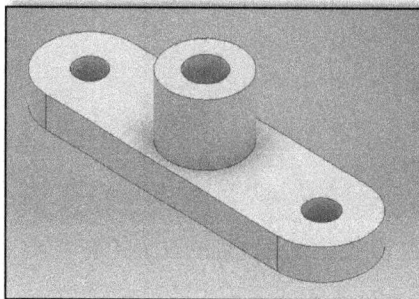

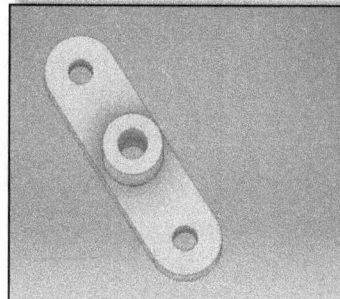

✓ Matière et apparence :
▪ Matière :

Pour donner plus de propriété au modèle, on peut lui ajouter un matériau qui sera utile pour faire des calculs de validation par exemple.

➢ Cliquez sur '' **Matière** '' dans la barre d'outils d'accès rapide.

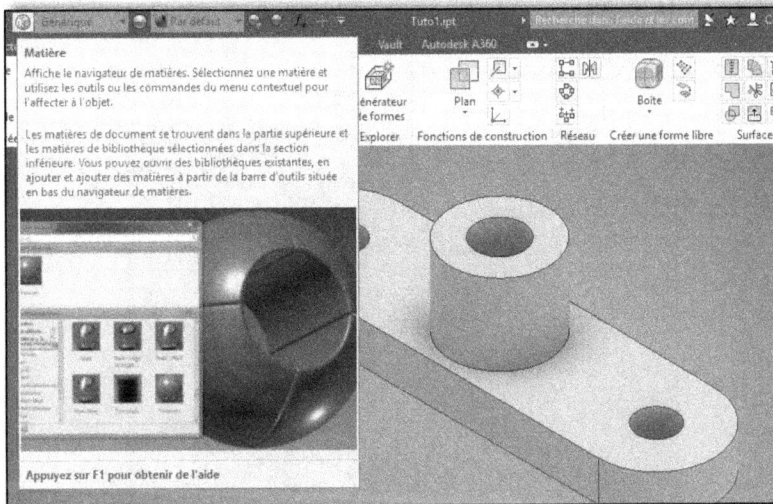

- ➤ Choisir un matériau convenable dans la bibliothèque d'Autodesk Inventor.

Parfois, la bibliothèque peut être vide ou incomplète et cela à cause de votre licence et il vous affiche le tableau ci-dessous.

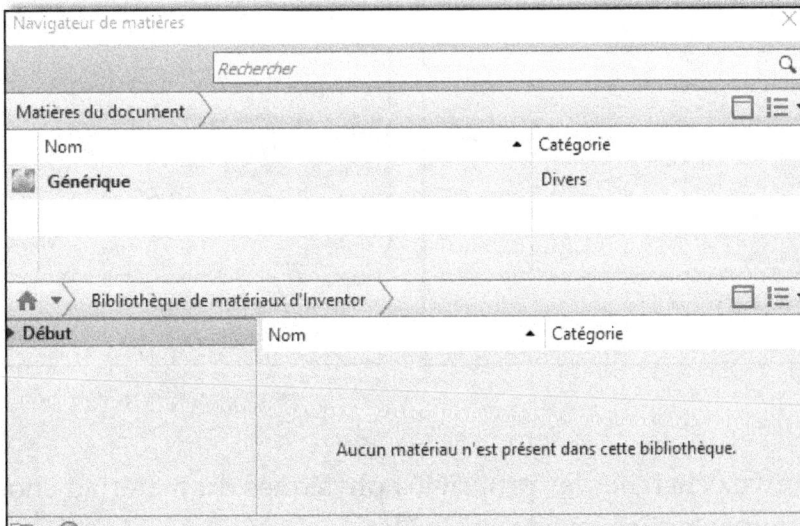

Dans ce cas, vous pouvez éditer vous-même le matériau désiré.

➢ Cliquez sur ''Modifier le matériau''.

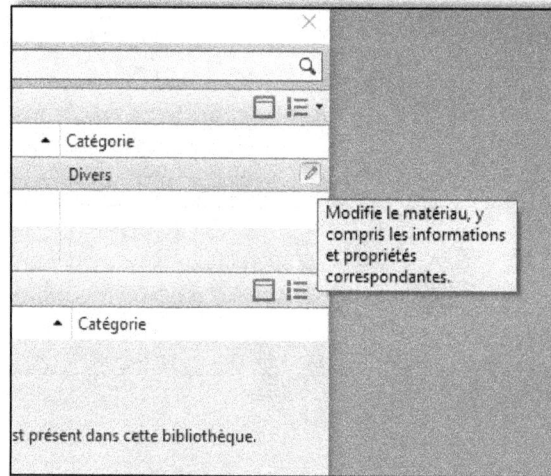

Vous pouvez chercher les propriétés physiques du matériau choisi dans divers documentations, même sur le Net.

Si non, si votre bibliothèque est disponible (bibliothèque de matériaux d'Autodesk) :

> Sélectionnez le matériau convenable de la liste ci-dessous.

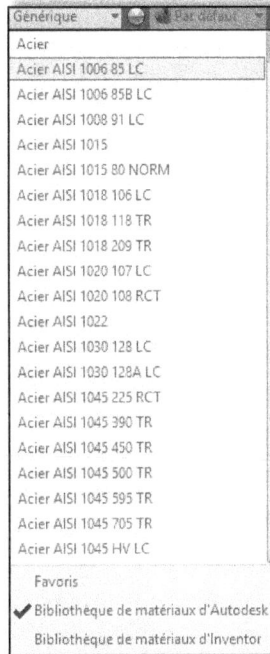

- Apparence :

Cliquez sur ''**Apparence**'' dans la barre d'outils d'accès rapide et choisissez l'apparence désiré.

Remarque : l'apparence n'a aucun effet sur le calcul.

Apparence choisie : **Rouille**.

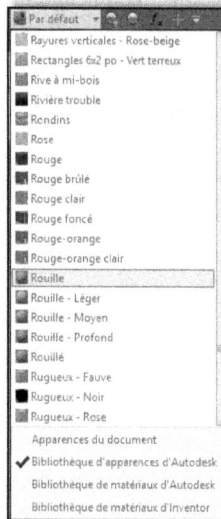

Finalement, on est arrivé à modéliser notre pièce comme celle donnée au début de l'exercice.

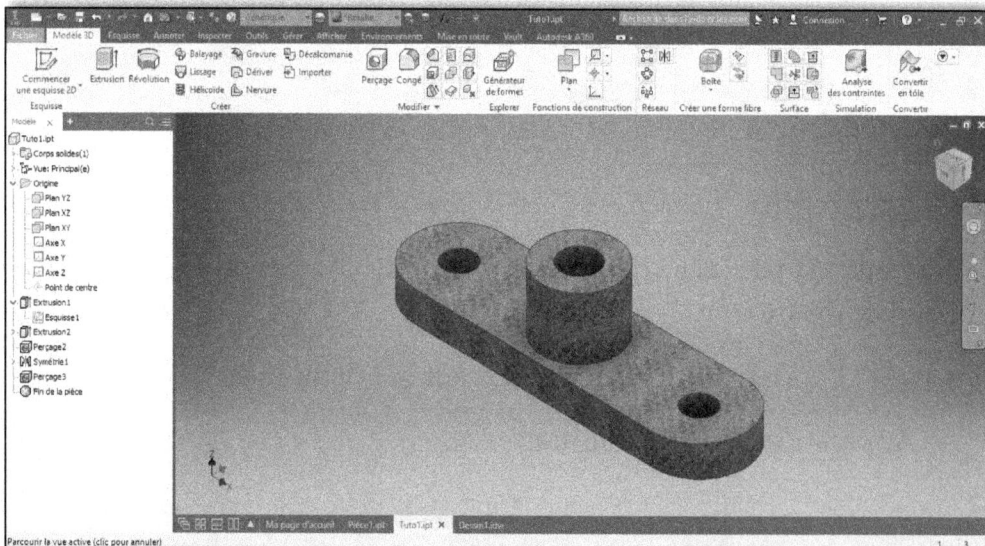

➢ Sauvegardez (**Ctrl+S**).

✓ <u>Récapitulation :</u>

Dans cet exercice, nous avons appris les commandes des fonctions suivantes :

- o <u>Esquisse :</u>
- ➢ Contraintes géométriques : Symétrique, horizontalité, coïncidence.
- ➢ Contrainte dimensionnelle : Cote.
- ➢ Projeter la géométrie.
- ➢ Créer une rainure.
- ➢ Créer un cercle.

- o <u>Modèle 3D :</u>
- ➢ Extrusion (extrusion par ajout de matière).
- ➢ Perçage.
- ➢ Symétrie.

Dans cet exercice, on va modéliser en 3D une pièce de révolution. Le modèle de référence est la mise en plan du composant.

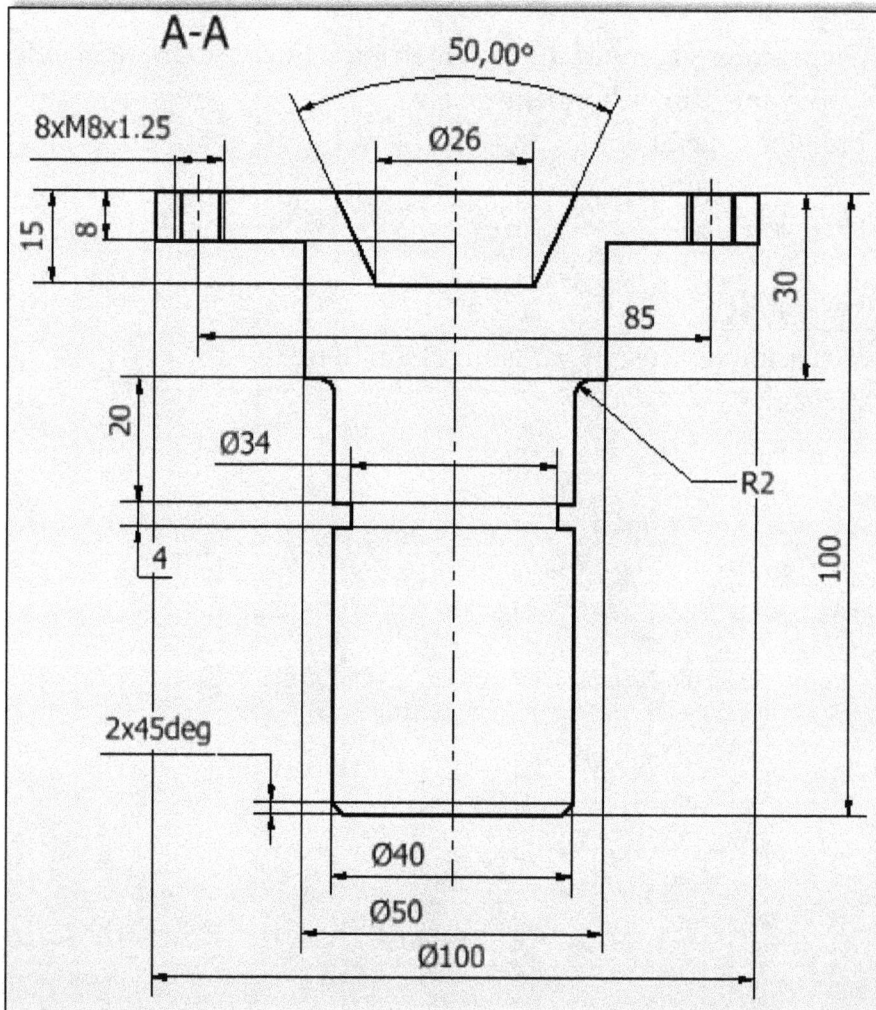

➢ Cliquez sur ''**Nouveau**'' pour créer un nouvel objet.

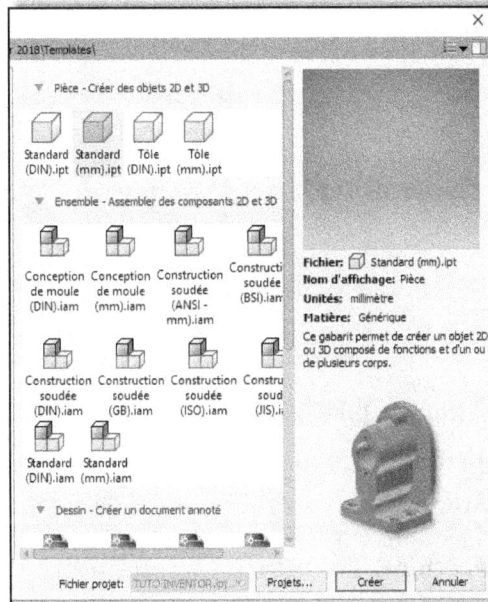

> Enregistrez votre pièce.

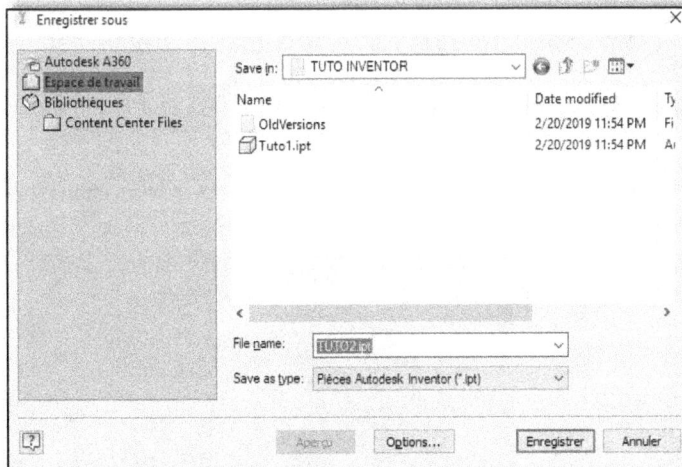

✓ Esquisse :

> Cliquez ''**Commencer une esquisse 2D**'' puis sélectionnez un plan de travail pour créer une nouvelle esquisse.

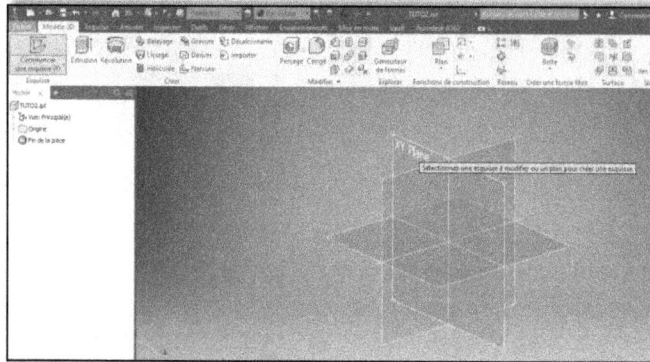

Il faut savoir que le dessin de référence est présenté par une vue en coupe. Il est clair qu'il s'agit d'une pièce de révolution, on va donc créer un contour et lui ajouter de la matière.

Dans l'exercice précédent, l'ajout de matière a été fait en translatant le contour suivant une direction. Dans cet exercice, il sera fait par rotation du contour suivant un axe.

On va essayer de créer une esquisse donnant une forme brute de notre modèle : c'est-à-dire, sans chanfrein, gorge, trou, congé …etc.

> Cliquez '' **Projeter la géométrie**'' et sélectionnez les deux autres plans.
> Cliquez sur '' **Ligne** '' et commencez à créer le contour.

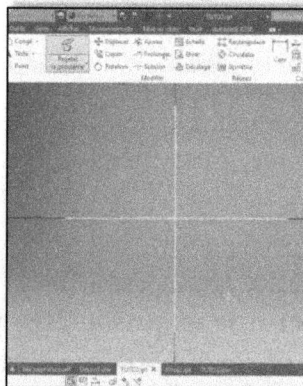

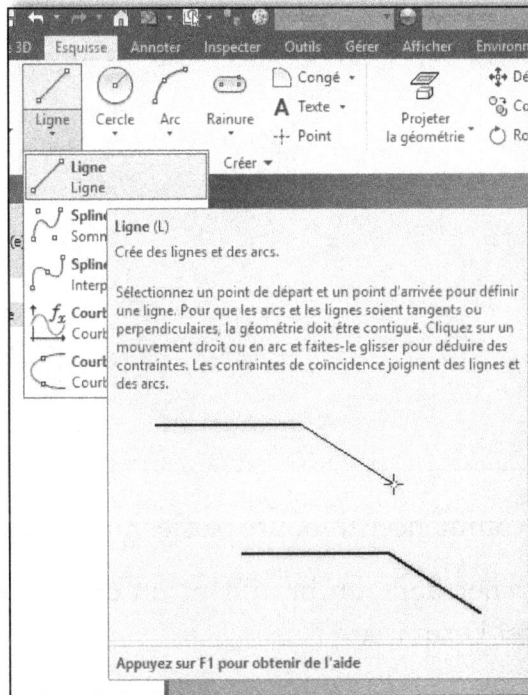

Voici un contour quelconque créé et avec lequel on peut débuter notre esquisse.

En dessinant le contour, Inventor nous suggère à contraindre l'esquisse, c'est-à-dire des contraintes automatiques vont générer.

➢ Cliquez sur la commande '' **Afficher toute les contraintes**'' dans la barre d'outils au-dessous.

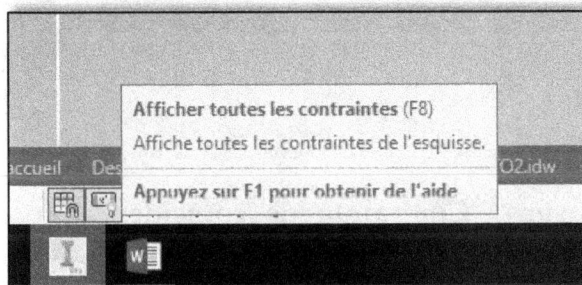

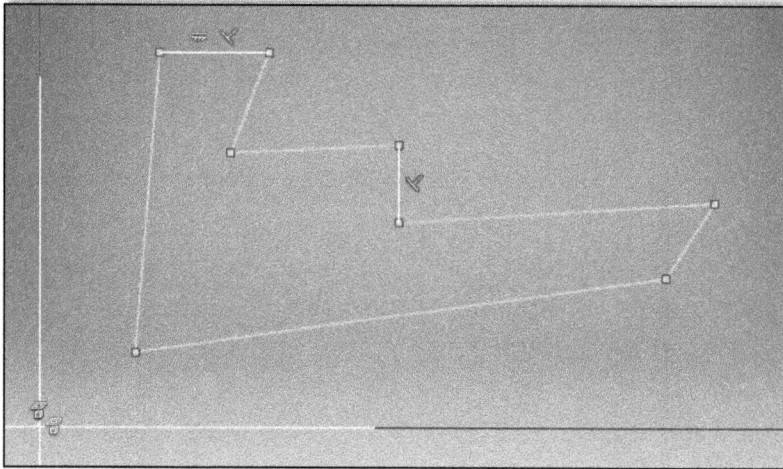

Il est conseillé de commencer toujours par les contraintes géométriques.

Vous pouvez dessiner dans un brouillant un croquis de votre contour, cela aide aussi à créer l'esquisse.

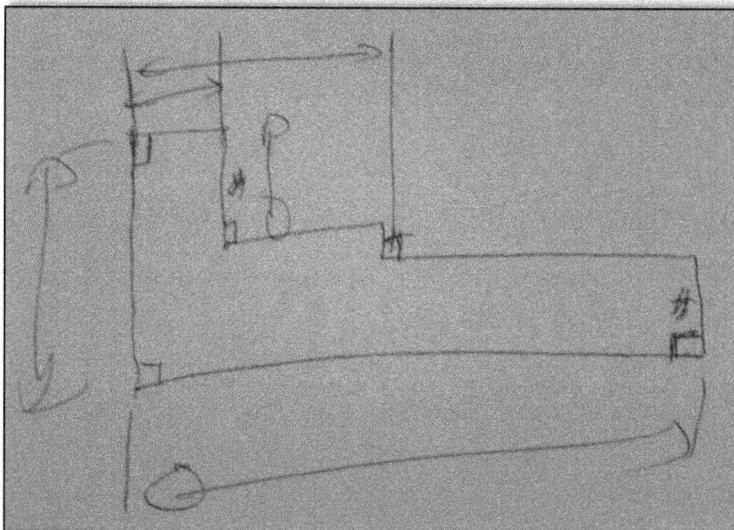

> Cliquez sur " **Contrainte de coïncidence**" pour coïncider le contour au centre du plan (X, Y).

> Cliquez sur '' **Contrainte de verticalité**'' pour confondre le côté gauche du contour avec l'axe **Y**.

> Cliquez sur ''**contrainte d'horizontalité**'' pour confondre le côté bas avec l'axe **X**.

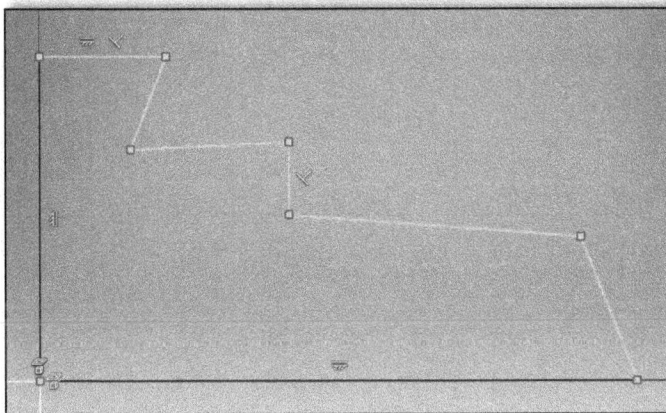

➢ Continuez à contraindre l'esquisse pour arriver à ce contour final.

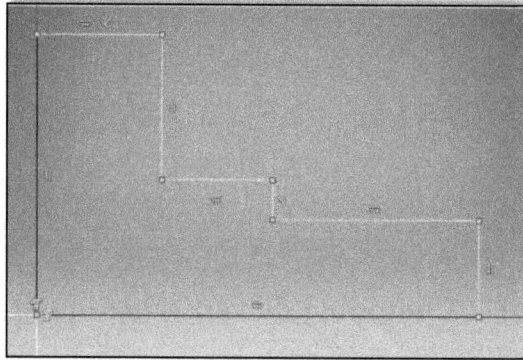

Avant de commencer la cotation, on va transformer la droite du côté bas en un trait d'axe.

➢ Sélectionnez la droite puis cliquez '' **Trait d'axe**''.

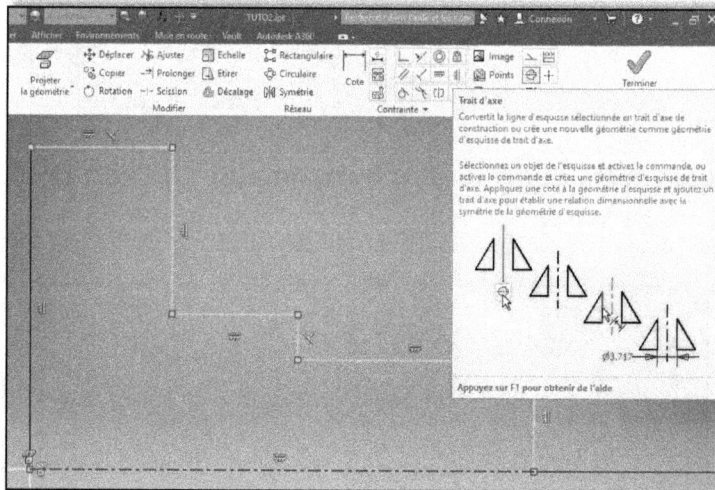

Le but de cette transformation est de générer des dimensions en forme de cote de type diamètre.

➢ Cliquez sur ''**Cote**'' puis sélectionnez le trait d'axe, après la droite du côté haut du contour.

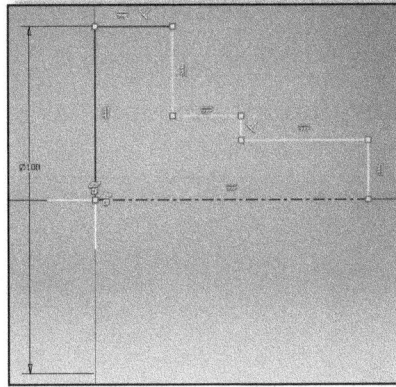

> Continuez avec le même principe pour donner toutes les cotes nécessaires en raison de compléter l'esquisse.

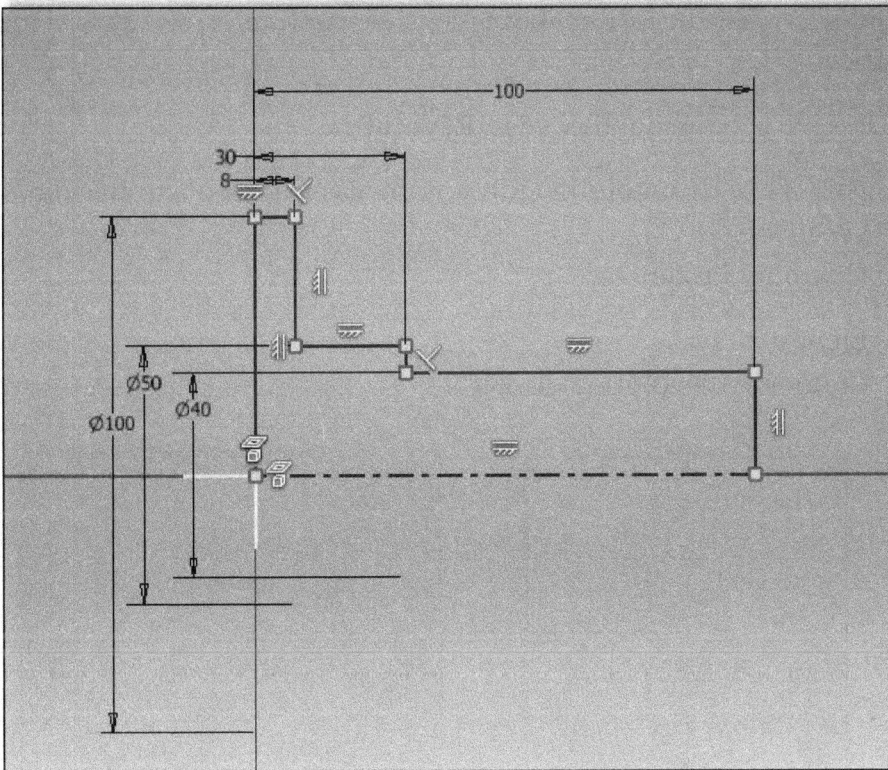

> ➢ Cliquez sur '' **Terminer l'esquisse** ''.

✓ Révolution :
> ➢ Cliquez sur '' **Révolution**'' pour ajouter de la matière au contour.

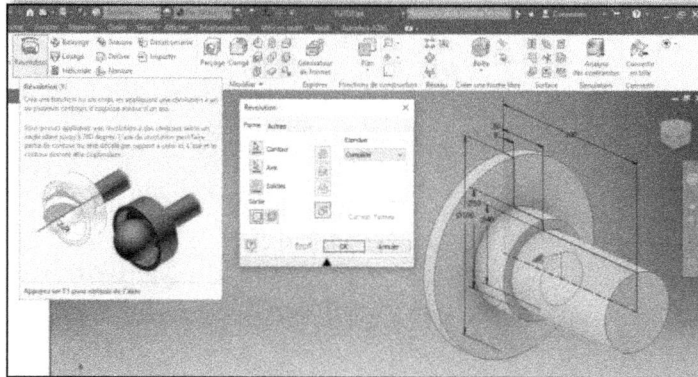

Inventor a détecté automatiquement le contour créé, ainsi l'axe de révolution.

Analysons la boite de dialogue ''**Révolution**'' :

○ **Axe** : l'axe de révolution (dans notre cas le trait d'axe crée dans l'esquisse.

○ **Contour** : l'esquisse.

○ **Etendu** :
- Complète : révolution de 360°.

 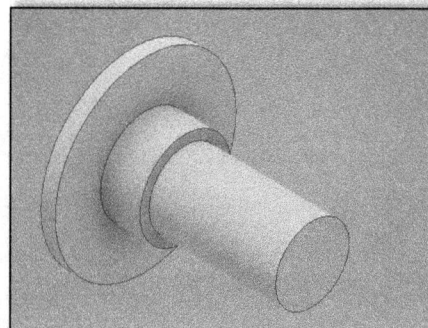

- Angle : révolution suivant un angle donné et une direction.
- ➤ Exemple : choisir un angle de 90° et direction '' **Symétrique**''.

Le plan de l'esquisse est le plan de symétrie.

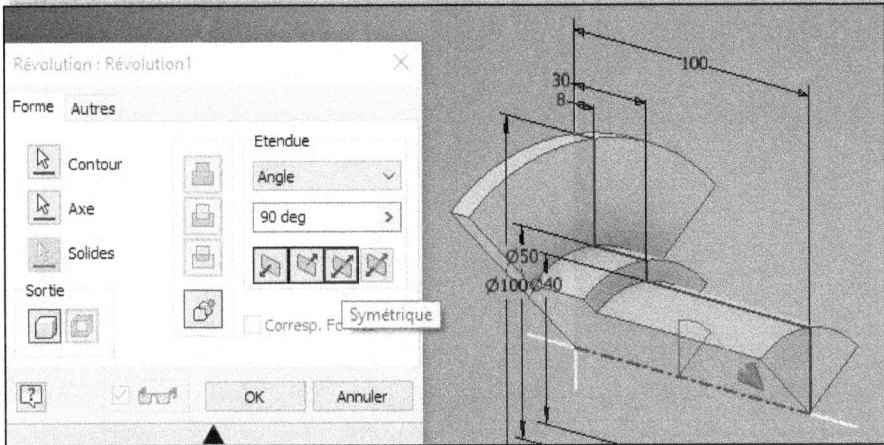

- Jusqu'à : cette option consiste à choisir une surface de référence pour mettre fin à la création de volume.

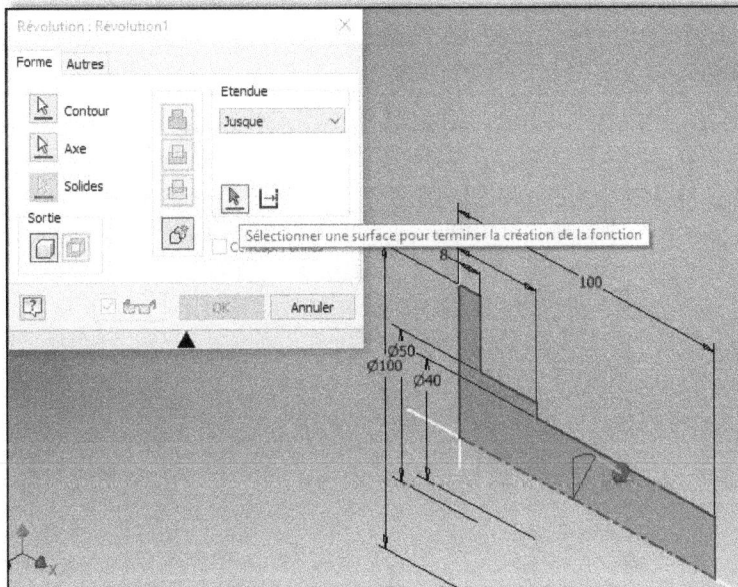

Dans ce cas, on peut choisir un des deux plans de référence ou aussi on peut créer un plan.

➢ Sélectionnez le plan (X, Z) comme surface pour terminer la fonction de révolution.

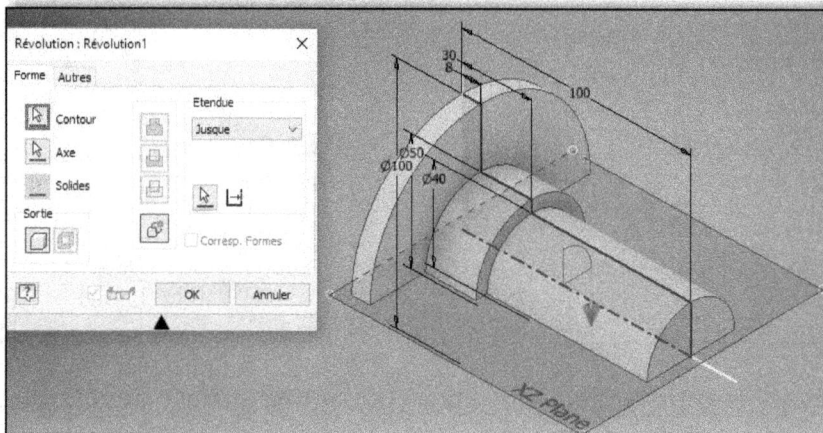

- Entre : cette option est pratiquement comme celle précédente, cela dit, on peut choisir une surface de début de révolution autre celle de l'esquisse.

➢ Choisir finalement le type d'étendu ''**Complète**''.

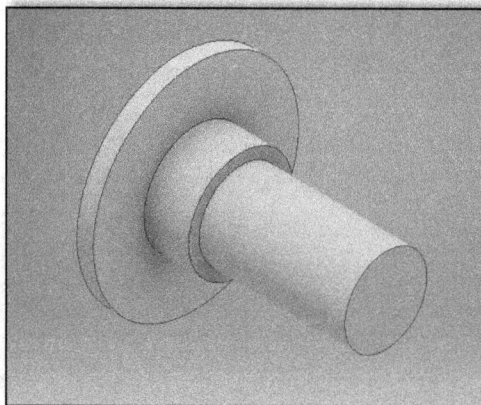

✓ Modélisation de la gorge :

Cette opération sera faite aussi en utilisant la fonction ''**Révolution**'' mais dans ce cas, il s'agit d'une révolution par enlèvement de matière.

De toute les manières, il est essentiel de créer une esquisse.

- Création de l'esquisse :

On va créer l'esquisse sur le même plan que celui du début.

➢ Cliquez sur le plan (X, Y) et créer une esquisse 2D.

On constate que le plan sera partiellement caché par la pièce car il présente un plan de symétrie.

➢ Cliquez sur la commande '' **Affichage en coupe**'' ou ''F7'' pour créer tranquillement votre esquisse.

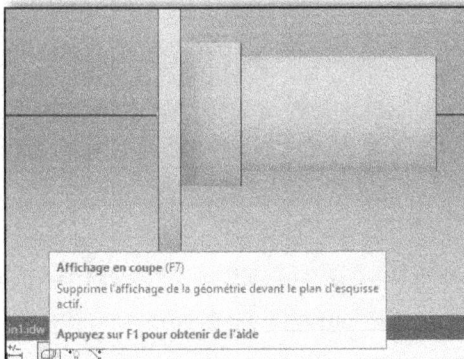

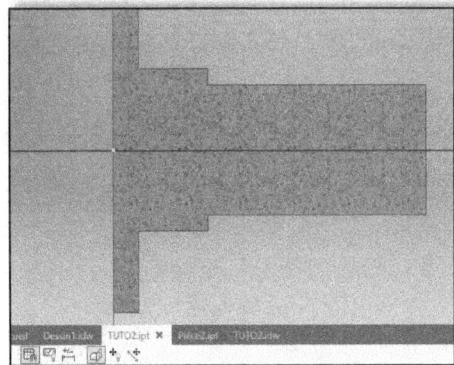

➢ Créer un rectangle.

Vous avez plus d'une option pour créer un rectangle, comme vous pouvez le créer aussi par la commande ''**Ligne**''.

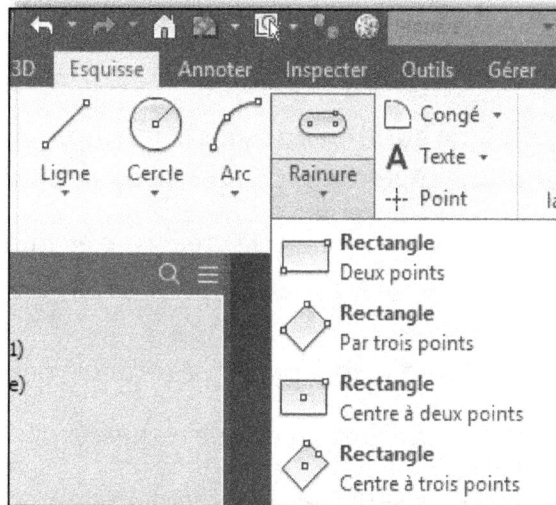

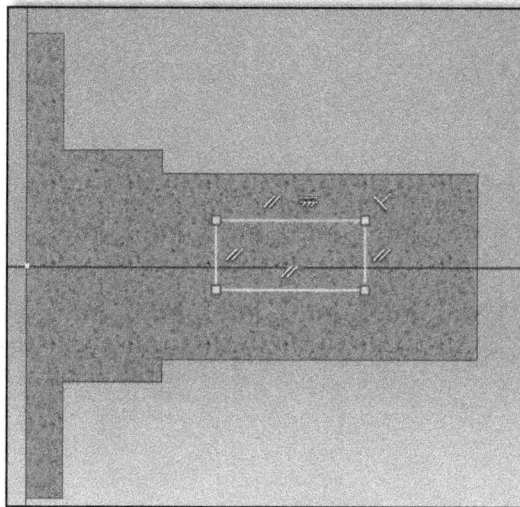

Il est très pratique de créer des profils déjà existants pour gagner du temps car il nous minimise l'application de contraintes géométriques.

Dans ce cas, il nous reste seulement à confondre le côté haut du rectangle avec la surface cylindrique. Mais, tout d'abord, il faut projeter la surface cylindrique sur le plan de l'esquisse car la contrainte de coïncidence se fait généralement entre une courbe et un point.

- ➤ Cliquez sur '' **Projeter la géométrie**'' puis sélectionnez la surface cylindrique en question.
- ➤ Cliquez sur '' **Contrainte de coïncidence**'' et sélectionnez le point milieu du côté haut du rectangle et l'élément projeté (la droite jaune).

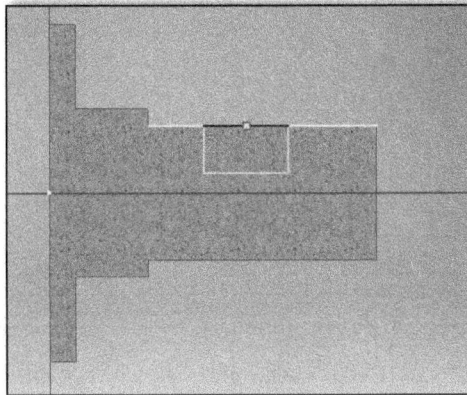

- ➤ Cliquez sur '' **Projeter la géométrie**'' puis sélectionnez le plan (X, Z).
- ➤ Sélectionnez le plan projeté puis cliquez sur la commande '' **Trait d'axe**'' comme on avait fait précédemment pour créer un axe de révolution.

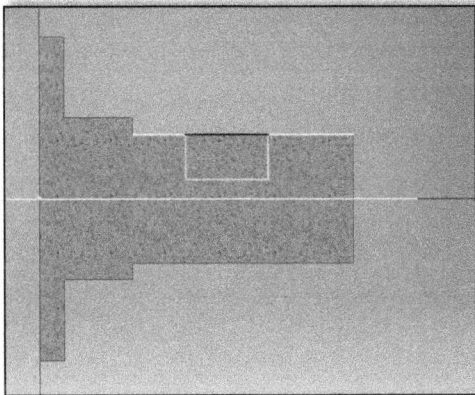

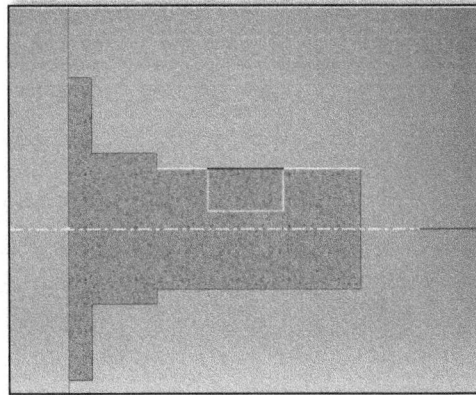

- ➤ Saisir les cotes nécessaires.

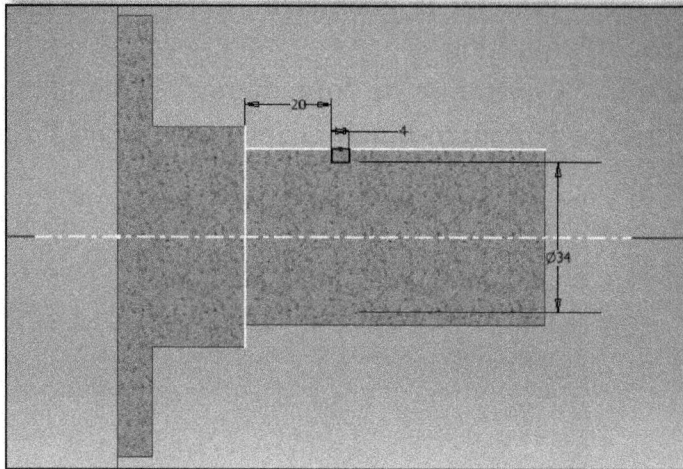

> ➢ Cliquez '' **Terminer l'esquisse**''.
> ➢ Cliquez sur ''**Révolution**'' et choisissez l'option ''**Soustraction**'' puis Ok.

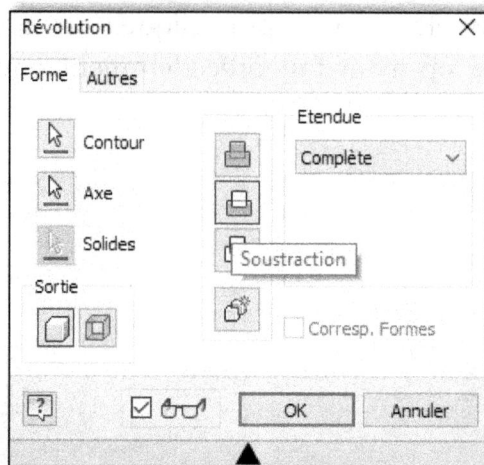

On peut enlever de la matière par révolution selon les options disponibles dans ''**Etendu**'' : complète, angle…etc.

Pour notre cas, on va choisir complète (360°).

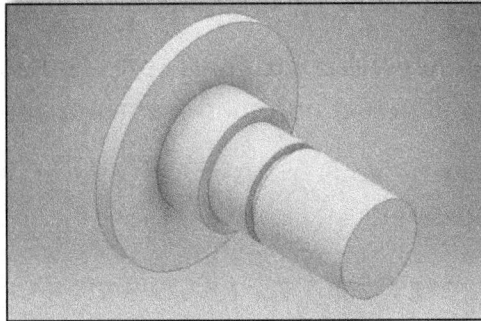

- ✓ <u>Création de la forme lamée :</u>
- ➤ Sélectionnez le même plan (X, Y) et créez une nouvelle esquisse 2D.
- ➤ Cliquez sur la commande '' **Affichage en coupe**'' ou ''F7''.

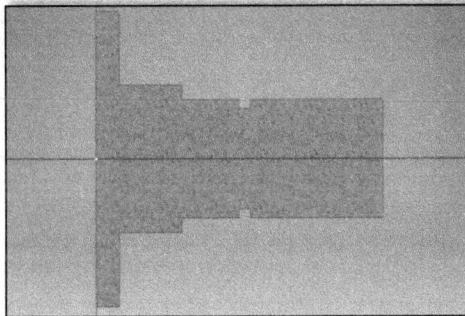

- ➤ Cliquez sur la commande '' **Ligne**'' et créez le profil suivant.

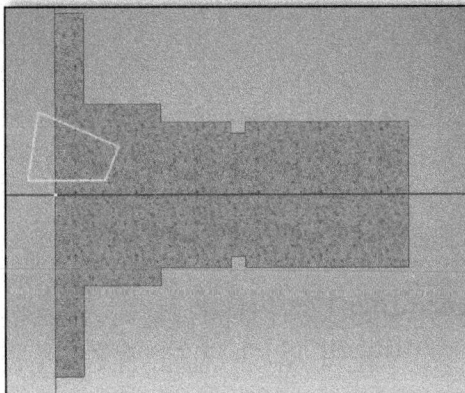

> Appliquez les contraintes géométriques nécessaires au profil créé.

Il est conseillé l'affichage des contraintes après le dessin du contour pour vérifier les contraintes générées automatiquement par Inventor.

De toute les manières, vous pouvez les effacer en sélectionnant la contrainte puis ''**Supprimer**''.

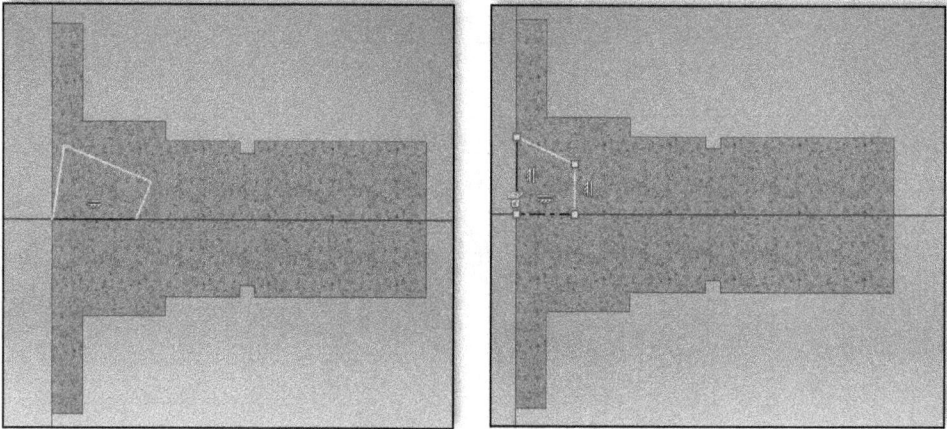

> Saisir les cotes nécessaires pour finir l'esquisse.

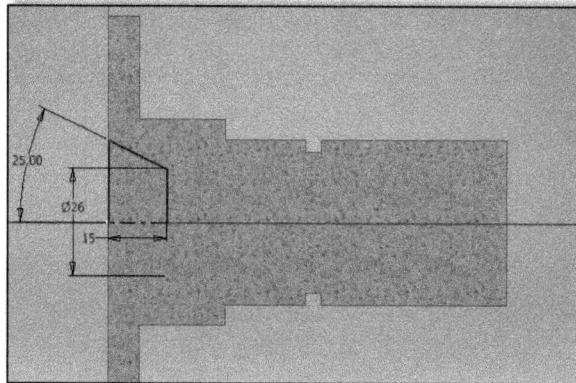

> Cliquez '' **Terminer l'esquisse**''.
> Cliquez '' **Révolution**'' puis choisissez l'option ''**Soustraction**''.

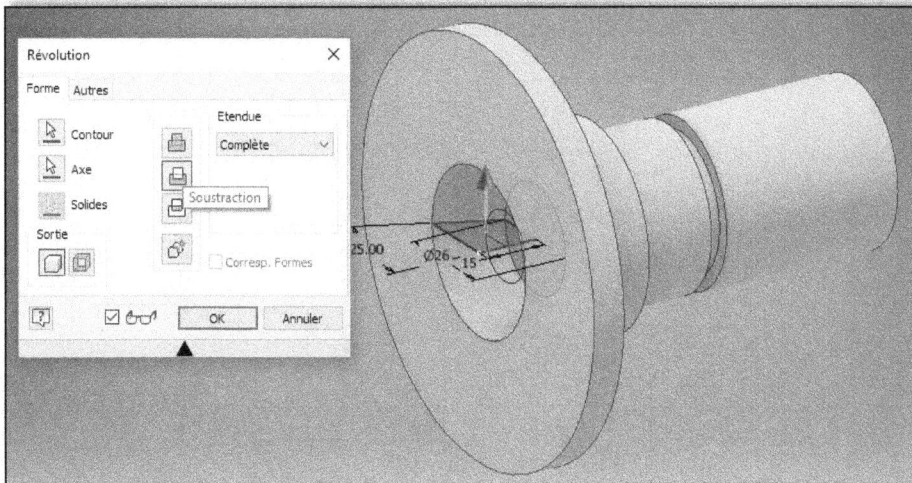

> Cliquez Ok pour finir.

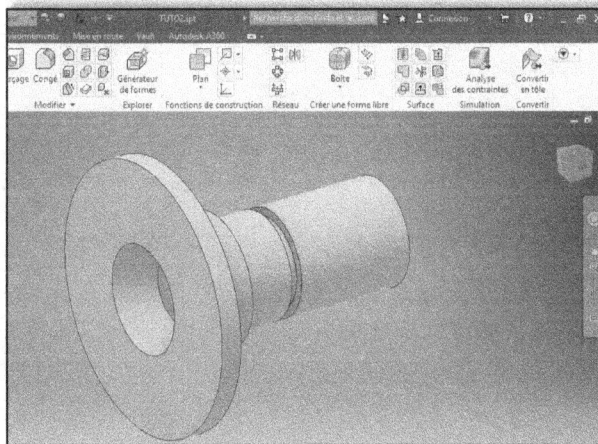

✓ <u>Modélisation des trous taraudés :</u>

Le dessin de référence indique qu'on a 8 trous à réaliser (8xM8x1.25).

> Cliquez ''**Commencer une esquisse 2D**'' puis sélectionnez la face indiquée.

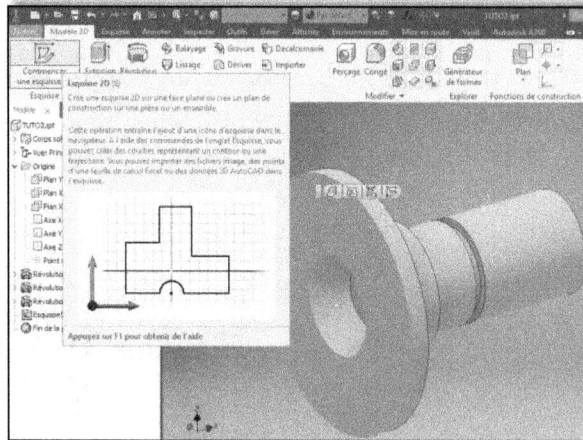

> Cliquez '' **Point**'' pour créer un point qui sera le centre du trou.

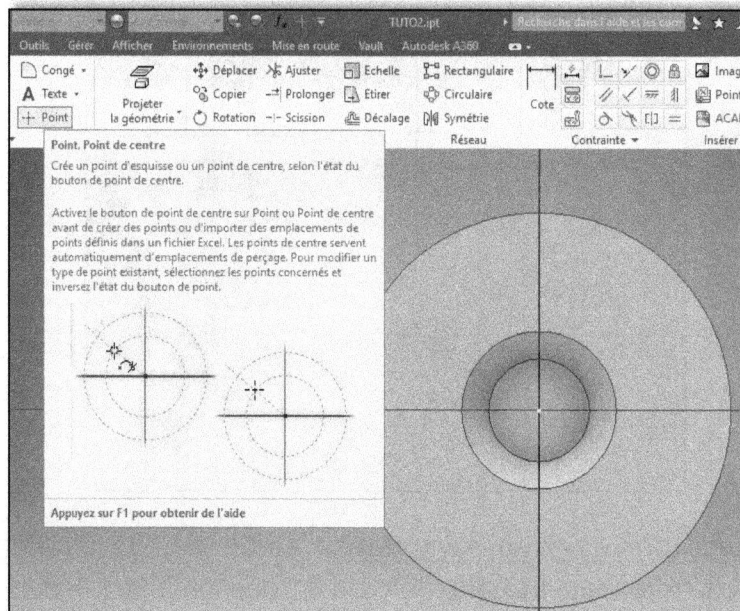

Maintenant, on doit positionner le centre du trou dans le plan.

D'après le dessin, on constate que le centre se coïncide avec un des deux plans perpendiculaires au plan de travail.

- ➢ Cliquez '' **Projeter la géométrie**'' puis sélectionnez le plan (X, Z).
- ➢ Cliquez '' **Contrainte de coïncidence**'' puis sélectionnez le point créé et le plan projeté (la droite jaune).
- ➢ Saisir la cote depuis le dessin du point par rapport au centre du référentiel.

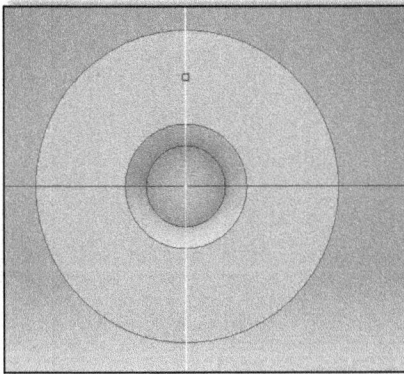

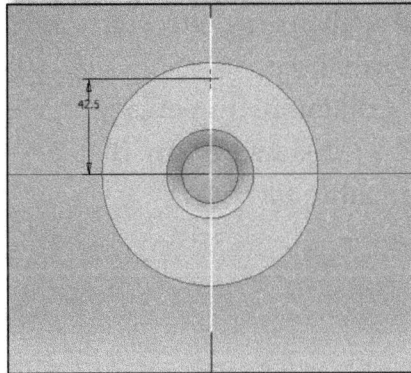

- ➢ Cliquez '' **Terminer l'esquisse**''.
- ➢ Cliquez '' **Perçage**''.

Inventor a pris automatiquement le point créé dans l'esquisse comme centre du perçage.

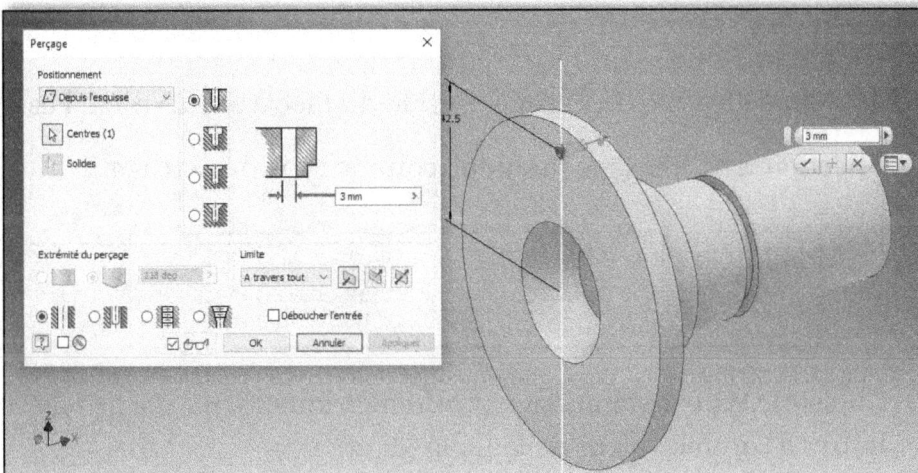

Le trou a pour désignation **M8x1.25** :

C'est une désignation d'un trou taraudé de la norme ISO.

On va faire un petit rappel sur les pièces taraudées :

- D : diamètre de la vis normalisée
- d : diamètre du perçage
- Pas : distance d'un filet à un autre filet.

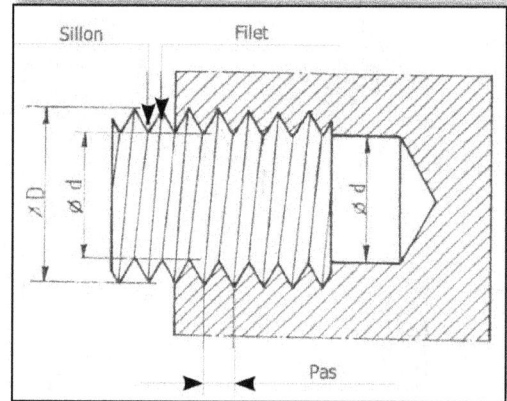

Le profil le plus employé est le profil métrique ISO.

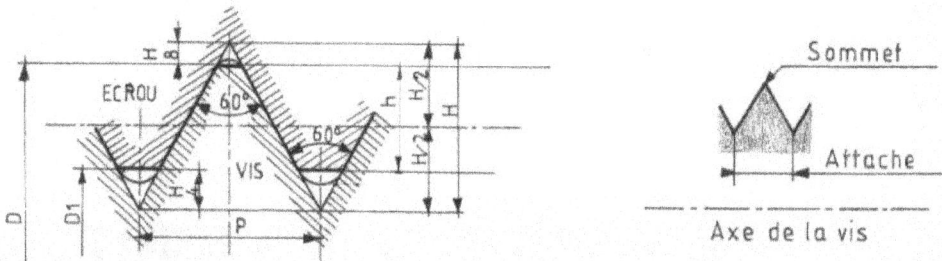

Donc M : indique le type de filtrage, 8 est le diamètre et 1.25 est le Pas.

> Sélectionnez '' **Perçage taraudé**'' comme type de perçage.

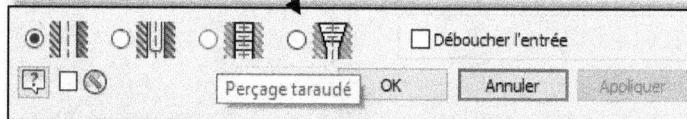

> Choisir le type de taraudage (profil métrique ISO).
> Entrer 8 comme valeur de la taille (diamètre)

➤ Sélectionnez la désignation M8x1.25.

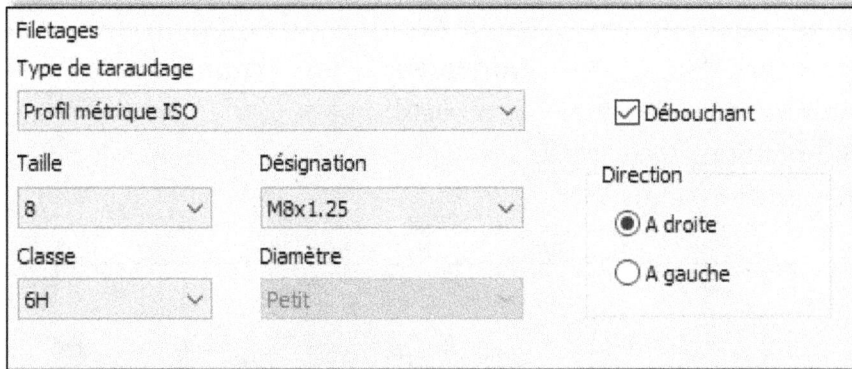

Filetages

Type de taraudage

Profil métrique ISO ∨   ☑ Débouchant

Taille   Désignation   Direction
8   ∨   M8x1.25   ∨   ⦿ A droite
Classe   Diamètre   ◯ A gauche
6H   ∨   Petit   ∨

➤ Cliquez Ok pour finir.

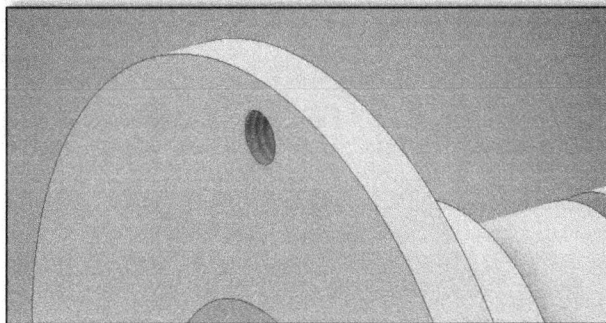

✓ Création des autres trous :

Les trous restants sont identiques au premier. Inventor a une fonction qui permet de répéter les fonctions créées.

➤ Cliquez sur '' **Réseau circulaire**'' pour créer une répétition.

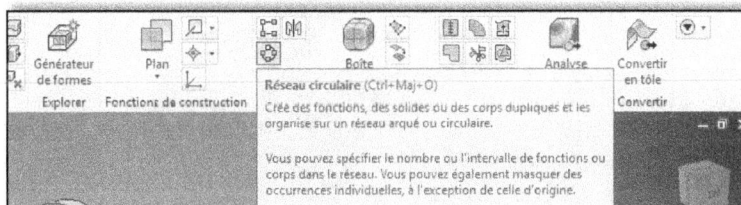

Générateur   Plan
de formes
Explorer   Fonctions de construction   Boîte   Analyse   Convertir
                                                                                            en tôle
Réseau circulaire (Ctrl+Maj+O)   Convertir

Crée des fonctions, des solides ou des corps dupliqués et les
organise sur un réseau arqué ou circulaire.

Vous pouvez spécifier le nombre ou l'intervalle de fonctions ou
corps dans le réseau. Vous pouvez également masquer des
occurrences individuelles, à l'exception de celle d'origine.

- ➢ Cliquez sur ''**Fonctions**'' et sélectionnez le trou.
- ➢ Cliquez sur ''**Axe de rotation**'' et sélectionnez une des surfaces cylindriques du modèle pour avoir l'axe de rotation ci-dessus.
- ➢ Remplir dans ''**positionnement**'' les paramètres nécessaires : nombre de répétition et la répartition.
- 8 répétitions.
- Répartition selon 360°.

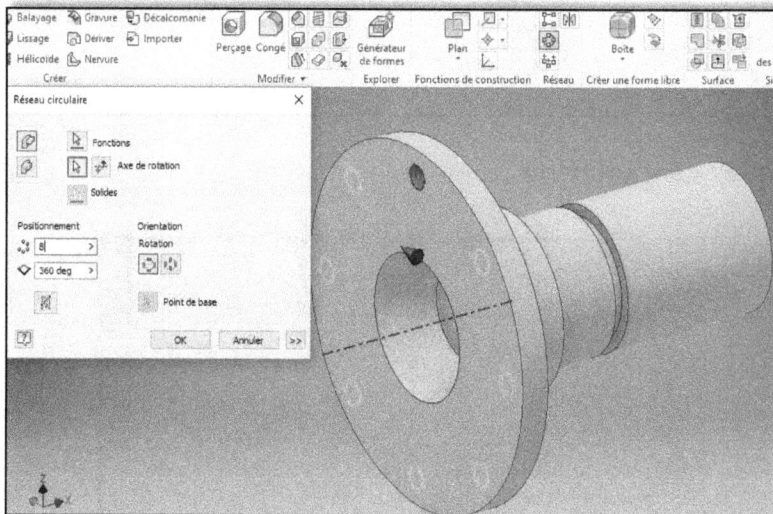

- ➢ Cliquez Ok pour finir.

✓ Modélisation du chanfrein :

Le chanfrein peut être caractérisé par les paramètres suivantes :

- Une distance.
- Distance et angle.
- Deux distances.

La cote donnée depuis le dessin est **2x45°**.

➤ Cliquez sur '' **Chanfrein**''.

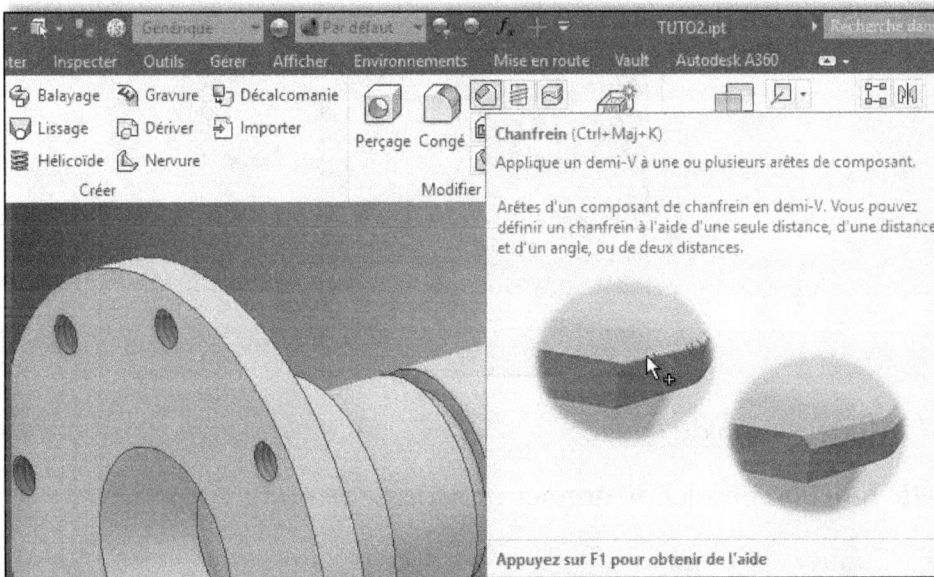

➤ Sélectionnez l'option '' **Distance et angle**''.
➤ Cliquez '' **Face**'' puis sélectionnez la face en question.
➤ Cliquez '' **Arêtes**'' puis sélectionnez l'arête.
➤ Remplir les paramètres de cotes nécessaires dans la boite de dialogue.

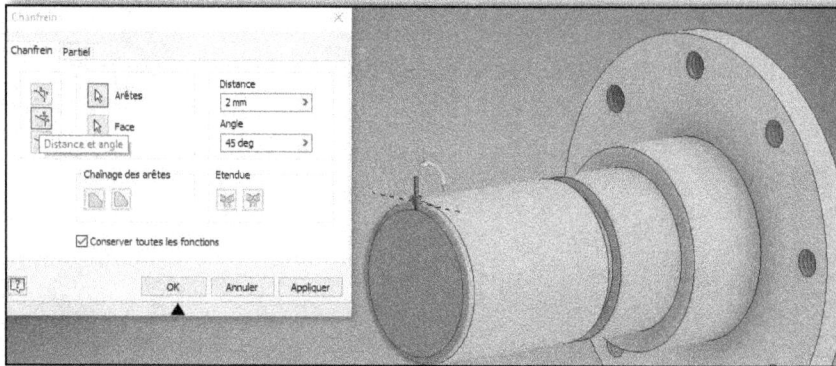

➢ Cliquez Ok pour finir.

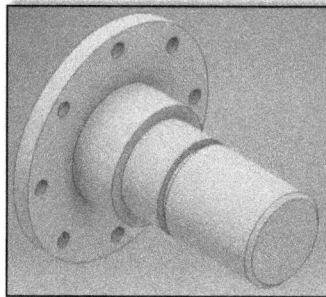

✓ <u>Modélisation du congé :</u>

Cette fonction permet de donner une forme arrondie à une arête.

➢ Cliquez '' **Congé**''.

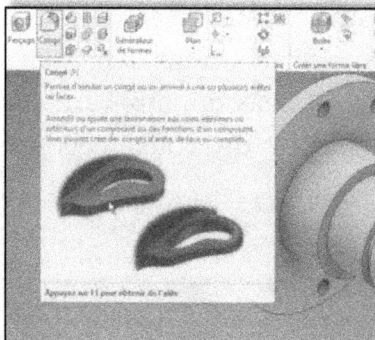

➢ Sélectionnez l'arête en question et entrez la valeur du rayon du congé.
- **R= 2mm**.

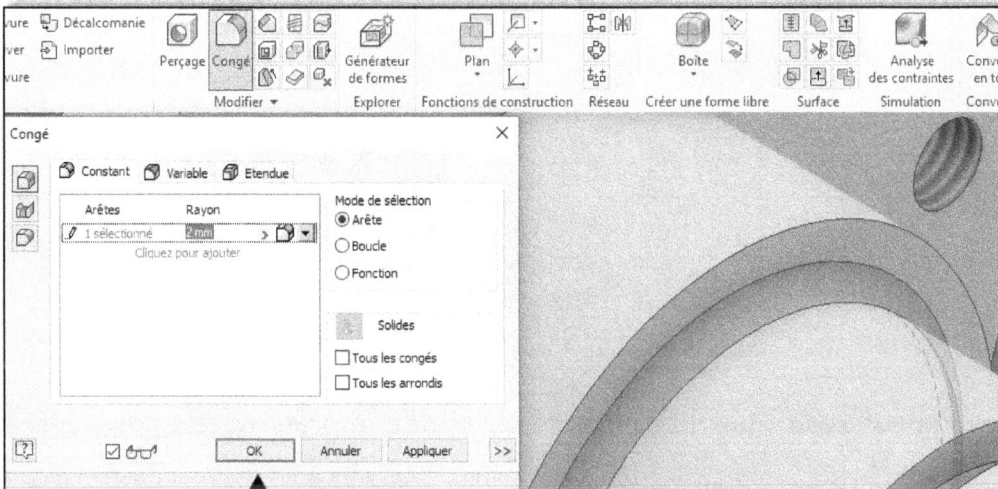

➢ Cliquez Ok pour finir.

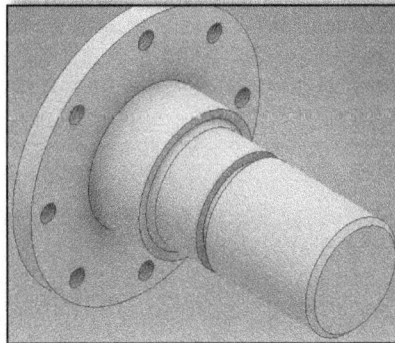

✓ <u>Pièce finie</u> :

On est arrivé à modéliser toutes les fonctions géométriques pour cette pièce.

➢ Cliquez '' **Matière**'' pour définir un matériau.

Choisissez l'acier inoxydable.

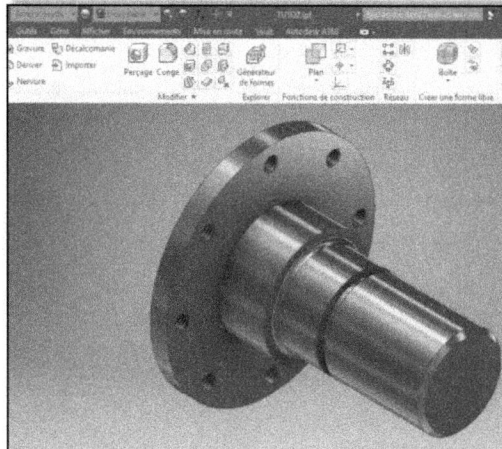

On peut avoir une vue en coupe 3D pour comprendre mieux les détails du modèle.

➢ Cliquez "**Annoter**" pour aller au ruban annoter.
➢ Sélectionnez l'option "**vue en coupe de trois-quarts**".

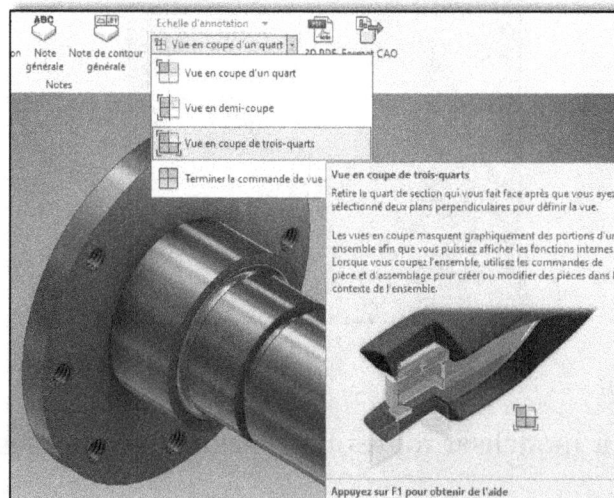

> Sélectionnez le plan (X, Z) puis le plan (X, Y).

Ceci permet de retirer le quart de la section.

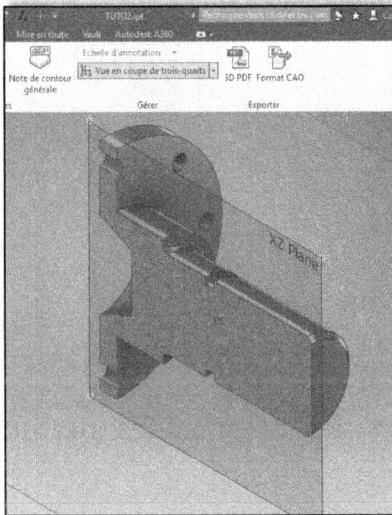

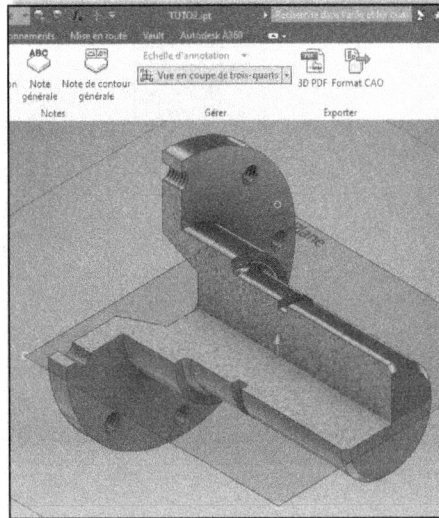

Voilà une vue en coupe 3D de trois-quarts.

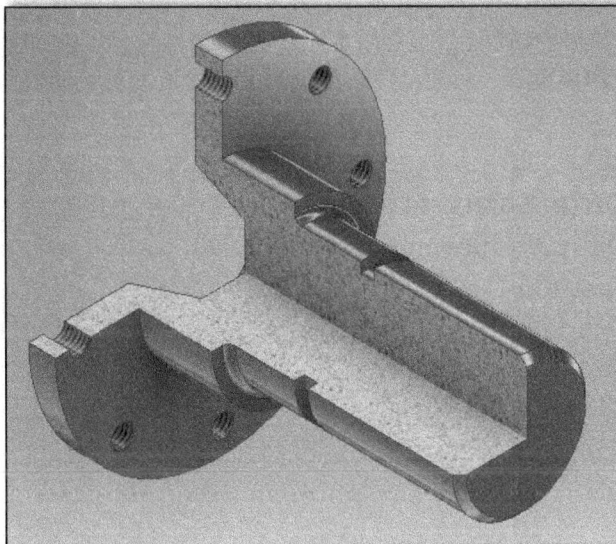

➤ Cliquez '' **Terminer la commande de vue en coupe**'' pour revenir à la vue complète 3D.

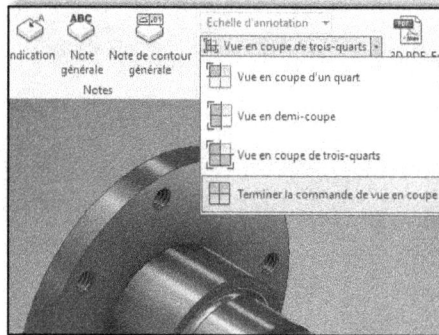

✓ Récapitulation :

Dans cet exercice, nous avons appris les commandes des fonctions suivantes :

o Esquisse :
➤ Contraintes géométriques : Verticalité.
➤ Contrainte dimensionnelle : Cote(angle).
➤ Créer un rectangle.
➤ Créer un point.

o Modèle 3D :
➤ Révolution (par ajout de matière).
➤ Révolution (par enlèvement de matière).
➤ Perçage taraudé.
➤ Réseau circulaire (répétition circulaire).
➤ Chanfrein.
➤ Congé.

o Annoter :
➤ Vue en coupe de trois-quarts.

EXERCICE N°3 :

Créez un modèle 3D de cette pièce (Coude à bride 90°).

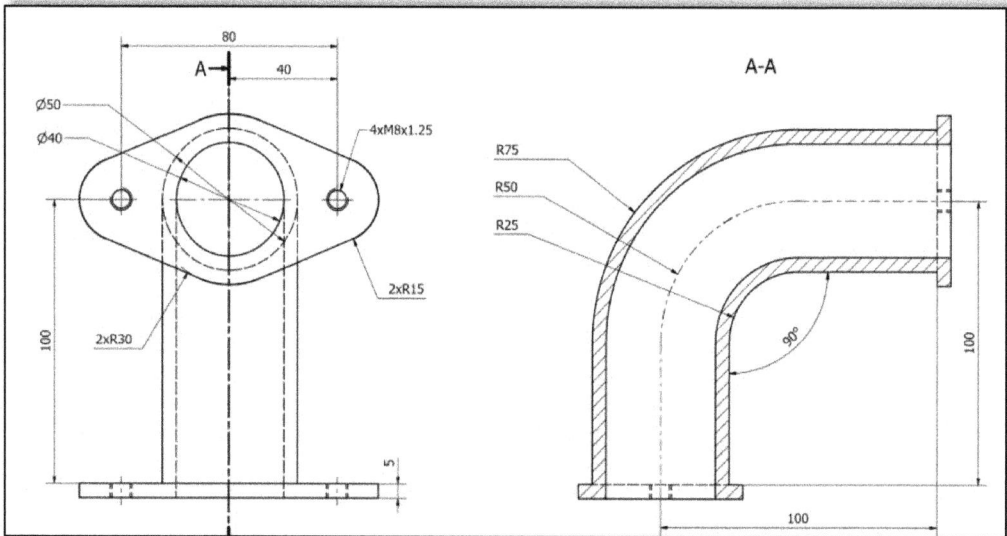

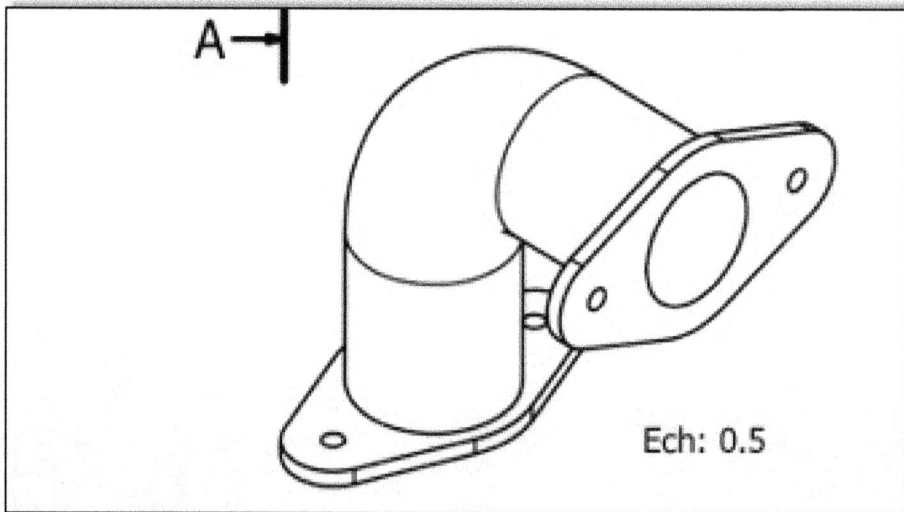

> Cliquez sur ''**Nouveau**'' pour créer un nouvel objet.

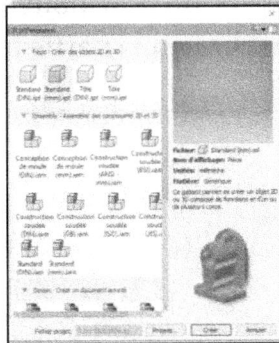

> ➢ Enregistrez votre pièce.

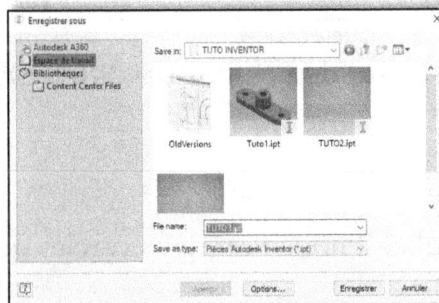

✓ Esquisse :
➢ Cliquez ''**Commencer une esquisse 2D**'' puis sélectionnez un plan de travail pour créer une nouvelle esquisse.

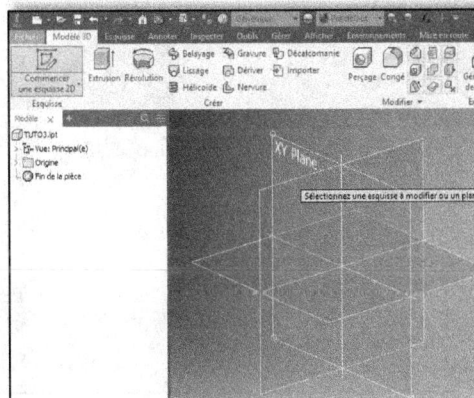

Dans cet exercice, on va apprendre une nouvelle fonction : **Balayage**, qui nous permet de créer au premier lieu la partie tube du modèle.

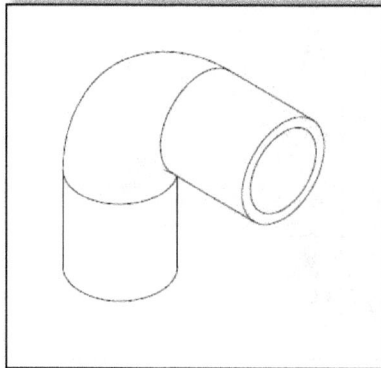

Cette fonction est basée sur deux esquisses différentes qui sont créées sur deux plans différents.

- <u>Création de la première esquisse</u> :

  Pour créer un tube, il nous faut deux cercles qui présente la section du tube.

➤ Cliquez ''**Cercle**'' et créez deux cercles quelconques.

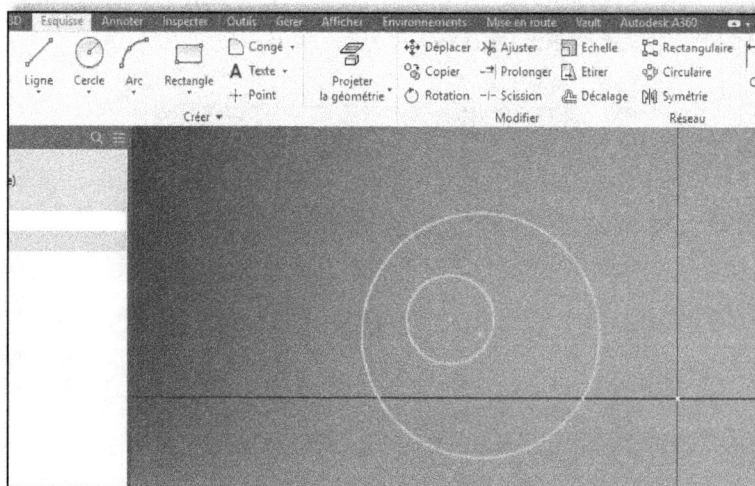

➤ Cliquez ''**Contrainte de coïncidence**'' et sélectionnez les centres des trous créés au centre du référentiel.

Dans ce cas-là, vous ne pouvez pas appliquer cette contrainte aux deux centres des cercles à la fois.

➤ Saisir les cotes nécessaires aux cercles.

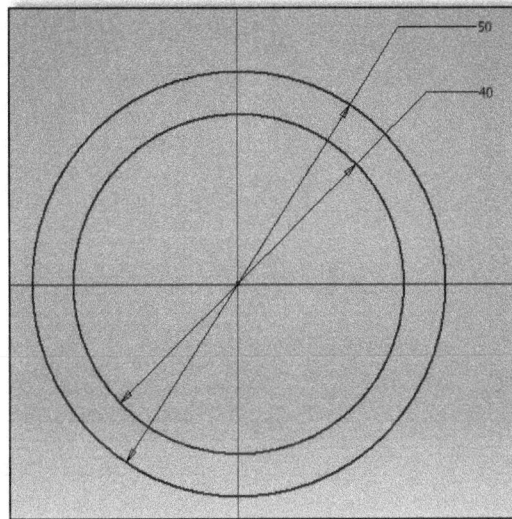

■ Création de la deuxième esquisse :

➤ Sélectionnez un plan perpendiculaire à celui de l'autre esquisse.

On peut sélectionner ou (X, Z) ou (Y, Z).

Dans cette esquisse, on va définir la trajectoire que va suivre le contour créé dans la première esquisse.

➤ Sélectionnez le plan (Y, Z) et cliquez '' **Commencer une esquisse 2D**''.
➤ Cliquez '' **Ligne**'' et créez la trajectoire.
➤ Appliquez les contraintes nécessaires.
➤ Saisir les cotes nécessaires pour valider l'esquisse.

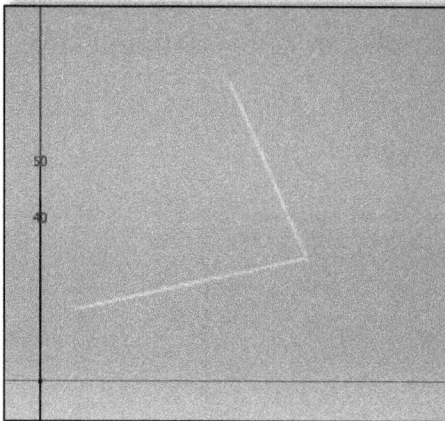

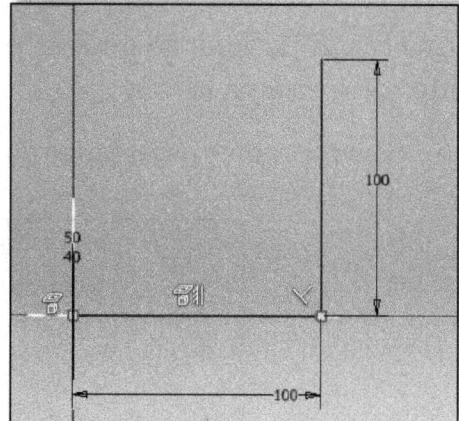

> ➤ Cliquez ''**Congé**'' pour créer la forme arrondie du tube.
> ➤ Sélectionnez l'arête et entrez une valeur au rayon du congé créé. R=**50mm**.

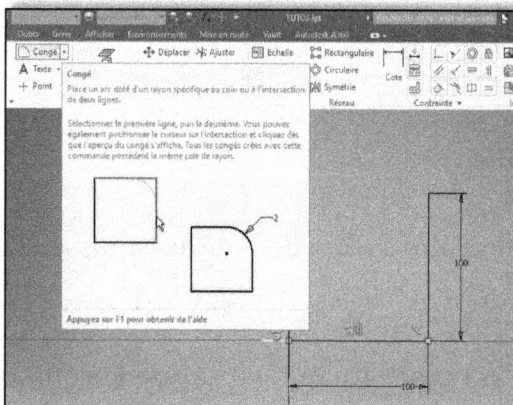

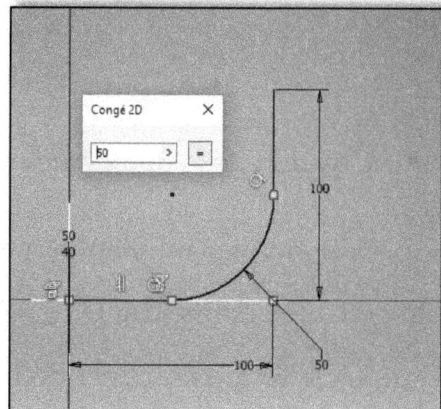

> ➤ Cliquez '' **Terminer l'esquisse**''.

✓ <u>Modélisation du tube par la fonction balayage</u> :
> ➤ Cliquez ''**Balayage**'' pour créer le coude.

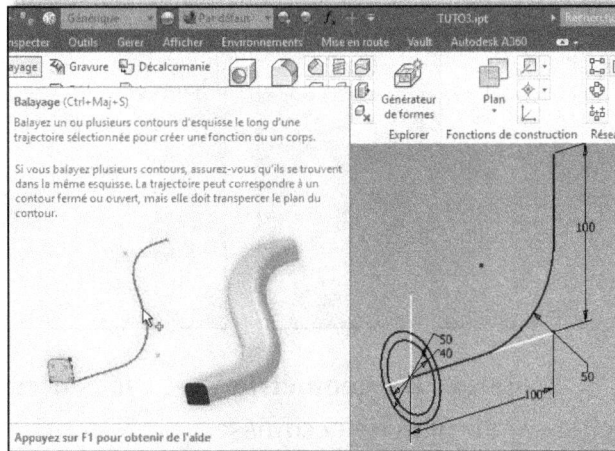

- ➢ Cliquez sur '' **Contour**'' et sélectionnez le premier profil.
- ➢ Cliquez sur '' **Trajectoire**'' et sélectionnez le deuxième profil.
- ➢ Cliquez Ok pour finir.

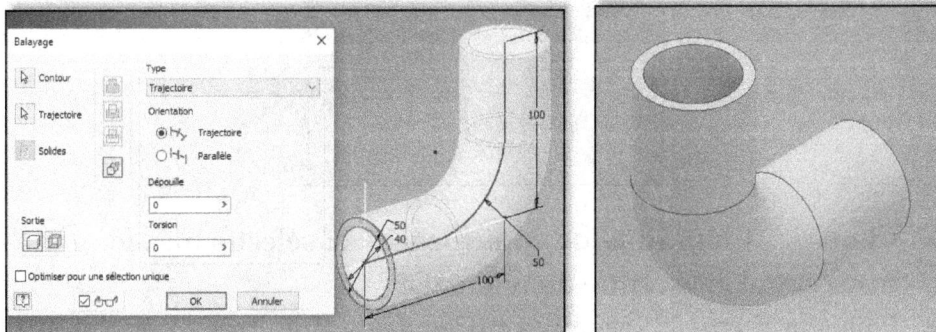

- ✓ Modélisation des brides :

On va commencer à créer une des deux brides sur une des extrémités du tube.

- ▪ Esquisse :
- ➢ Sélectionnez la surface d'une extrémité et commencez une nouvelle esquisse.

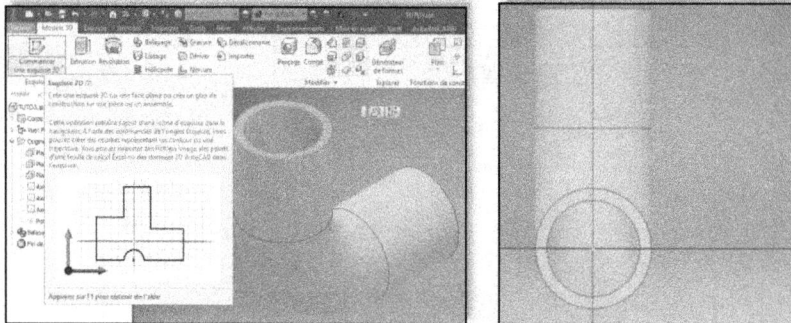

> Cliquez '' **Projeter la géométrie**'' et sélectionnez les plans perpendiculaires au plan de l'esquisse.
> Cliquez ''**Cercle**'' et créez trois cercles quelconques.

> Cliquez '' **Contrainte de coïncidence**'' et sélectionnez le centre du trou central et le centre du référentiel.
> Faites la même chose aux centres des autres trous par rapport au plan horizontal.

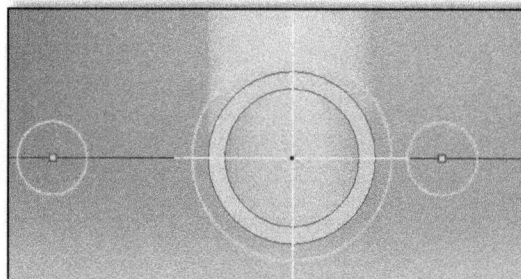

➤ Saisir les cotes nécessaires depuis le dessin de référence.

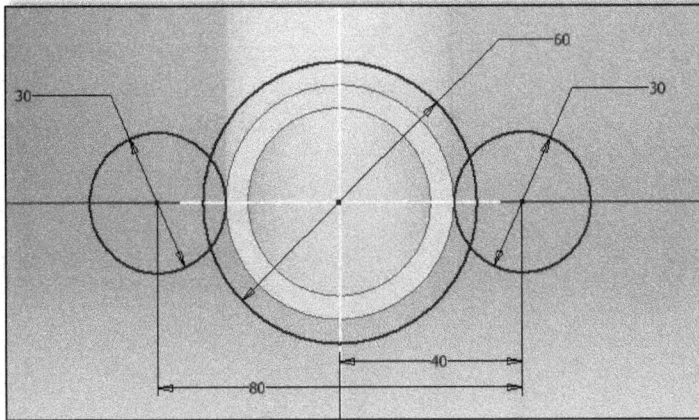

Il est évident que l'esquisse n'est pas encore finie.

➤ Cliquez "**Ligne**" et créez quatre lignes quelconques.

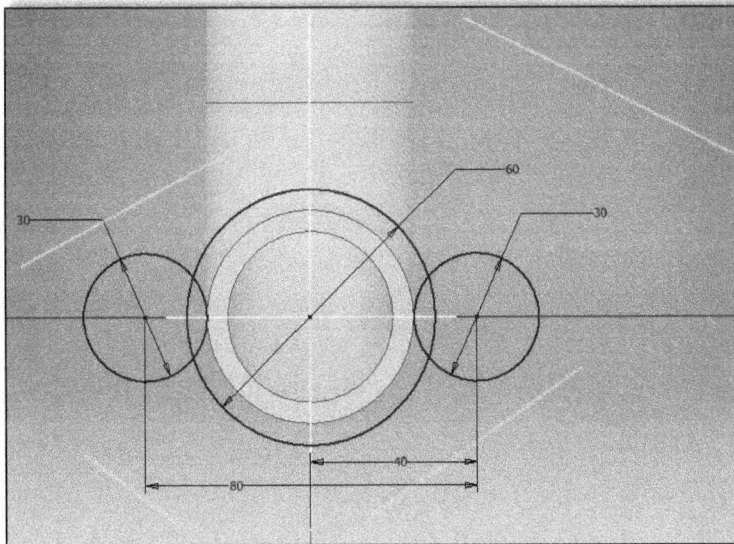

➤ Cliquez " **Tangence**" puis sélectionnez une des droites et le cerle central puis refaites la même chose avec le cercle de l'extrémité.

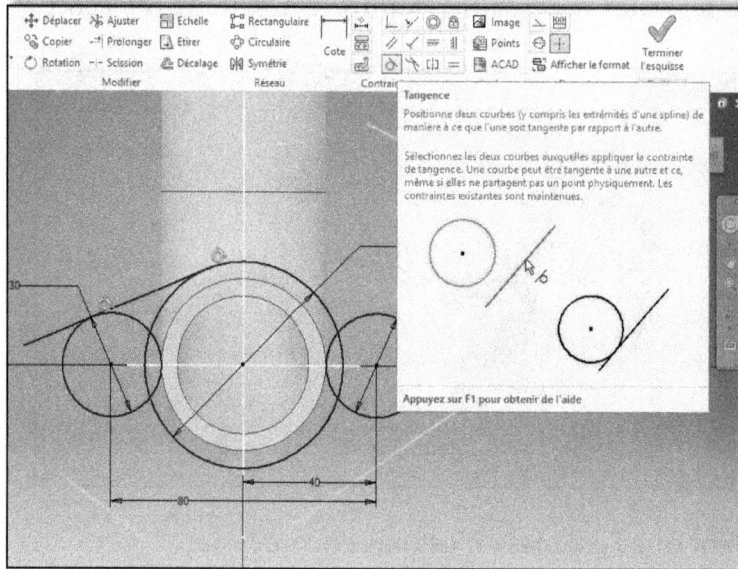

> ➤ Refaites la même chose avec les autres droites.

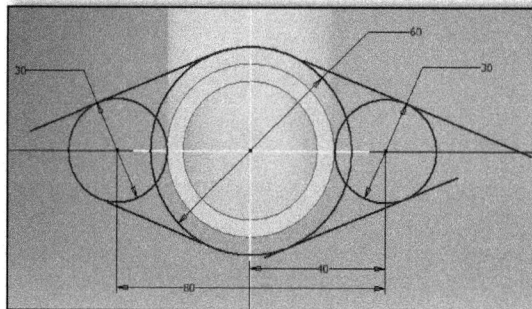

De cet angle de vue, vous constatez que toutes les droites sont tangentes aux cercles.

Mais parfois, ce n'est pas le cas. Si vous faites un zoom vous allez voir qu'il n'y a pas de contact à cause de la longueur de la droite par exemple.

> ➤ Cliquez ''**Prolonger**'' et sélectionnez les droites qui ne sont pas tangentes aux cercles.

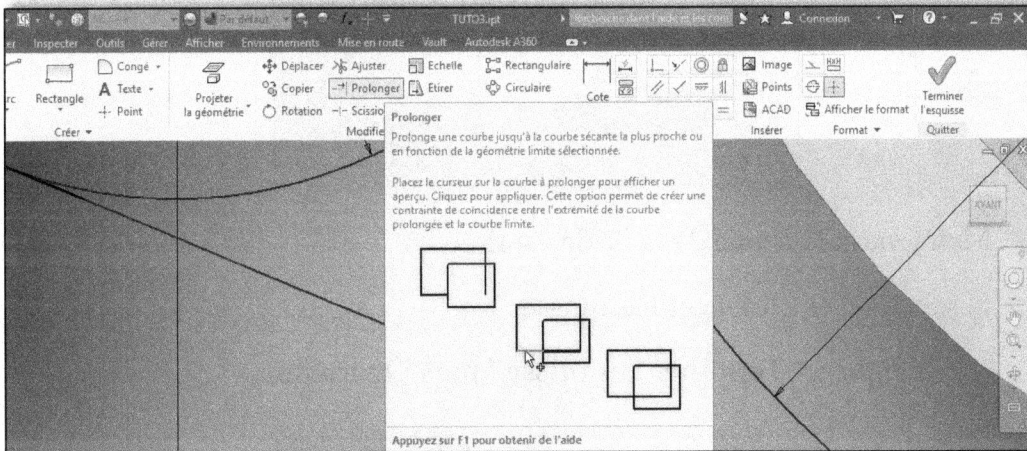

> ➤ Cliquez ''**Ajuster**'' et sélectionnez les éléments géométriques nécessaires afin d'avoir la forme du contour de la bride.

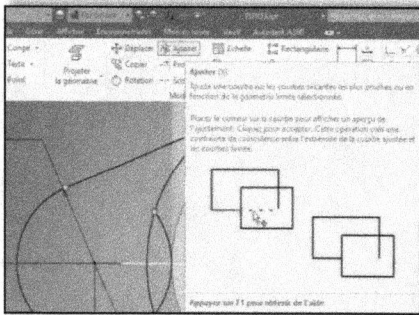

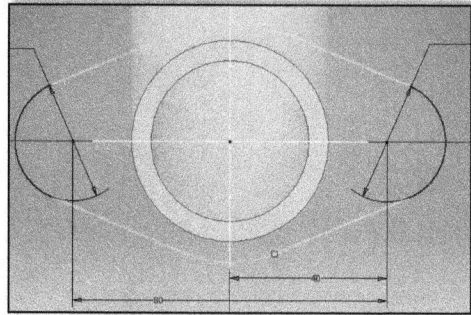

On constate que la couleur de l'esquisse a changé car on a perdu la cote du trou central.

> Cliquez "**Cote**" et sélectionnez les éléments arrondis.

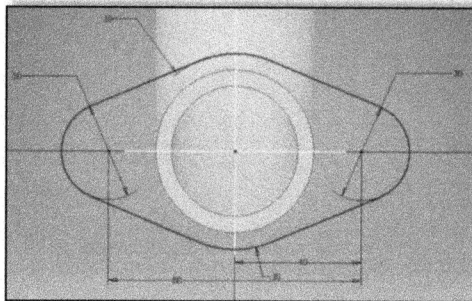

Maintenant la forme de la bride est finie.

Essayons d'extruder cette esquisse.

> Cliquez " **Terminer l'esquisse**" puis "**Extrusion**".

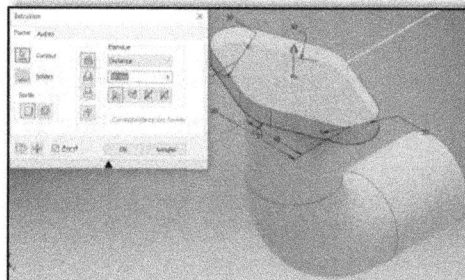

Ce n'est pas le modèle qu'on voulait concevoir car la bride va boucher le tube.

Revenant à l'esquisse.

➢ Cliquez deux fois sur la dernière esquisse depuis l'arborescence.
➢ Cliquez '' **Cercle**'' et créez un cercle pour un diamètre égale au diamètre intérieur du tube.

Remarque :

Le centre du cercle coïncide avec le centre du tube.

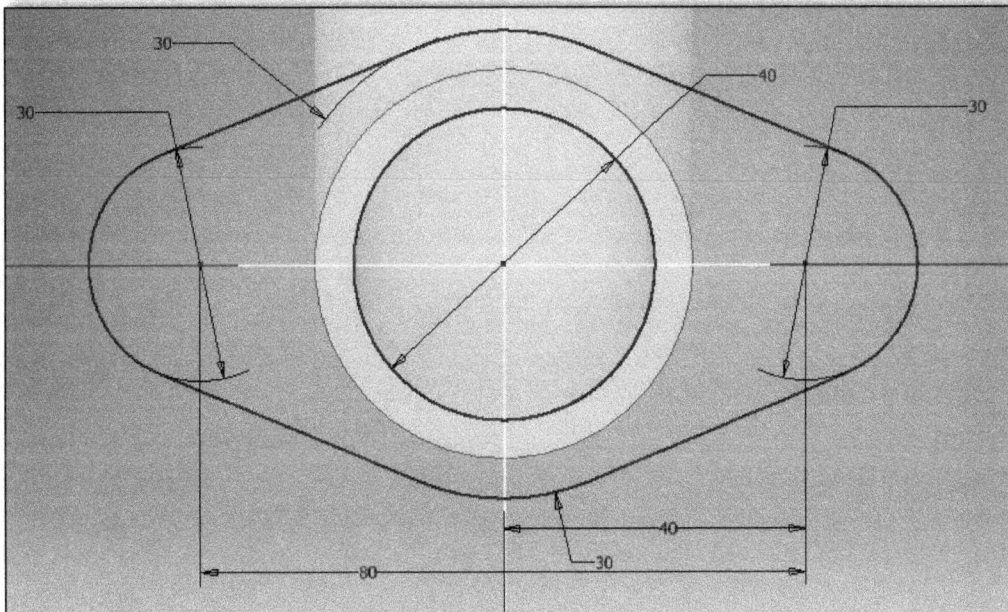

➢ Cliquez '' **Terminer l'esquisse**'' puis ''**Extrusion**''

Extruder l'esquisse de **5mm**.

➢ Cliquez Ok pour finir.

✓ Modélisation des trous :

Comme on avait vu dans l'exercice précédent, il s'agit de trous taraudés (M8x1.25).

➤ Cliquez ''**Perçage**''.

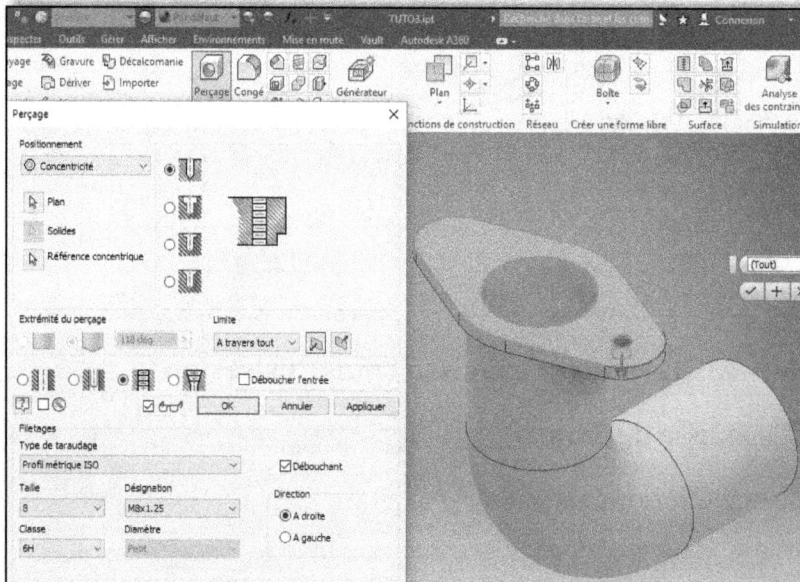

o Rappel sur le centre du trou :

Vous sélectionnez tout d'abord la surface puis l'arête de la surface cylindrique (en rouge).

➢ Cliquez Ok pour finir.

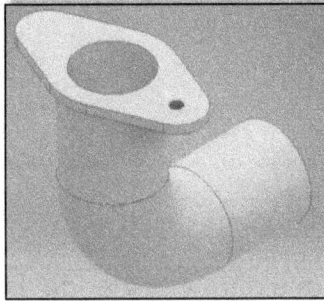

On peut créer le deuxième trou comme le premier ou bien à travers la commande de symétrie.

➢ Cliquez ''**Symétrie**''.
➢ Cliquez '' **Fonctions**'' dans la boite de dialogue symétrie et sélectionnez la fonction perçage qu'on vient de modéliser.
➢ Cliquez ''**Plan de symétrie**'' et sélectionnez le plan (Y, Z).

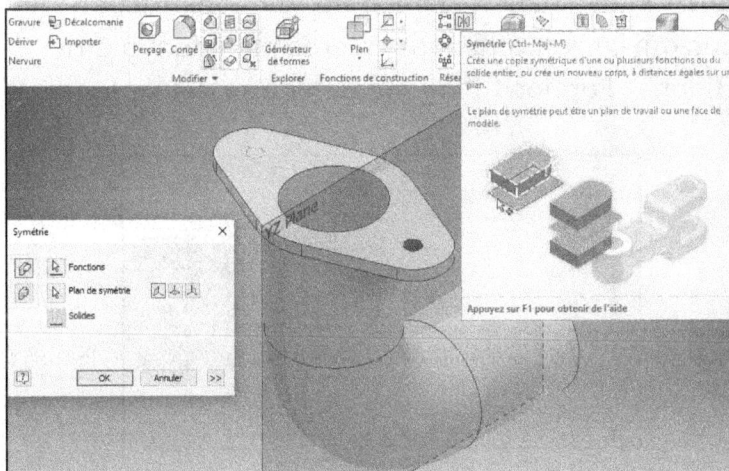

➤ Cliquez Ok pour finir.

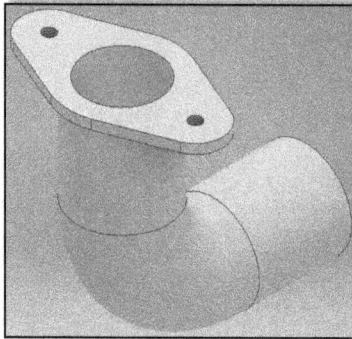

✓ <u>Modélisation de la deuxième bride</u> :

On peut modéliser la deuxième bride de la même manière que la première, mais pour gagner du temps, on peut le faire grâce à la fonction **"Symétrie"**.

▪ <u>Création du plan de symétrie</u> :

On constate depuis le dessin que les brides ne sont pas symétriques par rapport au plan du référentiel. Ils sont symétriques par rapport au plan incliné de 45° à la surface de la bride.

➤ Cliquez "**Plan**" dans " **Fonctions de construction**" et choisissez l'option qui correspond pour créer le plan de symétrie.
➤ Sélectionnez l'option "**Plan médian entre deux plans**".

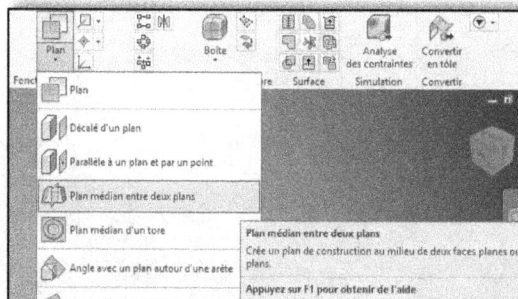

➤ Sélectionnez la face inférieure de la bride puis la face de l'extrémité du tube de l'autre côté.

- Création de la bride :
➤ Cliquez ''**Symétrie**''.
➤ Cliquez '' **Fonctions**'' dans la boite de dialogue symétrie et sélectionnez toutes les fonctions utilisées pour la modélisation de la première bride.

Vous pouvez les sélectionner soit directement à partir du modèle 3D ou bien depuis l'arborescence.

➤ Cliquez ''**Plan de symétrie**'' et sélectionnez le plan de construction créé.

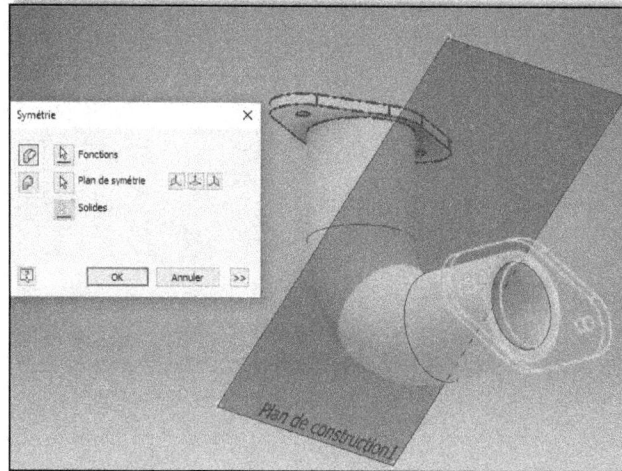

➤ Cliquez Ok pour finir.

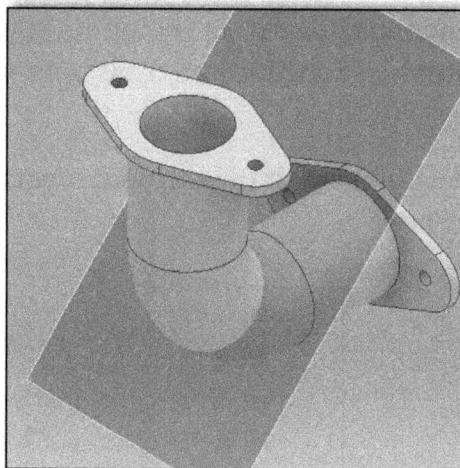

Pour cacher le plan de symétrie construit :

➤ Cliquez bouton droit de la souris sur le plan de construction dans l'arborescence et cliquez pour décocher visibilité.

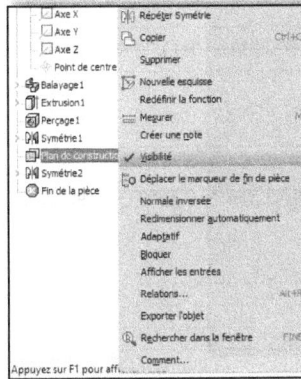

> Définir une matière au modèle (Cuivre).

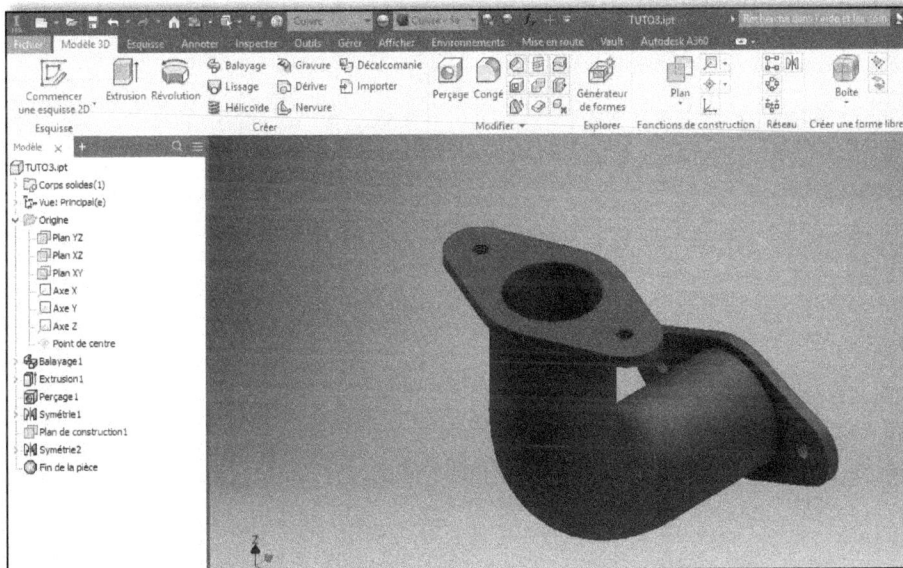

✓ <u>Récapitulation</u> :

Dans cet exercice, nous avons appris les commandes des fonctions suivantes :

- o <u>Esquisse</u> :
- ➢ Contraintes géométriques : Tangence.
- ➢ Ajuster
- ➢ Prolonger
- ➢ Congé.

- o <u>Modèle 3D</u> :
- ➢ Balayage.
- ➢ Plan de construction

EXERCICE N°4 :

Créez un modèle 3D à partir du dessin ci-dessous :

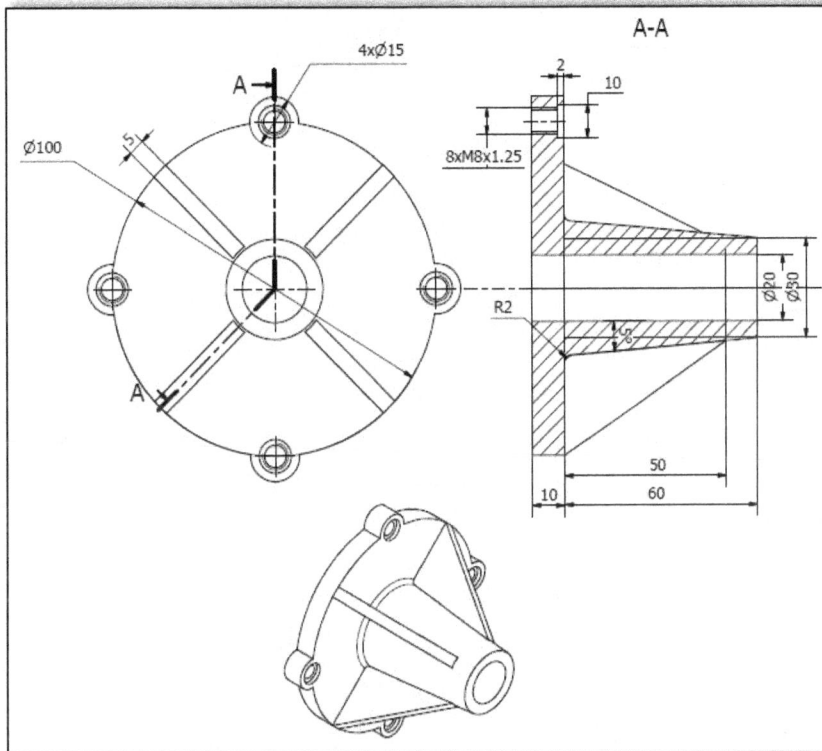

> Cliquez sur '' **Nouveau** '' pour créer un nouvel objet.
> Enregistrez votre pièce.

✓ Esquisse :
> Cliquez sur ''**Commencer une esquisse 2D**'' puis sélectionnez un plan de travail pour créer une nouvelle esquisse.
> Cliquez ''**Cercle**'' et créez les cercles comme indiqué ci-dessous.

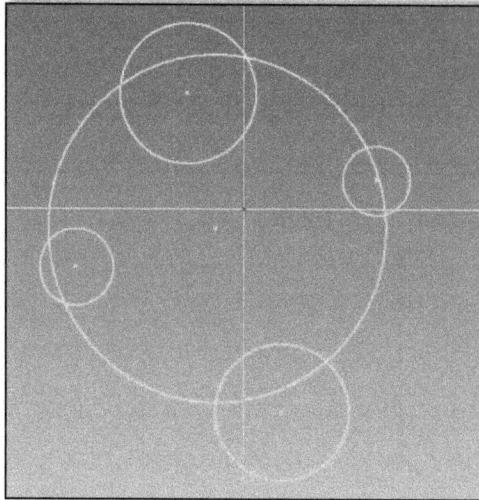

- ➢ Cliquez ''**Projeter la géométrie**'' et sélectionnez les plans perpendiculaires au plan de l'esquisse.
- ➢ Appliquez les contraintes géométriques nécessaires pour coïncider les centres des quatre petits trous au plans projetés et le cercle centrale à la fois.
- ➢ Cliquez ''**Ajuster**'' et éliminez les éléments inutiles afin d'avoir le contour ci-dessous.

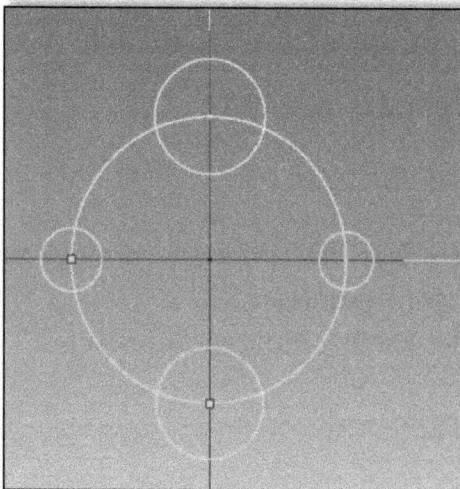

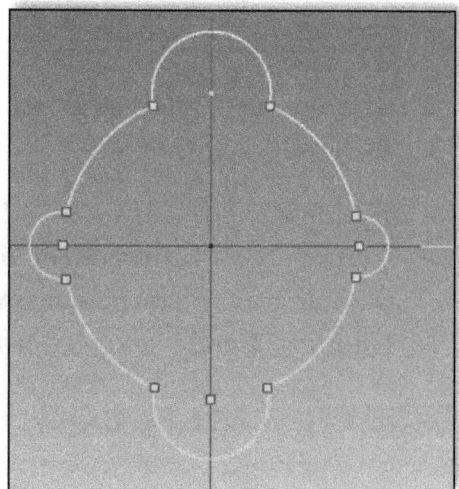

➤ Cotez l'esquisse.

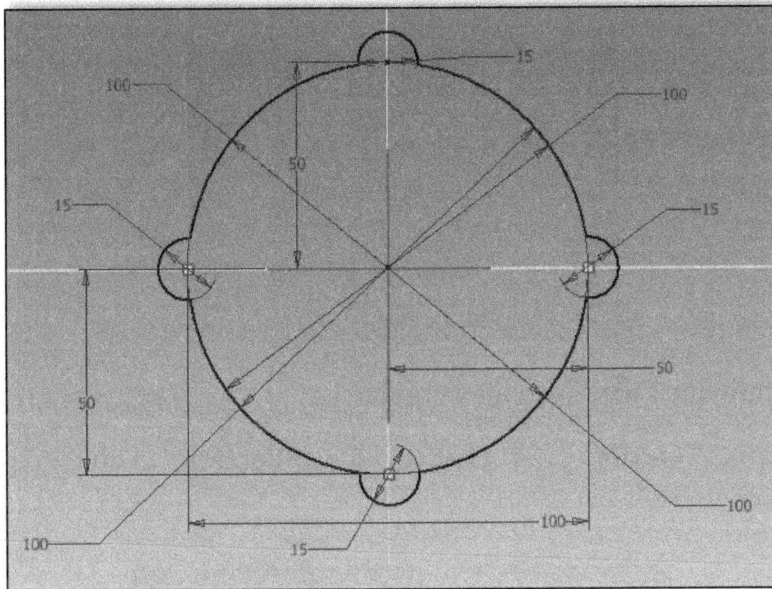

o <u>Remarque</u> :

Si vous voulez passer d'une cote de type rayon au diamètre :

➤ Cliquez "**Cote**" puis sélectionnez l'entité géométrique à coter puis cliquez bouton droit " **Type de cote** " " **Diamètre**" comme indiqué ci-dessous.

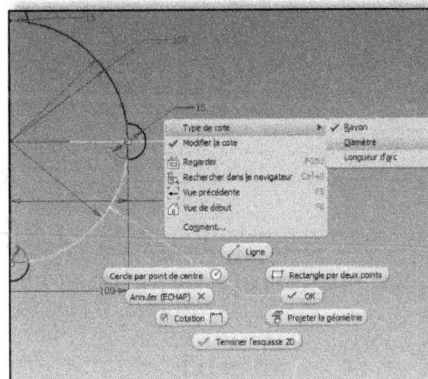

✓ Extrusion :
➢ Extrudez l'esquisse de **10mm**.

On constate que l'arrière-plan a changé.

➢ Cliquez ''**Outils**'' puis ''**Options d'application**'' et changez l'arrière-plan.

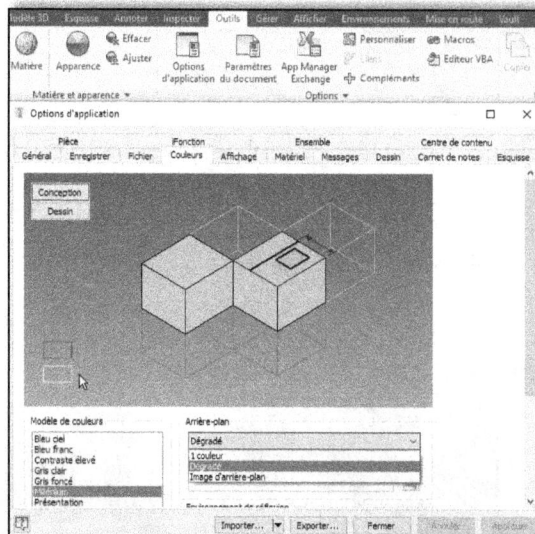

✓ Modélisation de la partie conique par la fonction dépouille :
➢ Sélectionnez la face supérieure de la base et cliquez ''**Commencer l'esquisse 2D**''
➢ Cliquez ''**Cercle**'' et créez un cercle.

- ➢ Centrez le cercle au référentiel et entrez la cote du diamètre(**30mm**).
- ➢ Extrudez le contour de **60mm**.

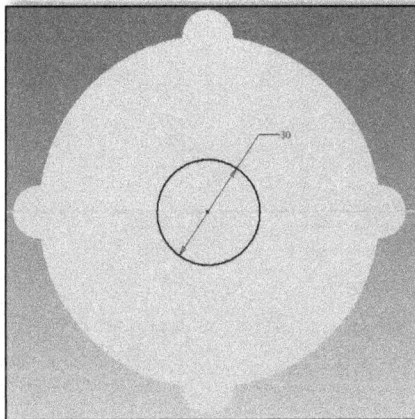

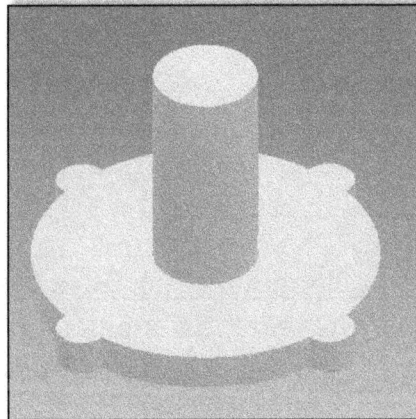

- ➢ Cliquez ''**Dépouille**'' pour créer la forme conique.
- ➢ Cliquez ''**Sens de démoulage**'' et sélectionnez la surface cylindrique pour identifier le sens de dépouille. Recliquez pour inverser le sens.
- ➢ Cliquez ''**Faces**'' et sélectionnez la surface cylindrique.
- ➢ Entrez la valeur de l'angle de dépouille (**5°**).

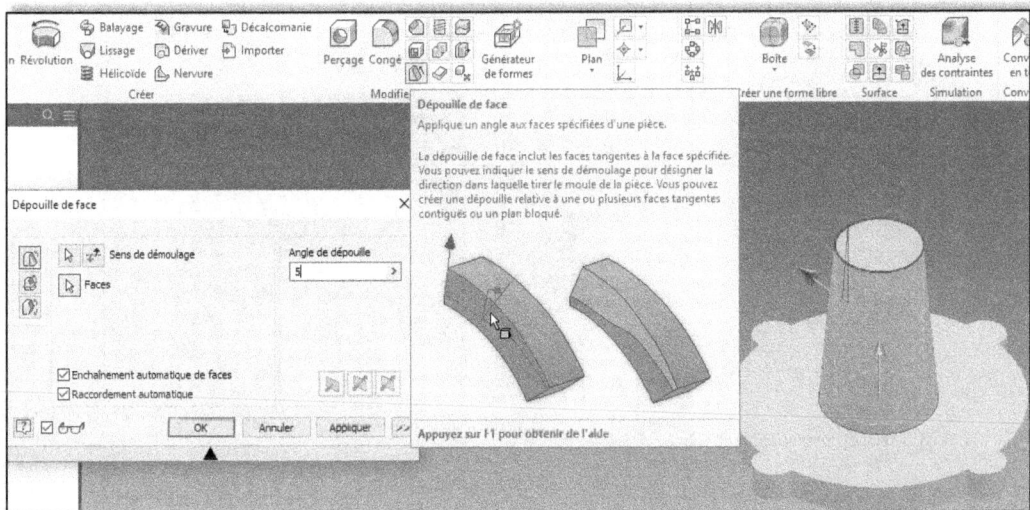

> Cliquez Ok pour finir.

✓ Modélisation des nervures :

Les nervures sont des solutions techniques choisies par les concepteurs pour renforcer la structure d'une pièce.

Inventor a développé une fonction appelée ''**Nervure**'' qui permet de modéliser une nervure à partir d'une esquisse.

On constate depuis le dessin de référence que les plans médians des nervures sont décalés de 45° par rapport au plans (X, Z) et (Y, Z).

- Création du plan médian de la nervure :
> Cliquez ''**Plan médian entre deux plans**''.
> Sélectionnez les plans (X, Z) et (Y, Z).

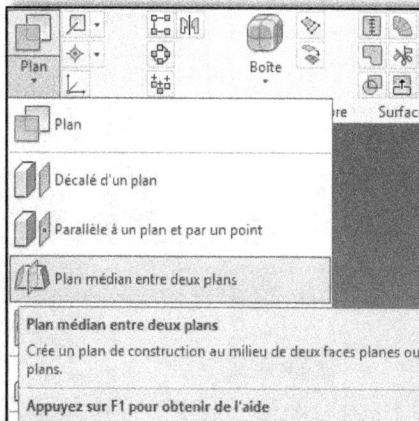

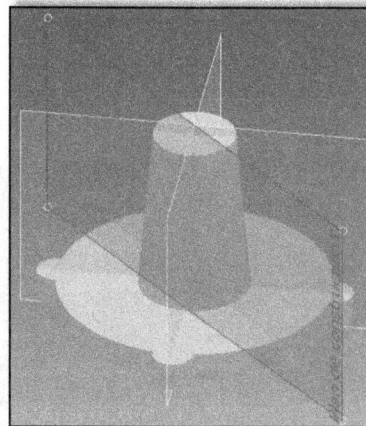

- Création de l'esquisse :
  - ➤ Sélectionnez le plan de construction et cliquez ''**Commencer une esquisse 2D**''.
  - ➤ Cliquez ''**Affichage en coupe**'' pour créer l'esquisse en vue de coupe.
  - ➤ Cliquez ''**Projeter la géométrie**'' et sélectionnez la surface conique et l'arête supérieure de la base.
  - ➤ Cliquez ''**Ligne**'' et créez une ligne quelconque.

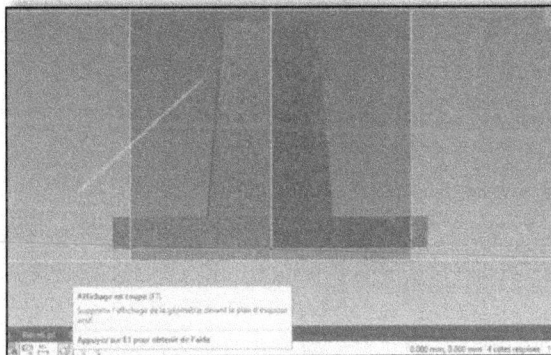

  - ➤ Cliquez ''**Contrainte de coïncidence**'' et sélectionnez l'extrémité droite de la ligne dessinée et la ligne projetée de la forme conique.
  - ➤ Cliquez ''**Contrainte de coïncidence**'' et sélectionnez l'extrémité gauche de la ligne et l'extrémité de la ligne projetée de l'arête supérieure de la base.
  - ➤ Saisir une cote verticale de la ligne(**50mm**).

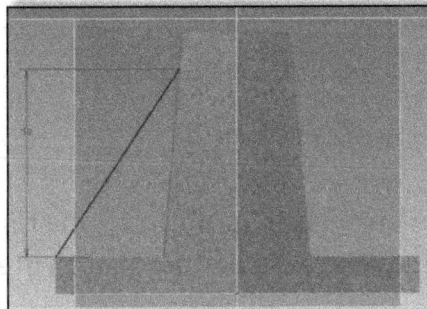

- ➢ Cliquez "**Terminer l'esquisse**".
- ➢ Cliquez "**Nervure**" pour créer une nervure.
- ➢ Sélectionnez l'option "nervure parallèle au plan d'esquisse".
- ➢ Entrez la valeur de l'épaisseur(**5mm**).

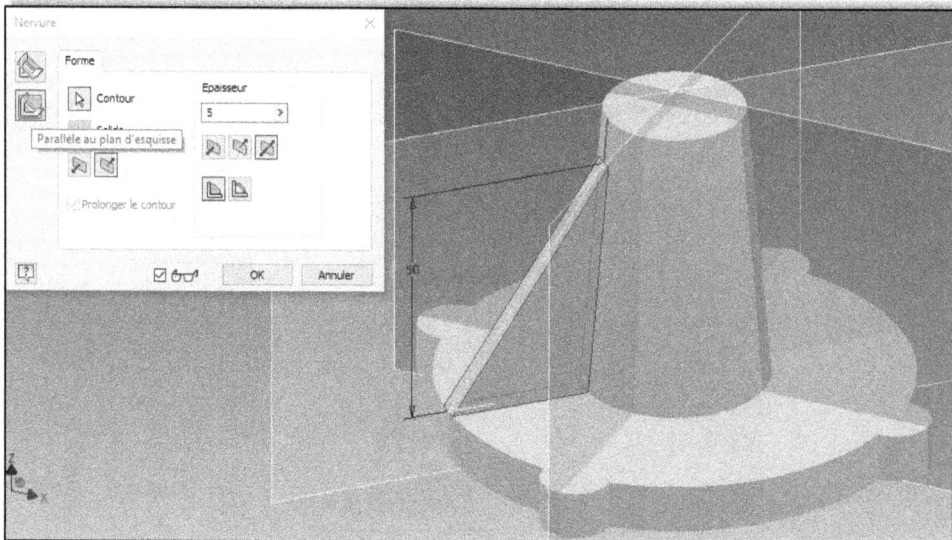

- ➢ Cliquez Ok pour finir.

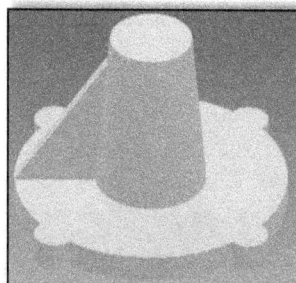

- ✓ Modélisation des autres nervures :

- ➢ Cliquez "**Réseau circulaire**" pour faire une répétition.
- ➢ Cliquez "**Fonctions**" et sélectionnez la nervure créée.

- ➤ Cliquez ''**Axe de rotation**'' et sélectionnez la surface conique.
- ➤ Entrez le nombre de répétition dans positionnement (4).

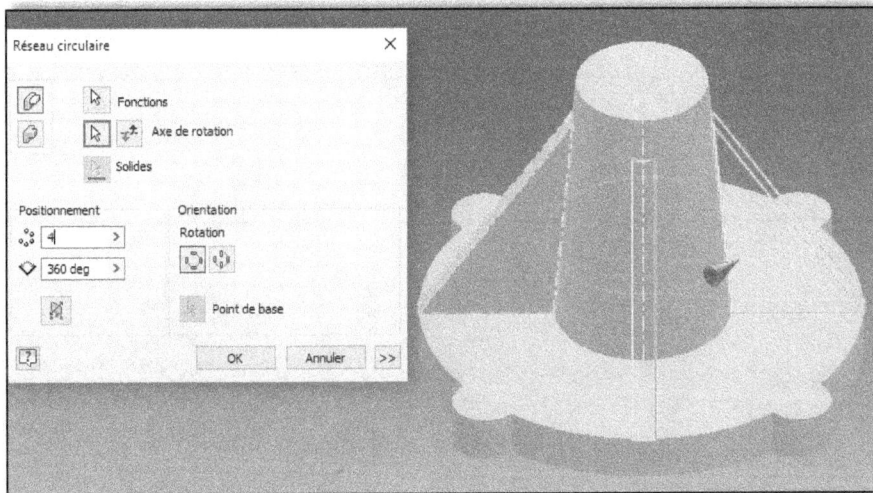

- ➤ Cliquez Ok pour finir.

- ✓ <u>Modélisation des trous lamés :</u>

- ➤ Cliquez ''**Perçage**''.

➢ Choisissez ''**Concentricité**'' dans positionnement et sélectionnez la face supérieure de la base puis l'arête du petit cylindre pour définir le centre du trou.

➢ Sélectionnez '' **Trou lamé**'' et entrez les cotes nécessaires.

➢ Sélectionnez ''**Trou taraudé**'' et choisissez les caractéristiques du filetage comme indiqué ci-dessous.

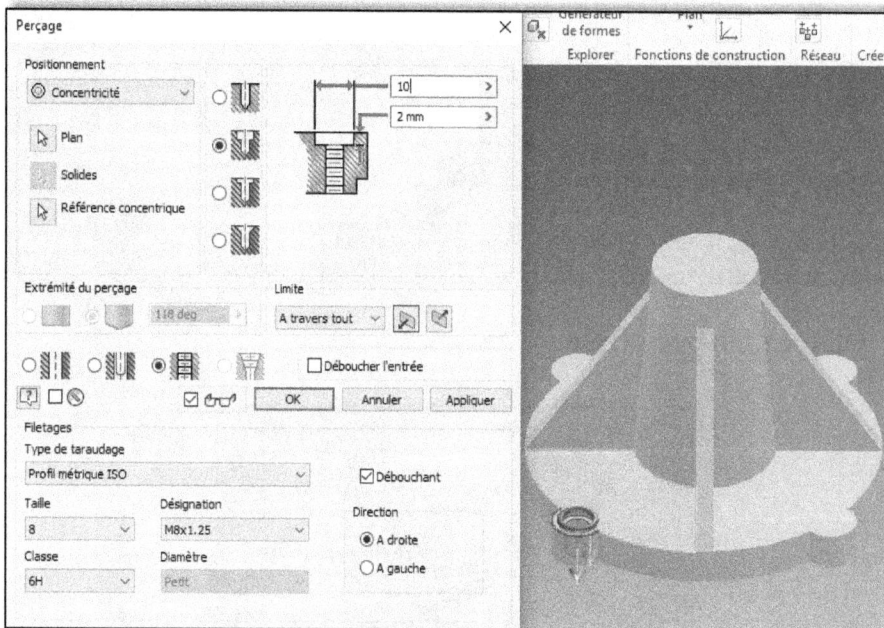

➢ Cliquez Ok pour finir.

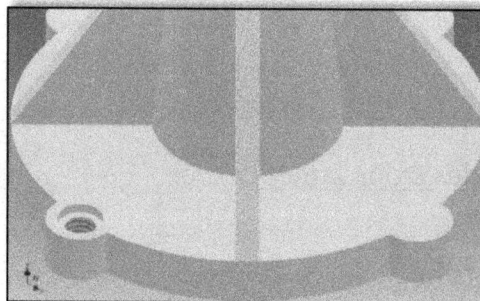

- Modélisation des autres trous :

➢ Cliquez ''**Réseau circulaire**'' pour faire une répétition.
➢ Cliquez ''**Fonctions**'' et sélectionnez le trou créé.
➢ Cliquez ''**Axe de rotation**'' et sélectionnez la surface conique.
➢ Introduisez le nombre de répétition dans positionnement (4).
➢ Cliquez Ok pour finir.

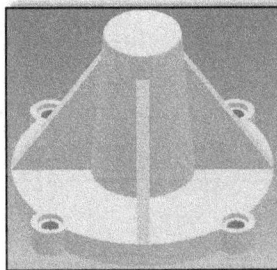

✓ Modélisation du trou centrale :

On peut créer le trou central en utilisant la fonction extrusion par enlèvement de matière.

➢ Sélectionnez la face supérieure de la pièce et cliquez ''**Commencer une esquisse 2D**''.
➢ Cliquez ''**Cercle**'' pour créer un cercle de diamètre **20mm**.
➢ Extrudez par enlèvement de matière(soustraction).

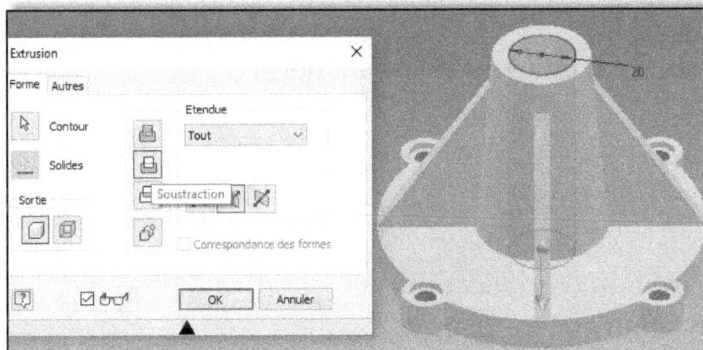

- ➤ Cliquez Ok pour finir.
- ➤ Appliquez ''**Congé**'' de 2mm à l'arête indiqué ci-dessous.

- ✓ Pièce finie :

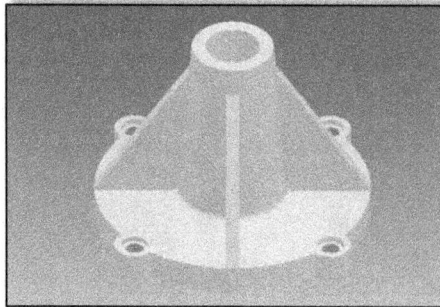

- ➤ Matière : Aluminium.

- ✓ Récapitulation :

Dans cet exercice, nous avons appris les commandes des fonctions suivantes :

- o Esquisse :
- ➤ Contrainte dimensionnelle : convertir une cote de type rayon à diamètre.

- o Modèle 3D :
- ➤ Extrusion (par enlèvement de matière).
- ➤ Dépouille.
- ➤ Nervure.
- ➤ Perçage (trou lamé).

- o Outils (option d'application) :
- ➤ Modification arrière-plan.

EXERCICE N°5 (Bouteille) :

Dans cet exercice, on va modéliser une bouteille. On ne sera pas obligé de suivre un modèle de bouteille de référence.

Crayons notre propre bouteille.

Vous pouvez chercher sur Google des exemples pour avoir une idée.

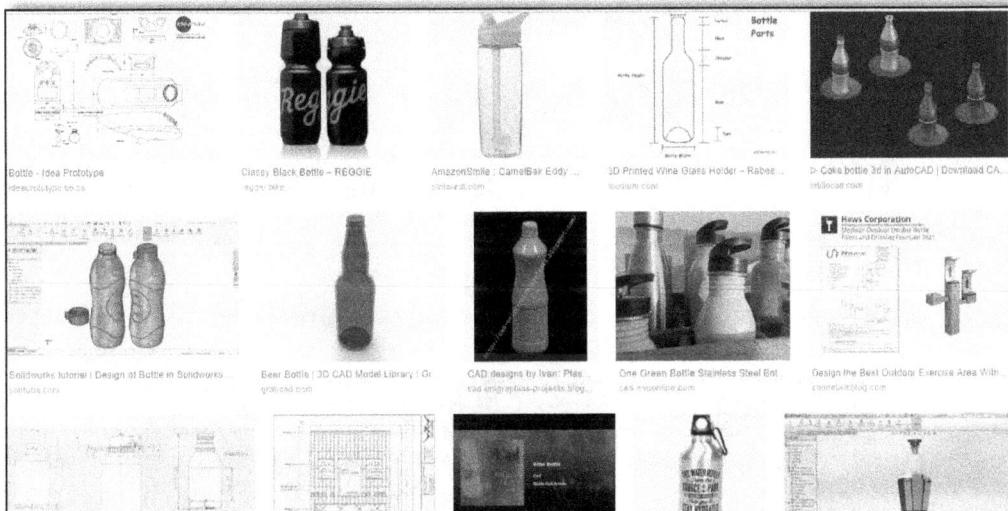

➤ Cliquez sur '' **Nouveau** '' pour créer un nouvel objet.
➤ Enregistrez votre pièce.

✓ Esquisse de la base de la bouteille :

➤ Cliquez sur ''**Commencer une esquisse 2D**'' puis sélectionnez un plan de travail pour créer une nouvelle esquisse.
➤ Cliquez ''**Ellipse**'' et créez une ellipse comme base de la bouteille.

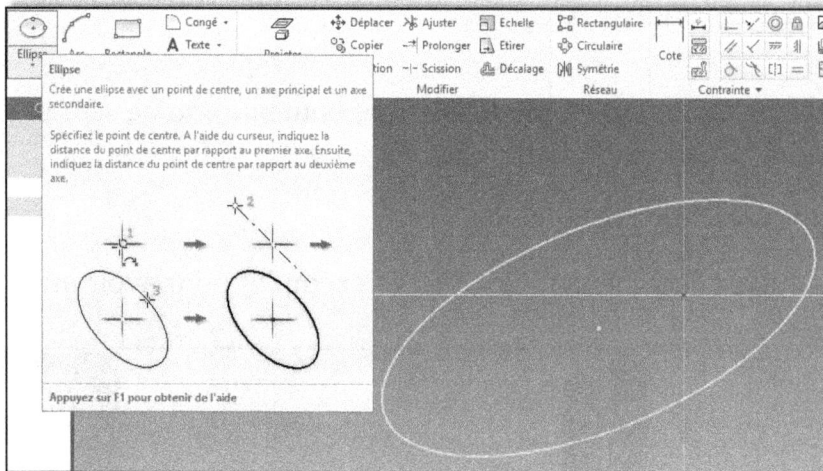

> ➤ Cliquez "**Contrainte de coïncidence**" puis sélectionnez le centre de l'ellipse et le centre du référentiel.
> ➤ Coter les deux demi-axes de l'ellipse :
>   **20x40mm**.

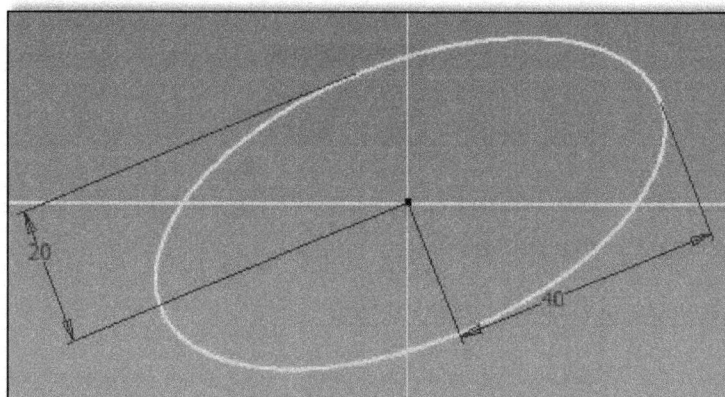

On remarque que l'esquisse n'a pas changé de couleur car il faut positionner les axes de l'ellipse par rapport au référentiel.

> ➤ Cliquez "**Contrainte d'horizontalité**" puis sélectionnez l'ellipse.

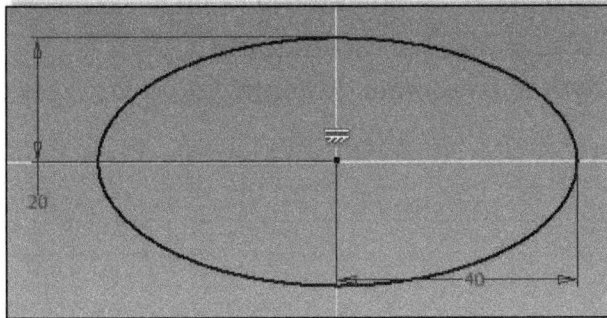

> Cliquez ''**Terminer l'esquisse**''.

Comme vous avez pu le voir dans la recherche des modèles de bouteille sur google, la plupart des bouteilles ont des formes complexes.

On va modéliser une bouteille un peu spéciale, c'est-à-dire, je ne vais pas faire une extrusion ordinaire de l'esquisse créée.

✓ Création du contour latéral de la bouteille :
> Sélectionnez le plan coïncidant avec l'axe horizontale de l'ellipse et cliquez ''**Commencer une esquisse 2D**''.

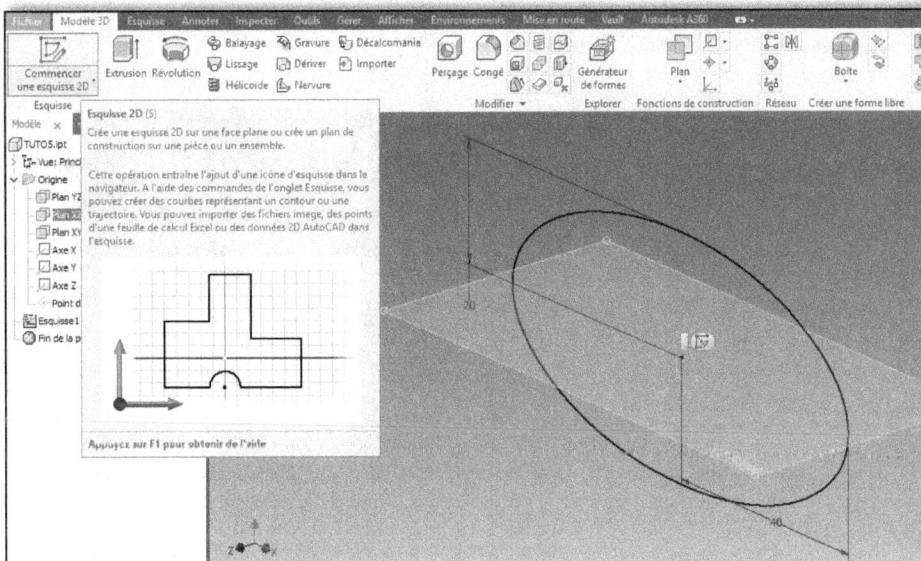

> Cliquez "**Projeter la géométrie**" puis sélectionnez les plans perpendiculaires au plan de l'esquisse.
> Cliquez "**Spline (sommets de contrôle)**" pour créer une courbe.

Essayez de créer une courbe ayant la forme d'une bouteille.

> Cotez les sommets de la courbe.
> Créez une symétrie du profil modélisé par rapport au plan vertical projeté.

- ➤ Cliquez "**Terminer l'esquisse**".

- ✓ Création de la section supérieure :
- ➤ Cliquez "**Plan**" et créez un plan de construction décalé de **157mm** par rapport au plan de la base.
- ➤ Sélectionnez le plan de construction et cliquez " **Commencer une esquisse 2D**".
- ➤ Créer un cercle de diamètre **14mm**.
- ➤ Cliquez "**Terminer l'esquisse**".

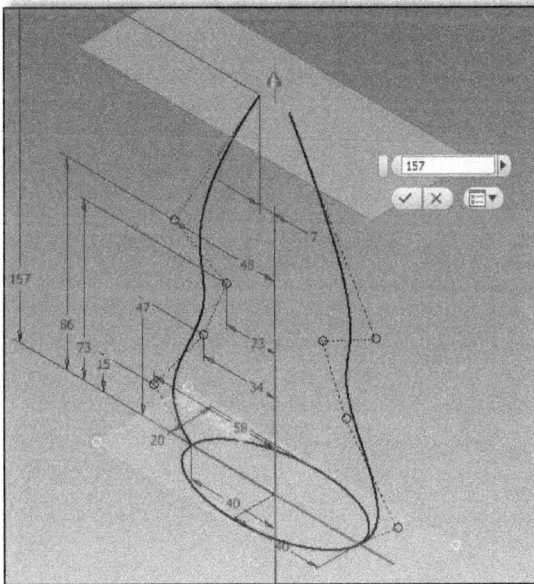

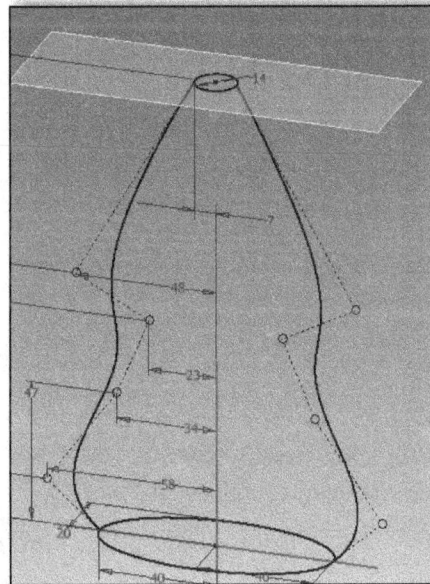

Maintenant il reste qu'à donner du volume à la bouteille suivant les contours créés.

- ✓ Modélisation de la bouteille par la fonction lissage :

La fonction Lissage d'Inventor permet de créer une forme de transition entre plusieurs sections.

> Cliquez "**Lissage**".
> Sélectionnez la section supérieure et inférieure dans "**Coupes**" contenu dans la boite de dialogue lissage.
> Sélectionnez les profils latéraux dans "**Rails**".

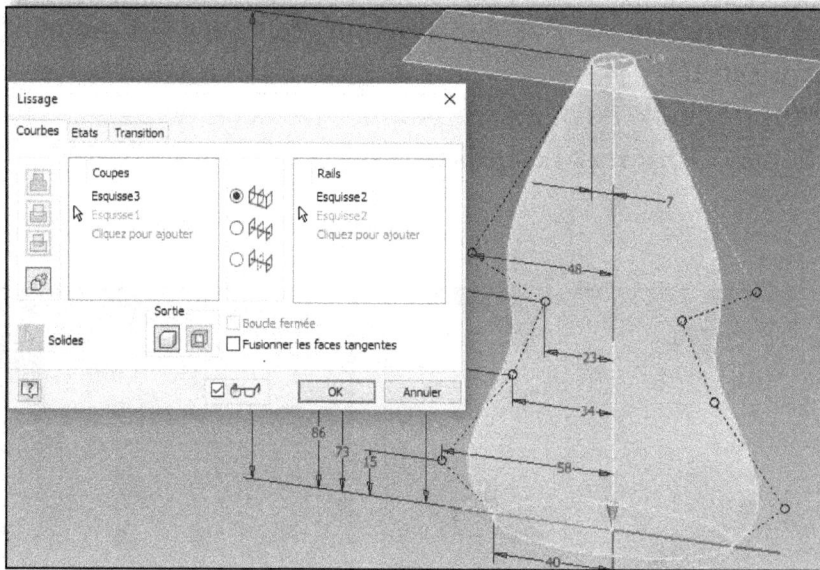

On pourrait dire que la fonction lissage est une sorte d'extrusion entre deux sections suivant une trajectoire.

> Cliquez Ok pour finir.

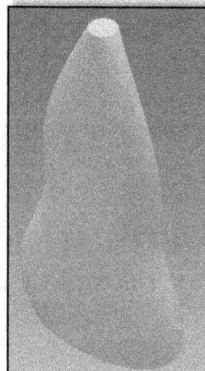

✓ <u>Création du col de la bouteille</u> :

➢ Sélectionnez la face supérieure du modèle et cliquez ''**Commencer une esquisse 2D**''.

➢ Cliquez ''**Cercle**'' et créer un cercle de diamètre **14mm** coïncident avec la section créée précédemment.

➢ Extruder de **12mm**.

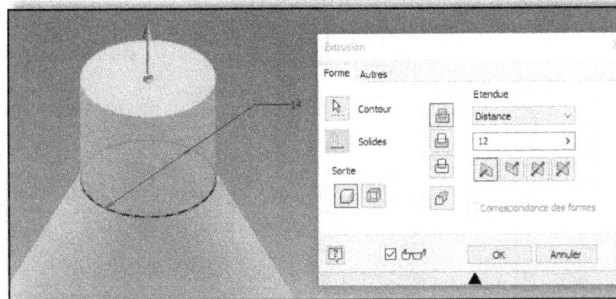

Si on fait une coupe, on constate que la bouteille n'est pas vide à l'intérieur.

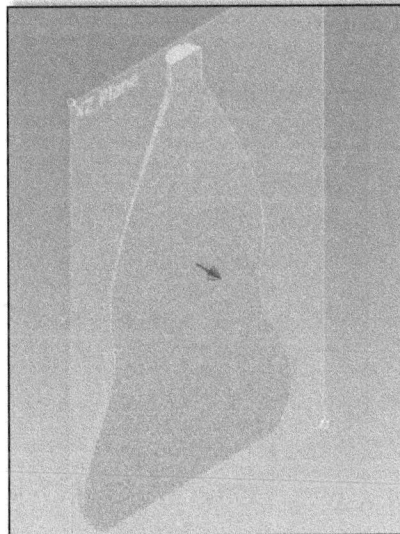

La fonction ''**Coque**'' d'Inventor permet de créer une cavité, c'est-à-dire, enlever de la matière de l'intérieur.

➢ Cliquez ''**Coque**'' puis sélectionnez la face supérieure.
➢ Entrez la valeur de l'épaisseur de la coque(**1mm**).

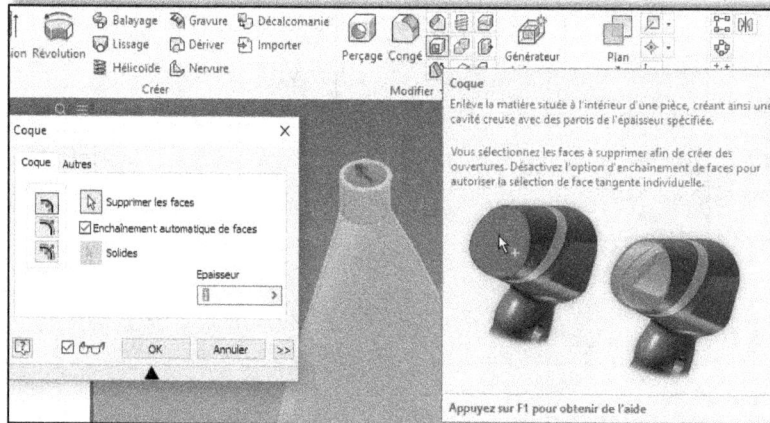

➢ Cliquez Ok pour finir.

Refaisons une vue de coupe.

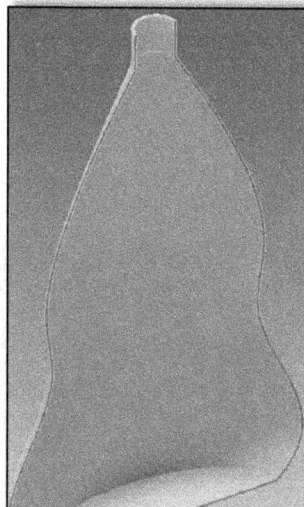

✓ Modélisation du filetage du col :

- Esquisse :
➢ Sélectionnez le plan (X, Z) et commencez une nouvelle esquisse.
➢ Cliquez ''**Affichage en coupe**''.

On va modéliser la section du filetage (profil métrique).

➢ Créez un trait d'axe distant de **2mm** de la face supérieure.

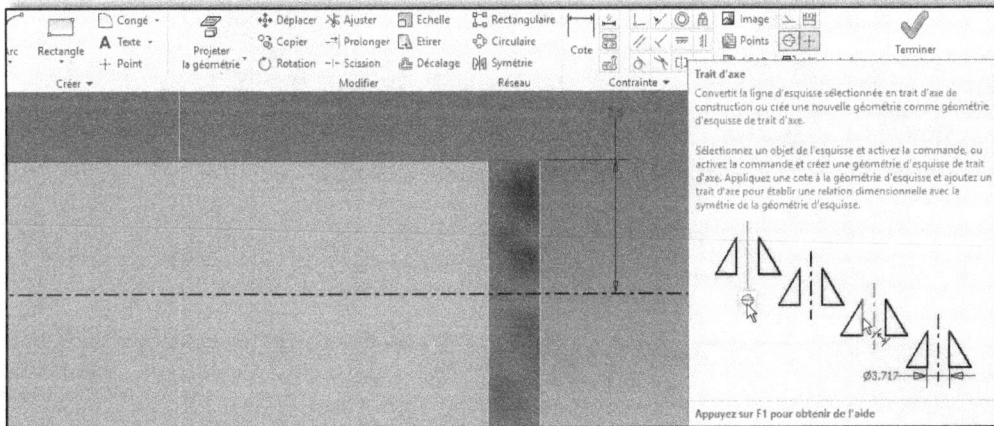

La section du filetage est un trapèze isocèle.

➢ Projeter les arêtes intérieures et extérieures du col de la bouteille.
➢ Coïncider la grande base du trapèze avec l'arête intérieure.
➢ Le trait d'axe est un plan de symétrie.
➢ Entrez les cotes ci-dessous.

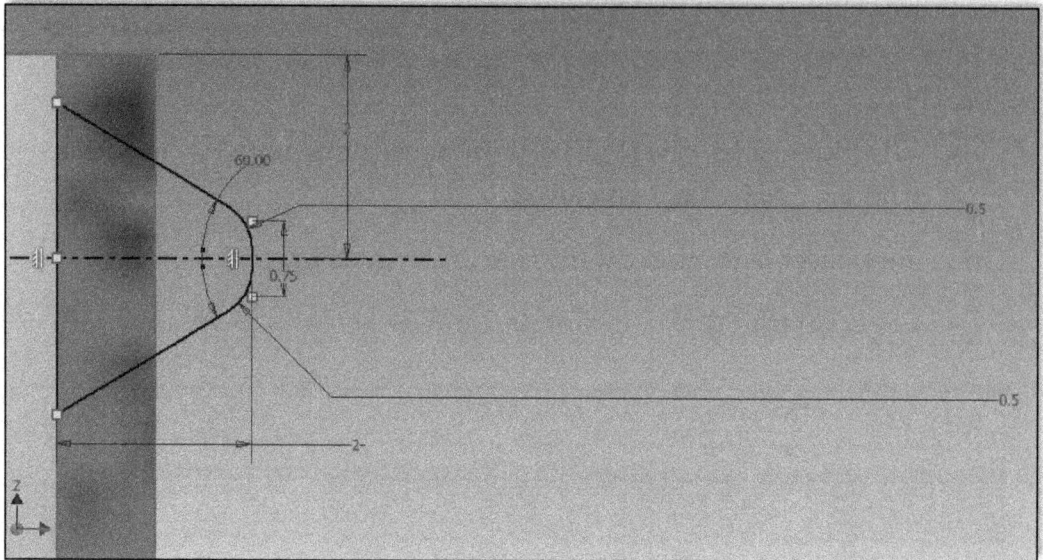

> Cliquez "**Terminer l'esquisse**".
> Cliquez "**Hélicoïde**" pour créer le filetage complet.

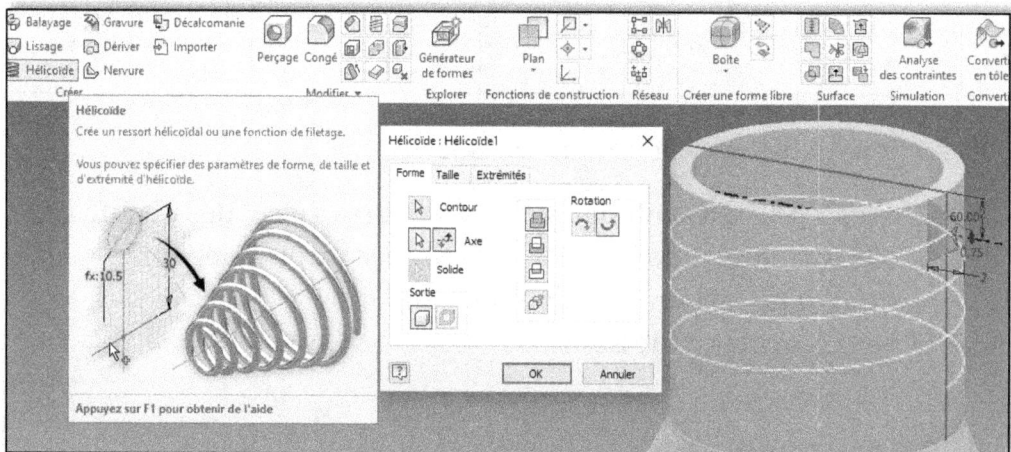

> Cliquez "**Contour**" puis sélectionnez le trapèze créé.
> Cliquez "**Axe**" et sélectionnez l'axe Z.

Pour changer le sens de rotation de l'hélicoïde, cliquez Axe

➢ Cliquez sur l'onglet de la boite de dialogue ''**Taille**'' pour définir les paramètres de l'hélicoïde.
Pas : **2.5mm**.
Révolution :**3** (nombre de spirales).

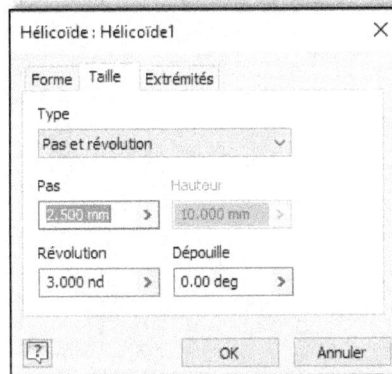

➢ Cliquez Ok pour finir.

On constate que les extrémités du filetage sont perpendiculaires à la surface cylindrique. On va les fusionner afin de faciliter la fermeture de la bouteille avec le bouchon.

➢ Sélectionnez la face de l'extrémité et créez une esquisse.

➤ Cliquez **"Projeter la géométrie"** et sélectionnez la section du filetage.

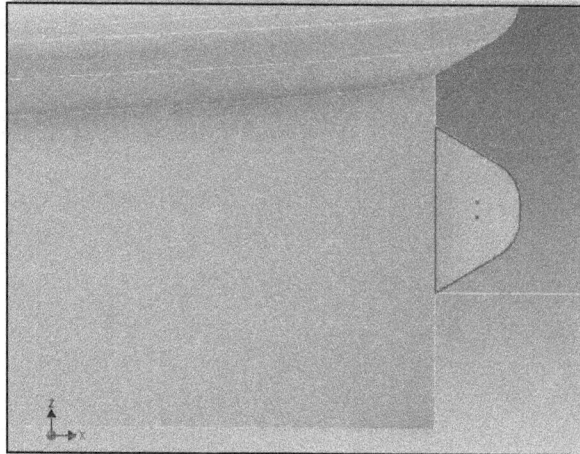

➤ Cliquez **"Terminer l'esquisse"**.
➤ Cliquez **"Révolution"** et définissez les paramètres.

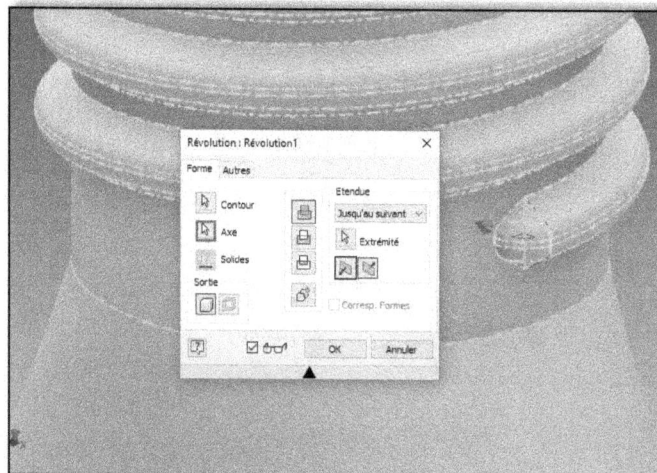

Contour : le trapèze.
Axe : la grande base du trapèze.
Etendue : Jusqu'au suivant.

➤ Cliquez Ok pour finir.
➤ Refaite la même chose pour l'autre extrémité.

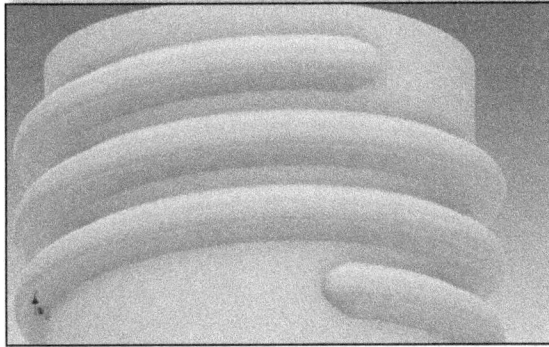

Pour donner un peu d'esthétique à notre bouteille, on peut graver des formes de l'extérieur.

o Exemple :
➤ Créez un plan décalé de **20mm** de (X, Z).

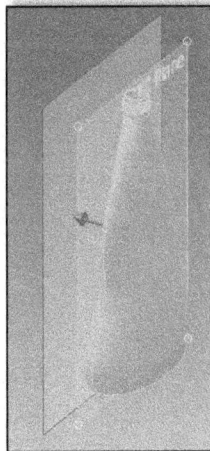

➤ Créez un cercle de diamètre **50mm** centré par rapport au plan vertical et distant de 40mm du plan horizontal.

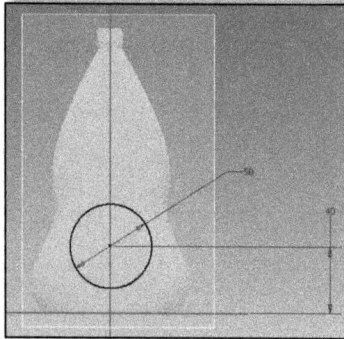

- ➤ Cliquez ''**Terminer l'esquisse**''.
- ➤ Cliquez ''**Gravure**''.
  Contour : sélectionnez le cercle.
  Profondeur : **0.5mm**.

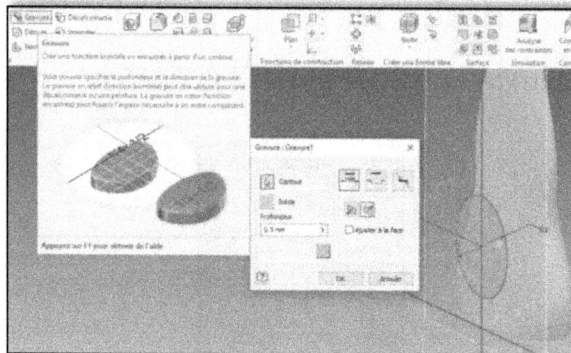

- ➤ Cliquez Ok pour finir.

Inventor propose différents styles d'affichage du modèle 3D.

> Cliquez ''**Ruban Outils**'' puis ''**Style visuel**'' pour choisir le mode d'affichage adéquat.

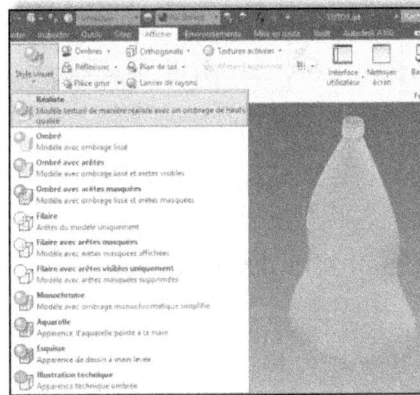

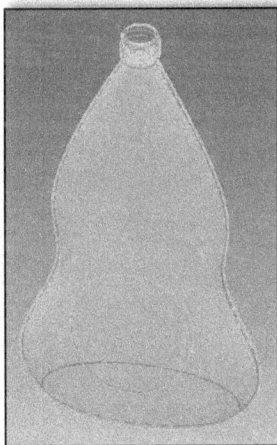

Ombré avec arêtes masquées

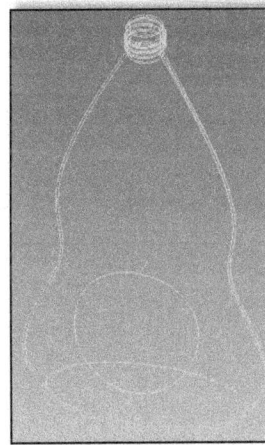

Filaire

Vous pouvez modéliser d'autres formes comme motif à votre modèle de bouteille.

✓ <u>Récapitulation</u> :

Dans cet exercice, nous avons appris les commandes des fonctions suivantes :

- o <u>Esquisse</u> :
- ➤ Créer une ellipse.
- ➤ Créer une spline (sommet de contrôle)

- o <u>Modèle 3D</u> :
- ➤ Lissage.
- ➤ Coque.
- ➤ Hélicoïde.
- ➤ Gravure.

- o <u>Afficher</u> :
- ➤ Style visuel.

3. Modélisation paramétrique :

La modélisation paramétrique permet aux dessinateurs d'adapter les paramètres d'un modèle géométrique à chaque modification qu'on fait.

En fait, dessiner un modèle ce n'est pas toujours la fin de la mission, parfois d'autres tâches d'ingénierie sont nécessaires pour valider ce qu'on a dessiné. Et là, on parle essentiellement de la partie calcul (**Résistance des matériaux**).

Si le modèle conçu sollicité à des chargements (ex. compression) ne respecte pas certains critères de résistance, on sera obligé de modifier le modèle géométrique. Evidemment, ce n'est pas toujours l'unique solution. Parfois, on peut juste changer le matériau ou appliquer quelques traitements sur le même matériau (ex. grenaillage).

Revenons à la modélisation paramétrique. Dans Autodesk Inventor, il y a deux types de contraintes : contraintes géométriques (parallélisme, coïncidence…) et contraintes dimensionnelles qui définissent la localisation et les cotes des éléments géométriques qui constituent le contour de l'esquisse.

4. Relations paramétriques :

Comme on avait mentionné précédemment concernant les contraintes dimensionnelles, ce sont des cotes données aux éléments géométriques dessinées qui forment le contour ou le profil d'une esquisse.

Ces dimensions peuvent être des variables, c'est-à-dire on peut donner une cote à un élément géométrique qui dépend d'une autre cote.

Par conséquent, toute modification subit à la première cote engendrera automatiquement une modification sur la deuxième cote selon ce qu'on a défini comme variable.

Pour ce fait, le concepteur serait capable de bien contrôler son modèle.

Exemple :

> Créez une pièce prismatique de section rectangulaire(**120x80mm**)
> Centrez l'esquisse par rapport au référentiel.

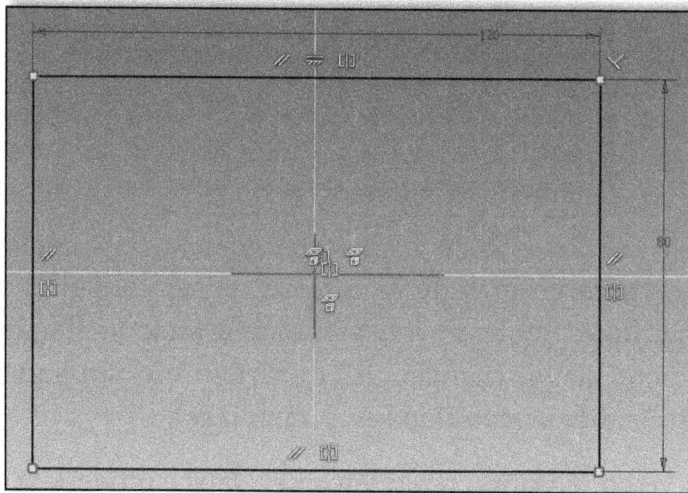

Autodesk Inventor relie chaque cote à une variable.

o Hauteur :

La longueur est définie par la variable **d0**, la largeur est définie par une autre variable **d1**.

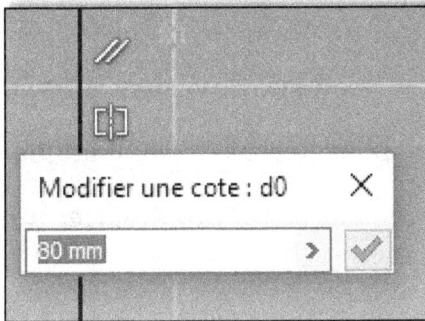

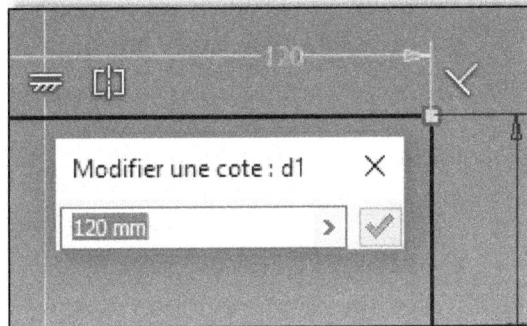

On constate que d0=2/3 d1. Si on veut toujours ce rapport entre les deux cotes pour toute modification, on écrit directement l'équation dans la case d0.

On remarque que la cote a été changé par **fx :80**.

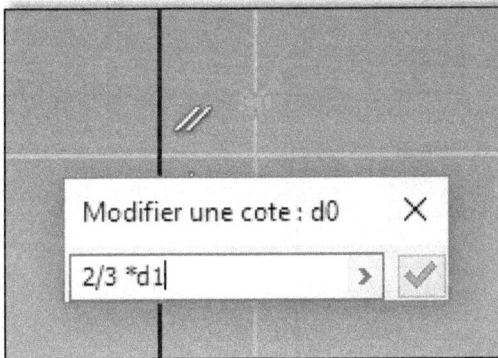

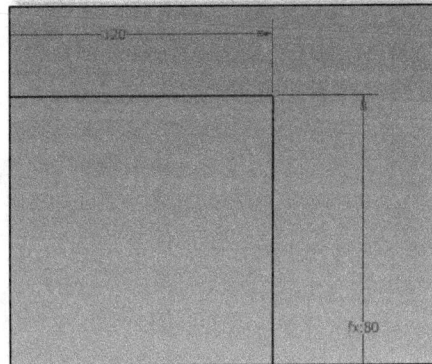

Si on change la valeur de **d1** par **300mm, d0** se change automatiquement avec le même rapport.

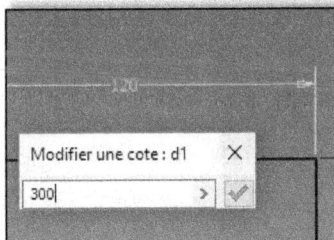

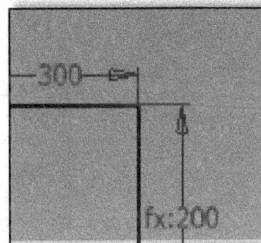

- Revenez aux cotes initiales(**120x80mm**).
- Extrudez l'esquisse de **20mm**.
- Modélisez un trou sur la base du parallélépipède de diamètre **20mm**.

Je rappelle comment modéliser un perçage pour une pièce prismatique :

- Sélectionnez la surface supérieure et cliquez ''**Commencer une esquisse 2D**''.
- Créez un point de construction.
- Positionnez le point par rapport au rectangle en fonction des cotes **d1** et **d0**.

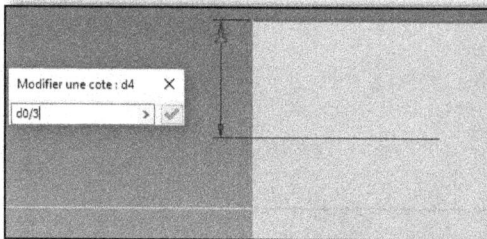

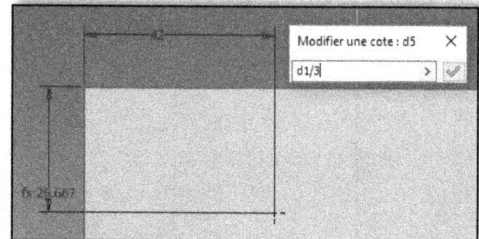

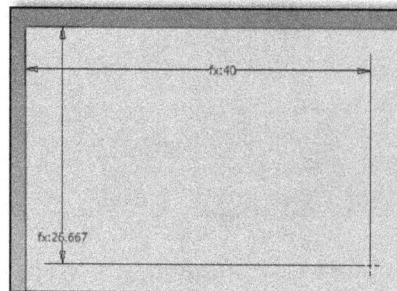

- Cliquez ''**Terminer l'esquisse**''.
- Cliquez ''**Perçage**'' et créez un trou passant de diamètre **20mm**.

Toutes les relations paramétriques qu'on avait définies sont enregistrés par Inventor dans une base de données.

> Cliquez ''**Paramètres**'' dans le ruban ''**Gérer**'' pour accéder aux tableaux des paramètres.

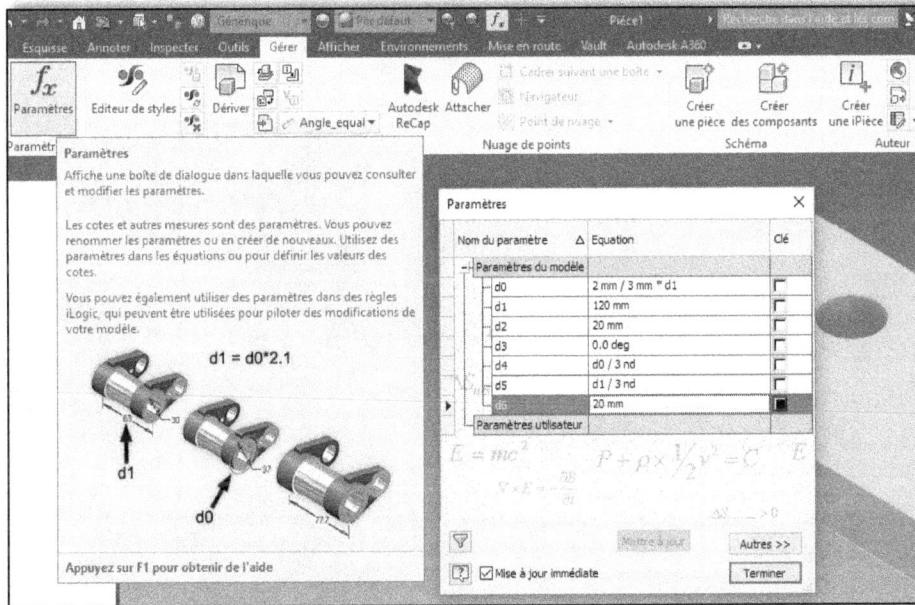

On constate que si on change la valeur de **d1** par **20mm** par exemple, toutes les cotes dépendantes de **d1** change. On obtient le modèle suivant :

Cela, est dû au mal paramétrage des cotes.

On peut créer d'autres relations paramétriques directement dans ce tableau.

➢ Définir une relation paramétrique entre le diamètre du cercle et **d1** :

Soit : **d6=d1/6**.

Nom du paramètre	Equation	Clé
Paramètres du modèle		
d0	2 mm / 3 mm * d1	☐
d1	20 mm	☐
d2	20 mm	☐
d3	0.0 deg	☐
d4	d0 / 3 nd	☐
d5	d1 / 3 nd	☐
d6	d1/6	■
Paramètres utilisateur		

➢ Cliquez ''**Terminer**''.

On remarque que le modèle modifié n'est pas proportionnel au modèle initial.

- ➢ Définir une relation paramétrique entre la hauteur du parallélépipède (distance de l'extrusion) et **d1** :
  Soit : **d2=d1/6**.

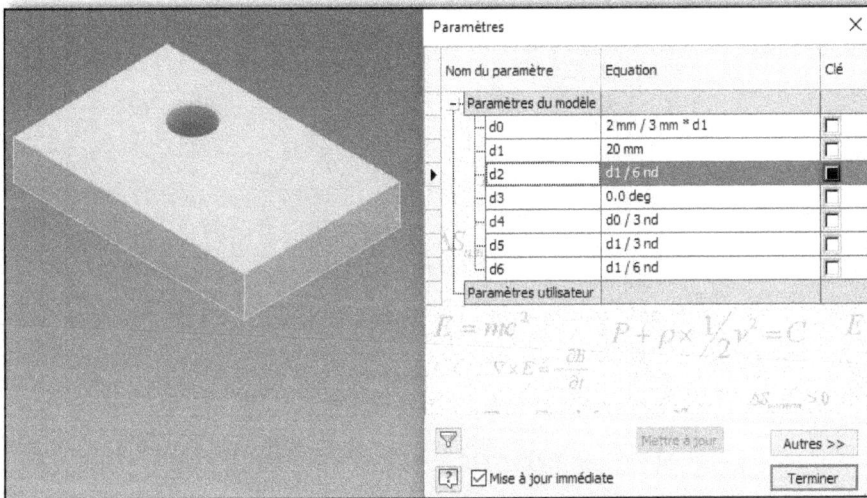

Pour conclure, la modélisation paramétrique sur Inventor permet aux dessinateurs techniques de créer des relations paramétriques entre les éléments géométriques qui constituent un modèle géométrique 3D, qui lui mène par la suite à adapter sa modélisation à toute modification faite.

Chapitre.3 Modélisation 2D

1. Introduction :

La mise en plan est parmi les étapes qui suit la modélisation 3D. On verra dans d'autres sections ou d'autres livres qu'on peut fabriquer notre pièce directement à partir du modèle géométrique 3D sans passer par la modélisation 2D et là on parle de la FAO (Fabrication Assisté par Ordinateur).

Le dessin technique d'un modèle solide est une représentation 2D élaboré sur la base de normes internationales afin de le rendre compréhensible par tous les dessinateurs ainsi que les opérateurs de machines. Le dessin 2D est une forme de code ou langage spécial qui facilite la communication entre le concepteur et le réalisateur.

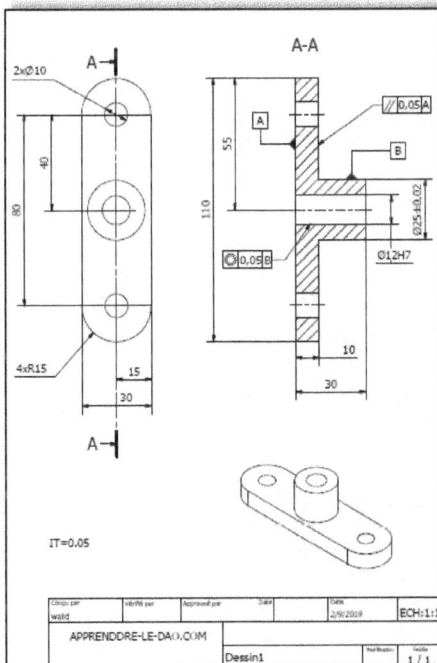

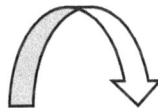

On peut tout simplement envoyer un dessin technique d'une pièce pour la fabriquer en Chine sans nous déplacer et donner des explications. On envoie seulement le fichier électronique et en retour on aura la pièce fabriquée selon les critères et les paramètres définis dans la modélisation 2D.

Ainsi, on doit être très attentif dans l'élaboration des dessins techniques (tolérances, cotes…).

On va revenir sur toutes les pièces dessinées en 3D dans le chapitre 2 pour générer les mises en plan de chaque modèle.

2. Applications :

EXERCICE N°1 :

Créez un modèle 2D de la pièce 1 créée en chapitre 2.

➢ Ouvrez le dossier du projet créé au début (TUTO INVENTOR projet du livre).

Là, vous allez trouver tous les modèles créés.

➢ Ouvrez le fichier du modèle 3D de l'EXERCICE N°1 (extension. ipt).

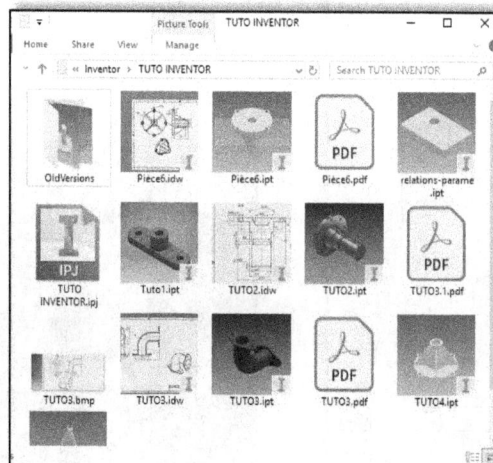

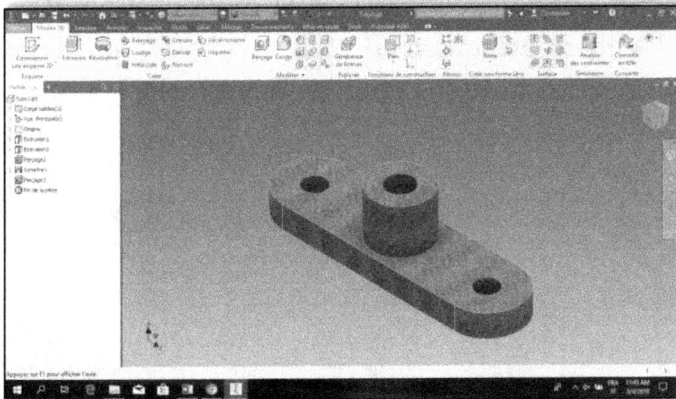

> ➤ Cliquez sur '' **Nouveau** '' et créez un document annoté.

On va créer nos mises en plan suivant le système ISO.

> ➤ Sélectionnez ''**ISO.idw**''.

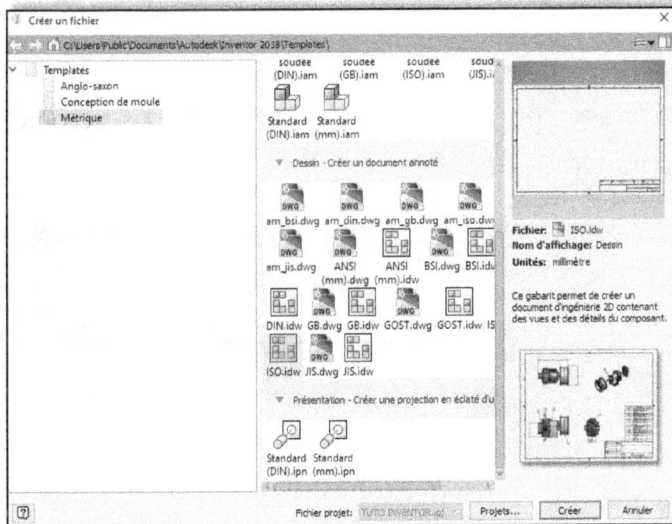

> ➤ Cliquez ''**Créer**''.
> ➤ Enregistrez le fichier sous le même nom que le modèle 3D.

Voilà le Layout de l'atelier virtuel de la modélisation 2D, comme dans l'atelier 3D, l'atelier présente différents rubans qui contiennent des différentes commandes utilisées pour créer une mise en plan à partir d'un modèle 3D.

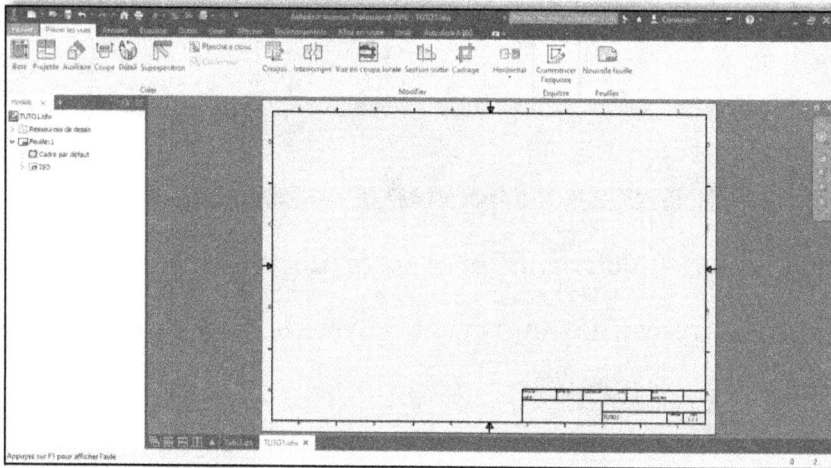

- ✓ Création des vues :
- ➤ Cliquez "**Base**" pour commencer par la vue principale ou la vue de face.

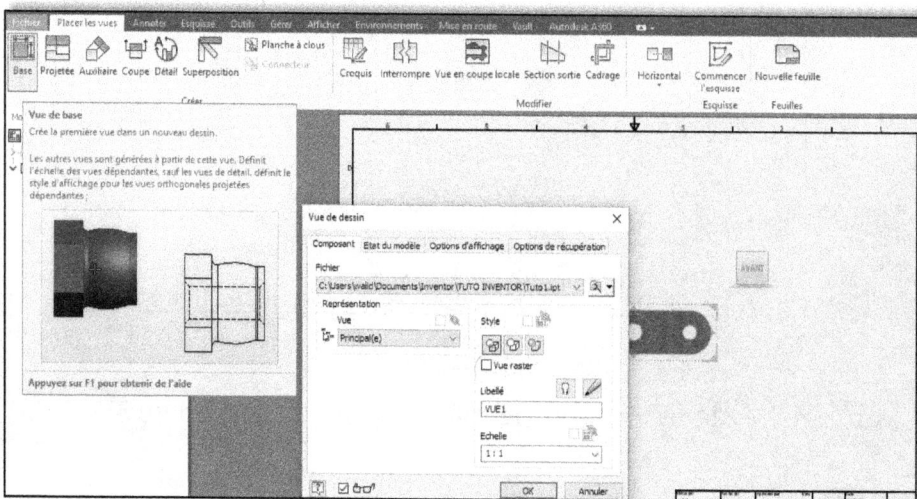

On constate que Inventor nous a généré une vue par défaut qu'on peut orienter par le cube des vues.

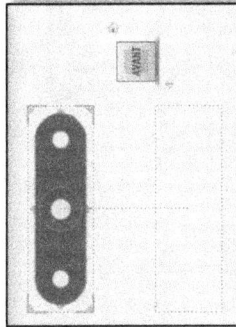

La question qui se pose : sur quelle base on choisit la vue de base ?

Si vous avez déjà une mise en plan de référence vous recopiez directement à partir du dessin déjà existant.

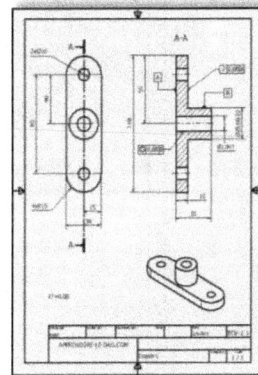

Par contre, si vous dessinez une mise en plan à partir d'un modèle 3D, vous pouvez laisser la vue de face généré par défaut d'Inventor.

Dans ce modèle, nous allons suivre le dessin technique ci-dessous.

Après avoir choisi l'orientation de la vue de face, déplacez la souris selon les directions disponibles pour créer les autres vues.

➢ Cliquez sur le bouton droit de la souris puis Ok.

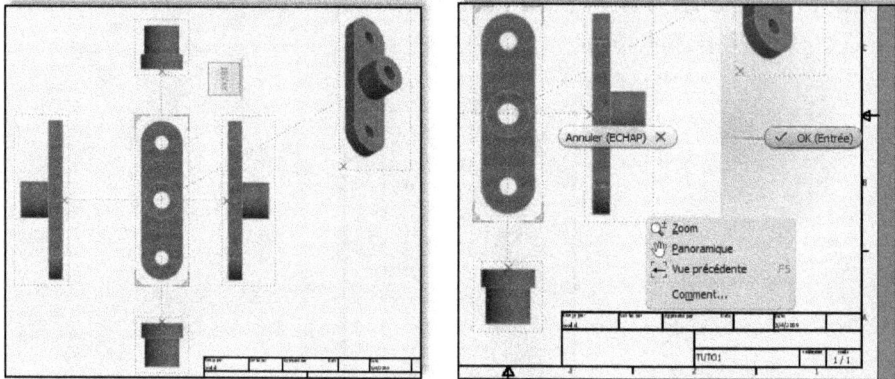

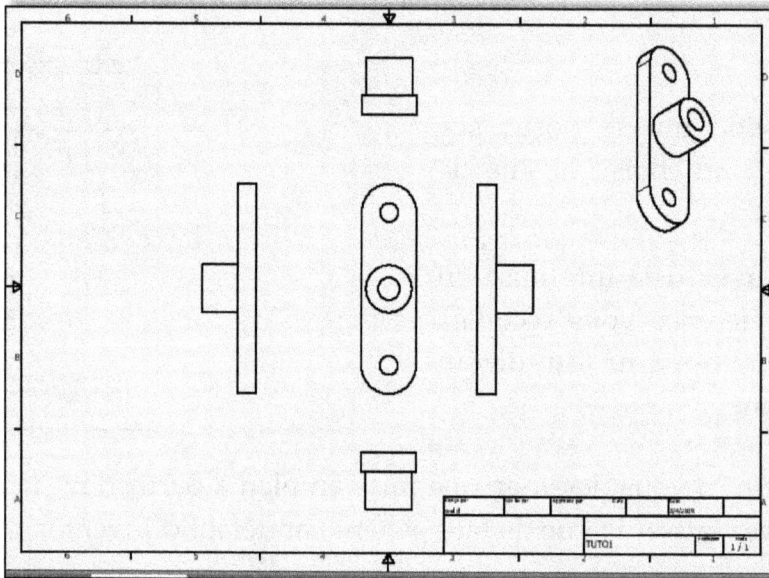

La mise en plan devrait être une représentation simplifiée au réalisateur, c'est-à-dire, il faut minimiser les vues dans le dessin en donnant les détails nécessaires pour la fabrication de la pièce (cotes, tolérances…).

On constate que la vue de gauche et de droite sont symétriques ainsi que la vue de dessus et dessous.

> Supprimez les vues inutiles en cliquant bouton droit sur la vue.

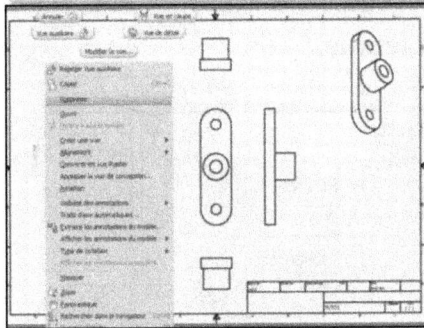

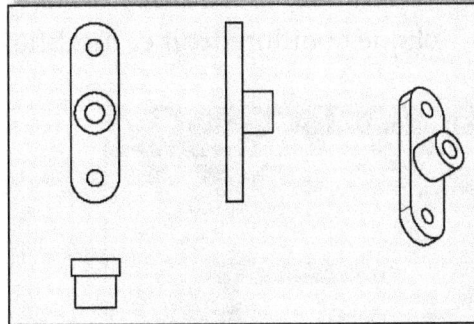

On peut aussi supprimer la vue de dessus car les détails de cette vue existent déjà dans les autres vues.

La position des vues est flexible sur la feuille de travail.

➤ Sélectionnez la vue en question et déplacez la souris jusqu'à avoir le positionnement souhaité.

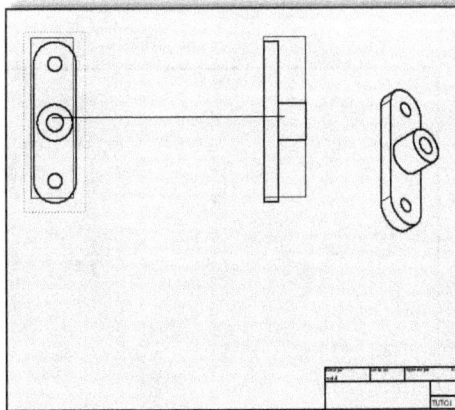

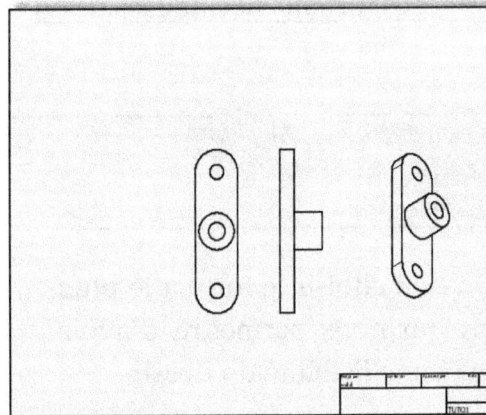

✓ Format et orientation de la feuille :

On constate que le dessin est devenu plus simple. De plus, on a plus d'espace libre dans la feuille de travail.

Là, on peut changer le format de la feuille pour avoir une bonne répartition des vues.

➢ Sélectionnez ''**Feuille**'' dans l'arborescence du modèle 2D puis cliquez bouton droit et modifiez la feuille.

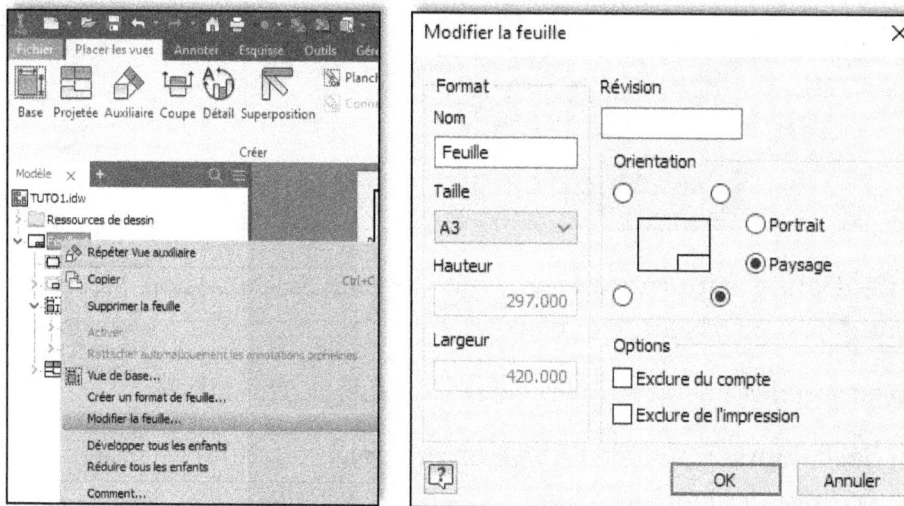

✓ <u>Les formats normalisés (ISO)</u> :

Format	A0	A1	A2	A3
a	841	594	420	297
b	1 189	841	594	420

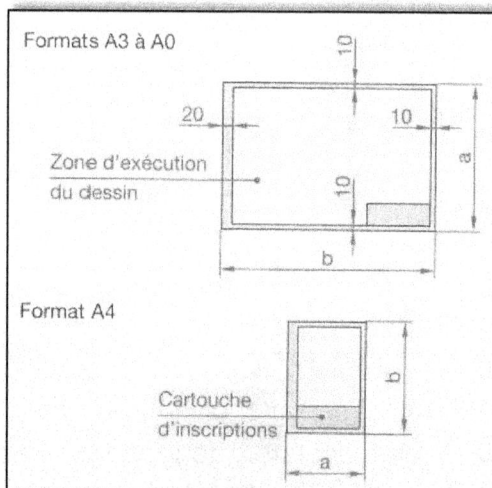

On doit choisir le format le plus petit qui nous permettra d'avoir une bonne lisibilité du dessin.

Pour notre modèle, on peut travailler dans une feuille de format A4.

➢ Sélectionnez la taille A4 et ''**Portrait**'' comme orientation selon le système ISO.

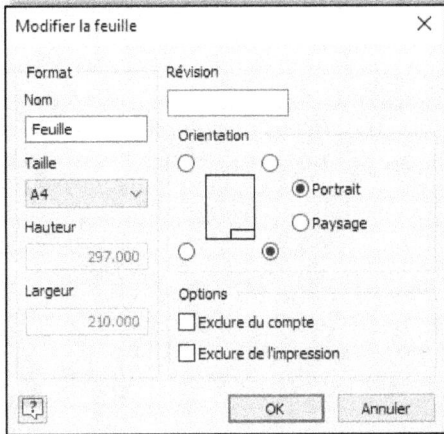

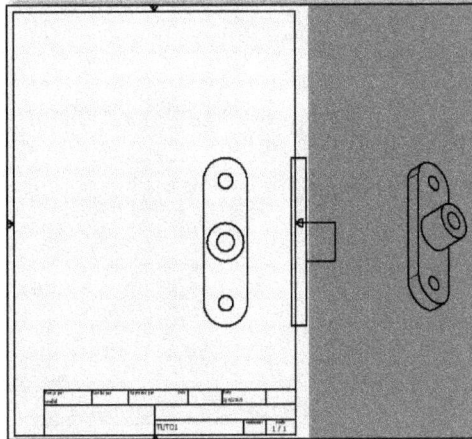

➤ Repositionnez les vues dans la feuille.
➤ Supprimez pour le moment la vue isométrique.

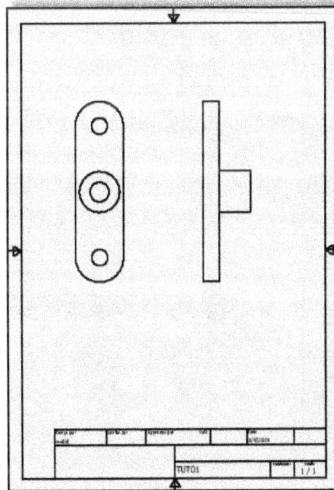

✓ <u>Vue en coupe :</u>

La vue en coupe permet de rendre le dessin plus compréhensible en donnant plus de détails (trous, nervure…).

➤ Cliquez ''**Coupe**'' pour créer un plan de coupe.

➢ Sélectionnez la vue en question puis placez le curseur au centre des trous.

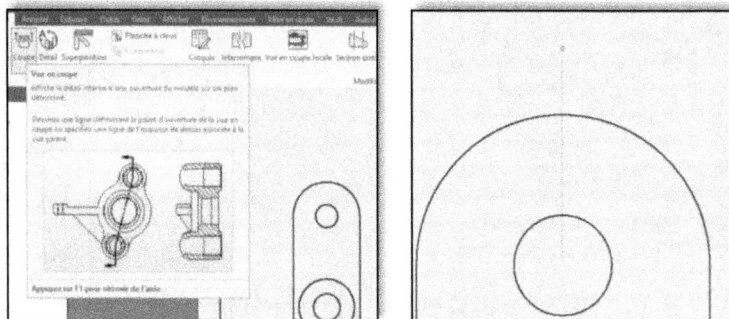

On constate que Inventor génère automatiquement un trait de construction centré par rapport aux trous.

➢ Cliquez bouton gauche pour commencer le plan de coupe puis descendez jusqu'au dépassement de la vue.
➢ Recliquez bouton gauche pour définir la fin du plan de coupe.
➢ Cliquez bouton droit puis ''**Continuer**''.

On va supprimer la vue de gauche car leurs détails se trouvent déjà dans la vue en coupe.

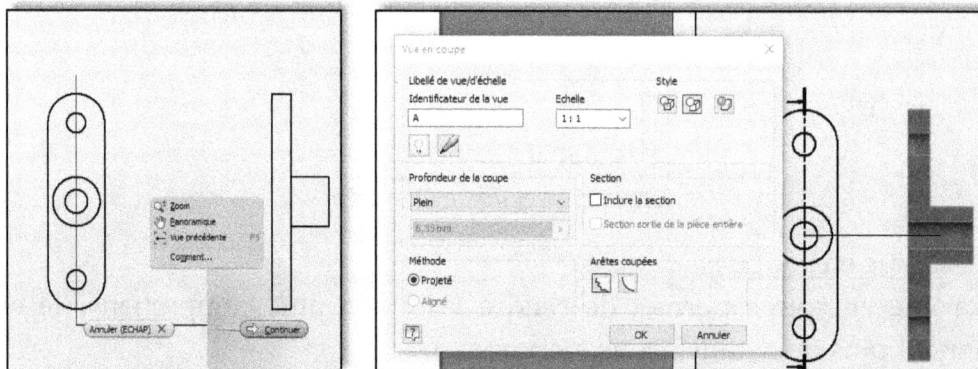

On peut avoir aussi la vue en coupe dans l'autre sens.

➢ Cliquez à droite du plan de coupe pour définir la vue en coupe finale.

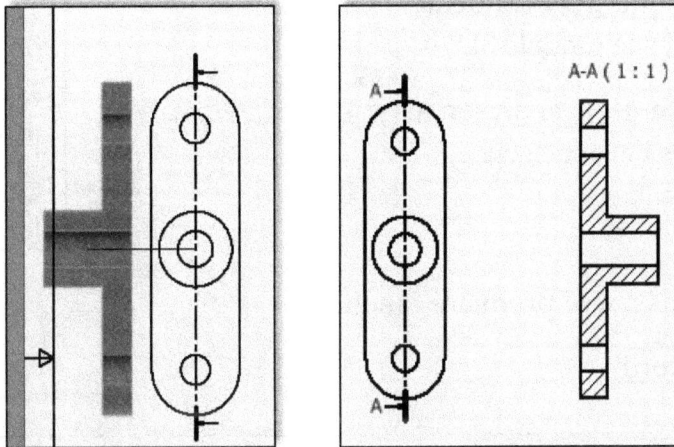

On constate que l'échelle (1 :1) est donnée par défaut.

➢ Faites un double clique sur l'échelle puis supprimez (<ECHELLE>) dans la boite de dialogue.

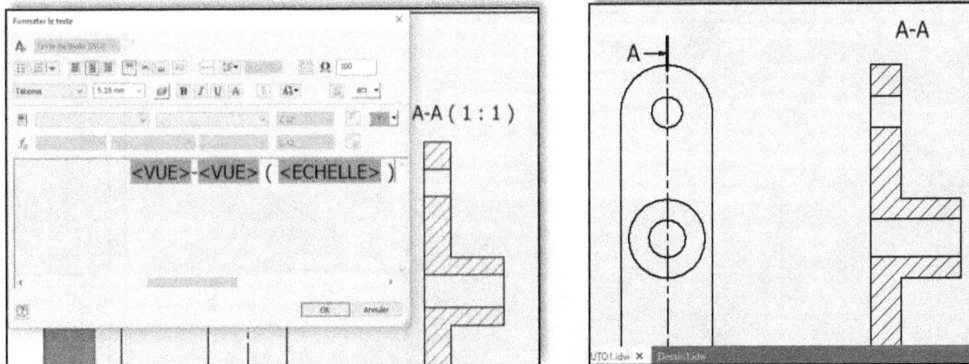

J'ai développé une méthode pratique pour vérifier si les vues présentées contiennent (inclus les vues en coupe) tous les détails du modèle, c'est de retourner à l'arborescence du modèle 3D.

On constate que tous les détails existent d'après le modèle 3D.

Comment peut-on analyser les détails d'après l'arborescence ?

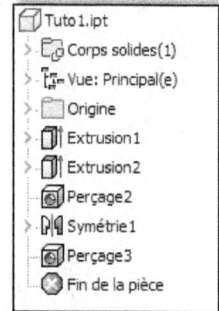

Commençons par la première fonction :

✓ <u>Extrusion1</u> :

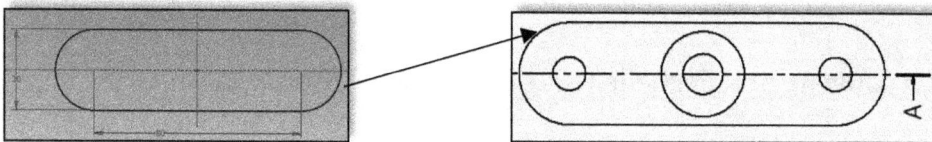

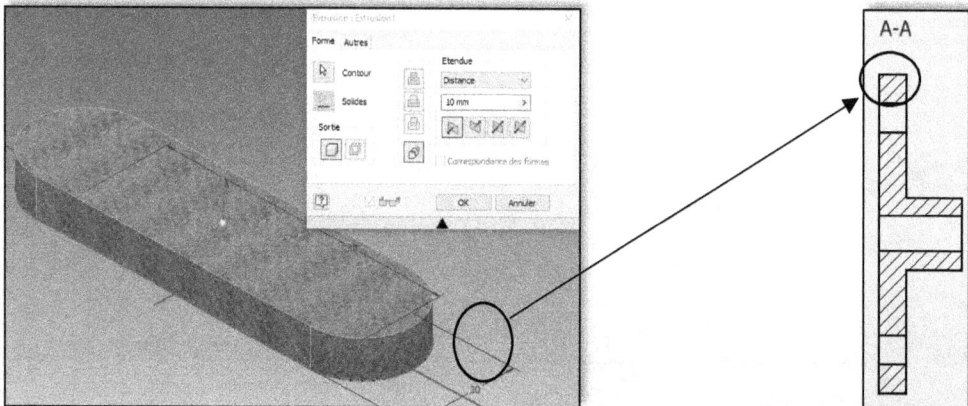

✓ <u>Extrusion2</u> :

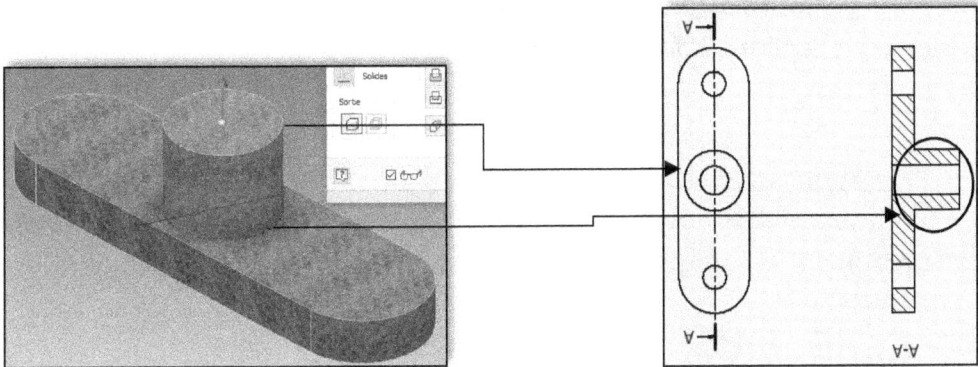

✓ Perçage et Symétrie :

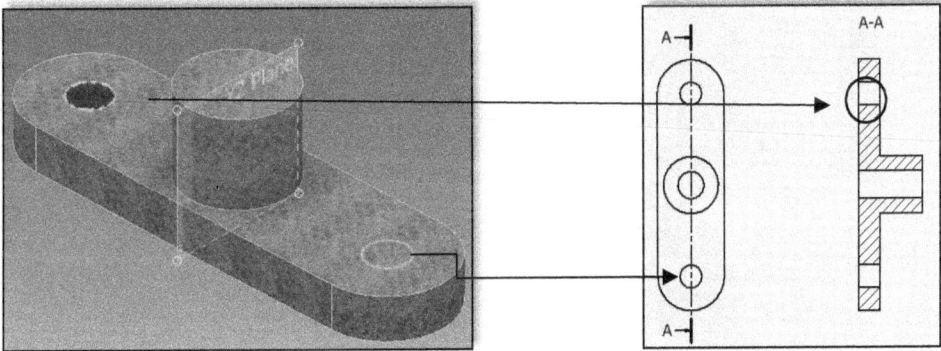

✓ Perçage 3 :

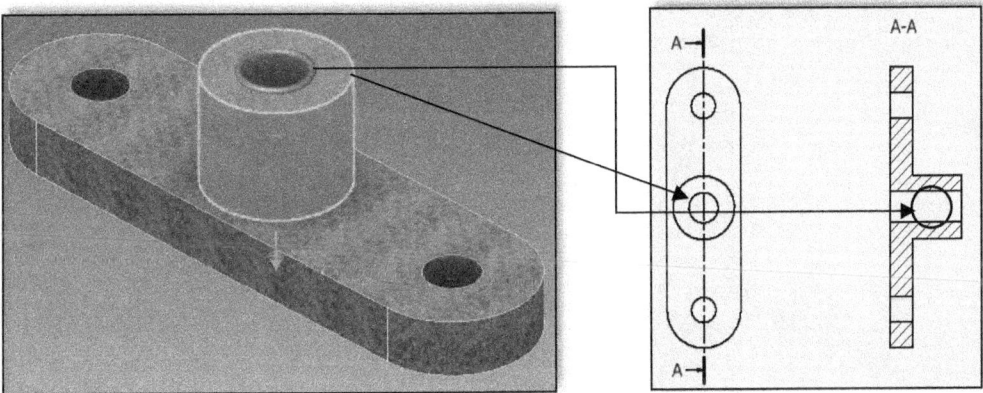

On peut conclure que les vues présentées dans le dessin 2D contiennent tous les détails géométriques du modèle 3D.

✓ Cotation :

Cette étape est très importante pour la réalisation de la pièce. Inventor possède une option qui permet d'extraire automatiquement les cotes depuis le modèle 3D.

➤ Sélectionnez la vue puis cliquez bouton droit.
➤ Sélectionnez ''**Extraire les annotations du modèle**''.

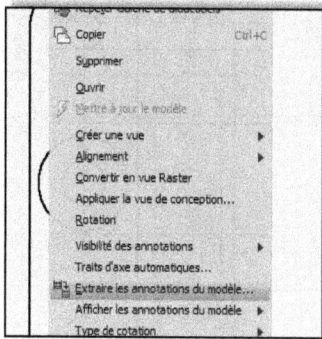

➤ Refaites la même chose pour toutes les vues.

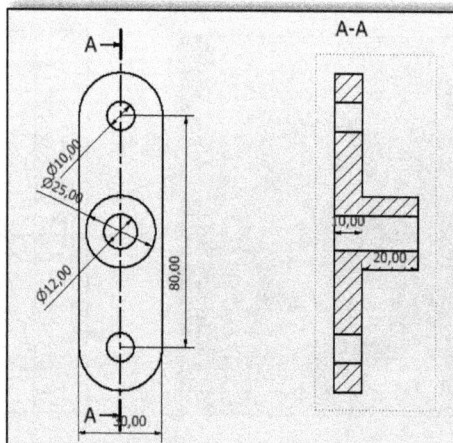

On remarque que les cotes sont mal placées. Pour avoir une bonne lisibilité du dessin, il faut éviter quelques fautes.

Exemples de fautes à éviter :

Les cotes ne doivent jamais être coupées par une ligne (ligne de cote, trait d'axe, trait fort...)	Une ligne de cote ne doit pas être coupée par une autre ligne (les lignes d'attache peuvent se couper entre elles).
Interrompre les hachures pour garder toute la lisibilité de la valeur de la cote.	On ne doit jamais aligner une ligne de cote et une ligne de dessin.
Dans la mesure du possible, aligner les lignes de cotes.	On ne doit jamais utiliser un axe comme ligne de cote.
Lorsqu'une ligne de cote se termine à l'intérieur d'un dessin, mettre un point à son extrémité.	Le prolongement de la ligne cotant le Ø 10 doit passer par le centre du cercle.

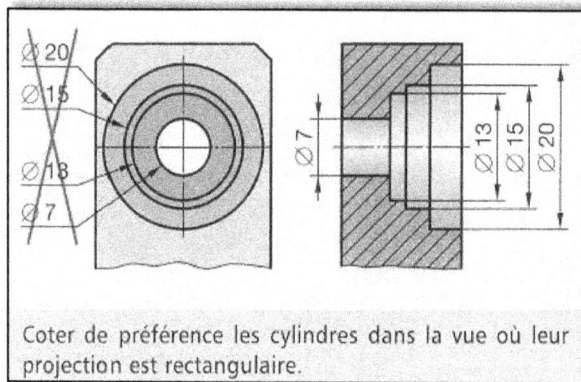

Coter de préférence les cylindres dans la vue où leur projection est rectangulaire.

Avec Inventor, on peut générer une réorganisation automatique des cotes.

➤ Sélectionnez une cote et cliquez bouton droit puis cliquez **''Réorganiser les cotes''**.

➤ Sélectionnez les autres cotes et refaites la même chose.

On peut réorganiser directement depuis la commande ''**Réorganiser**''.

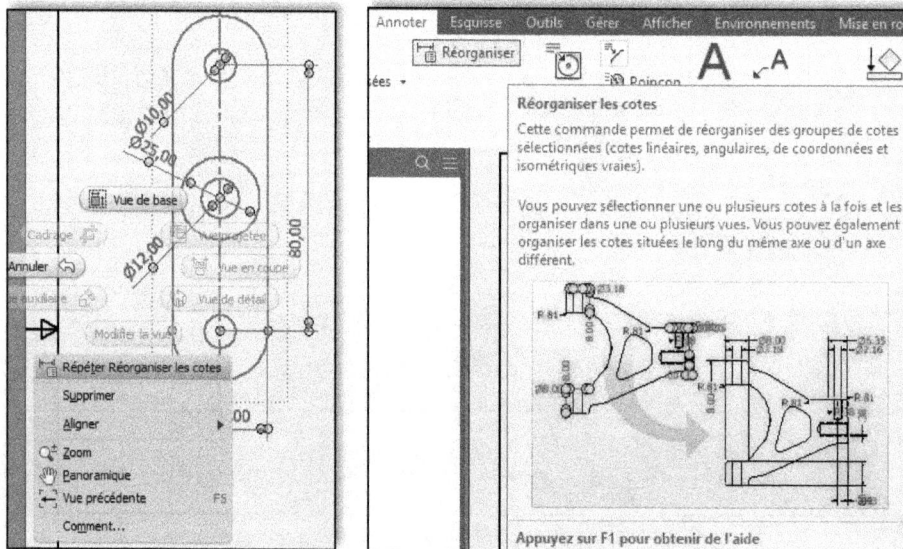

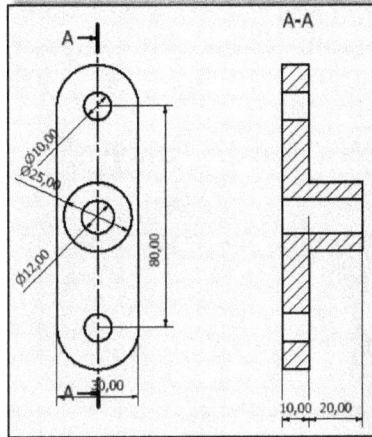

On remarque que même avec cette commande le dessin n'est pas totalement lisible, donc il faut placer mieux les cotes.

➢ Sélectionnez la cote puis déplacez la souris.

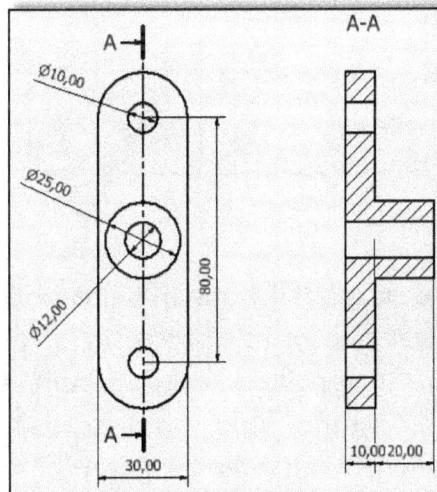

En réalité, l'option pour extraire les cotes est plus utile pour une pièce très complexe. Pour ce modèle simple, on va dessiner nous même les cotes.

- ➤ Supprimez toutes les cotes.
- ➤ Cliquez ''**Cote**'' dans ''**Ruban Annoter**'' et commencez à créer les cotes nécessaires.
- ➤ Cliquez ''**Cote**'' puis sélectionnez les extrémités de l'élément géométrique à coter.

Dans ce cas, on peut directement cliquer sur le segment.

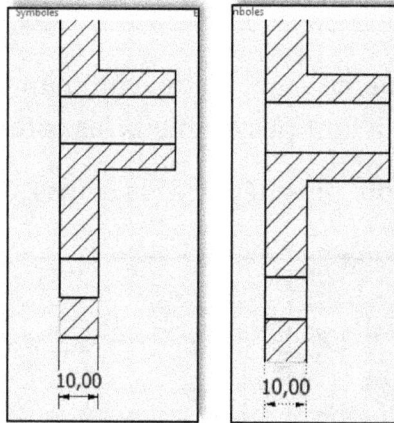

Comme dans l'esquisse en modélisation 3D, il est déconseillé de surcoter. En fait, si on travaille avec une grande précision, on aura des problèmes au niveau de la réalisation. On appelle la cote de 30mm ''**Cote surabondante**'', cependant si cette cote est estimée utile pour la réalisation, on peut la laisser mais sans tolérances et sera mise entre parenthèses. On l'appelle cote auxiliaire.

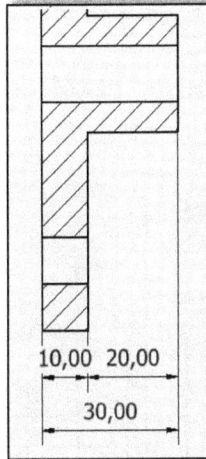

> ➢ Cliquez sur la cote et ajoutez les parenthèses dans la boite de dialogue.

On ne va pas donner des cotes auxiliaires pour ce modèle.

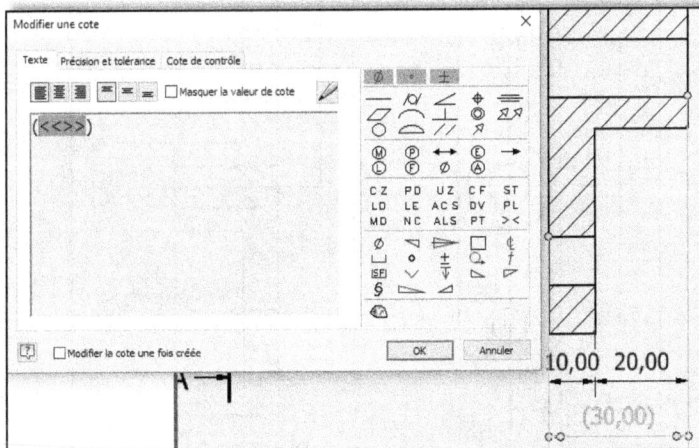

Avant de coter, il est nécessaire de dessiner les axes des trous, les axes des formes de révolution…

- Cliquez ''**Bissectrice**'' puis sélectionnez les traits de la surface cylindrique projetée.
- Cliquez ''**Marque de centre**'' et sélectionnez un cercle ou un arc de cercle.

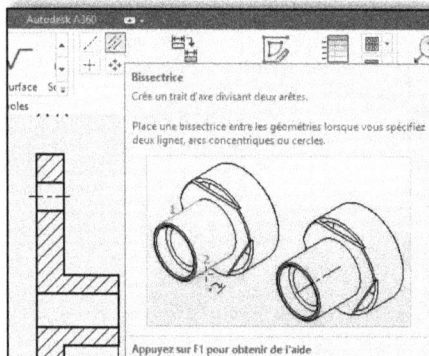

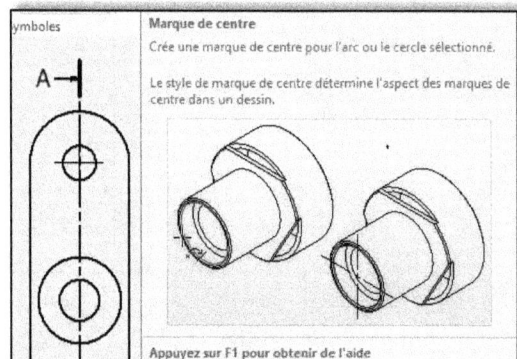

- Refaites les autres cotes avec le même principe.

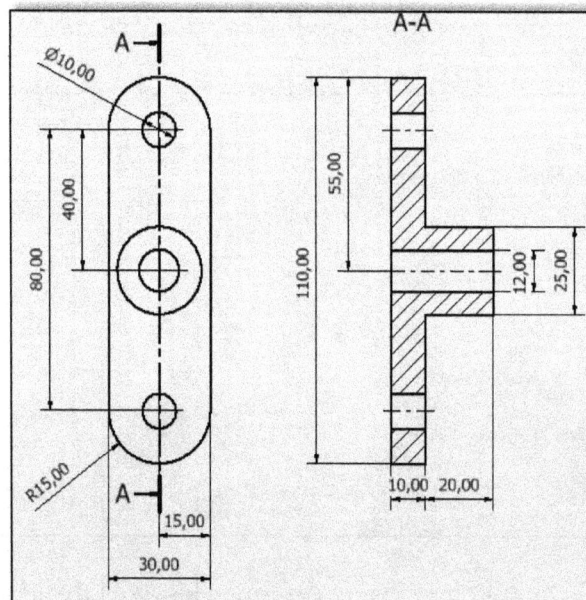

On peut se baser toujours sur le modèle 3D pour vérifier si le dessin est complet du point de vue des cotes.

On constate que les cotes sont décimales, on doit les changer car ce sont des cotes nominales.

- ➤ Cliquez ''**Editeur de styles**'' dans le ruban ''**Gérer**''.
- ➤ Sélectionnez ''**Par défaut ISO**'' dans ''**Cote**''.
- ➤ Choisissez ''**0**'' dans ''**Précision**'' soit pour les unités linéaires soit pour les unités angulaires.

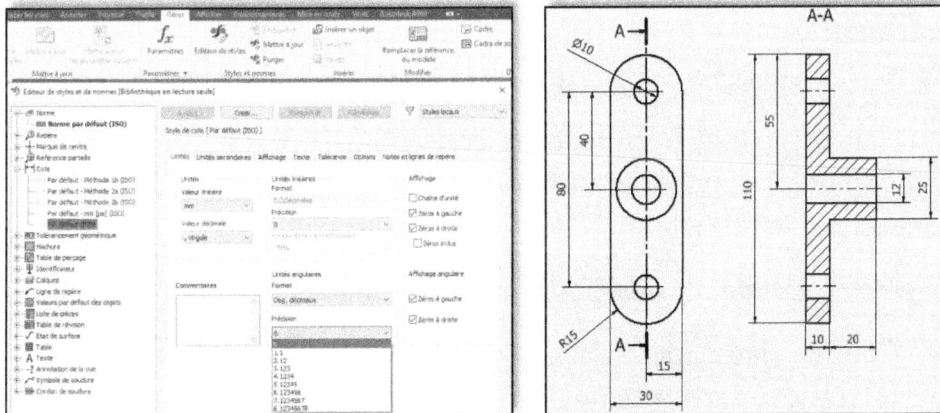

Vu qu'on travaille avec la norme ISO, Inventor génère automatiquement les symboles normalisés aux éléments à coter.

Inventor reconnait les cotes de types diamètre seulement pour les cercles. On remarque que dans la vue de coupe les cotes de type diamètre n'ont pas de symbole diamètre.

- ➤ Cliquez sur la cote et ajoutez le symbole diamètre avant les crochets.

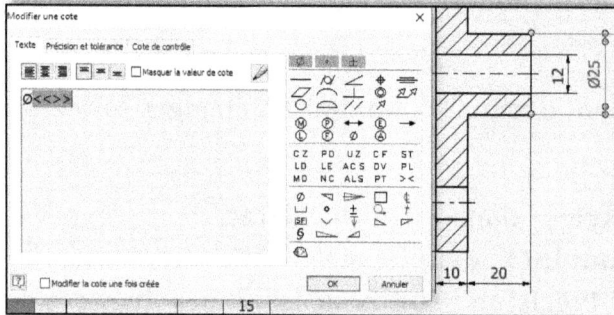

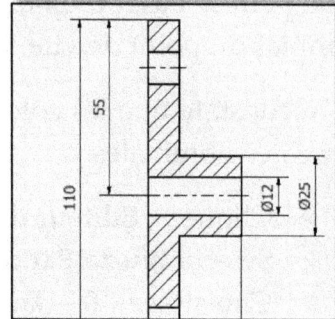

✓ <u>Tolérances dimensionnelles</u> :

Le fabricant se base sur les cotes présentées dans le dessin de définition pour réaliser la pièce. Pour le modèle ci-dessus le réalisateur ne peut jamais avoir exactement ces cotes nominales, et cela est dû à beaucoup de facteurs.

C'est la raison pour laquelle, le concepteur prévoit un intervalle de tolérance pour chaque cote qui permet au réalisateur après contrôle de valider ou pas la pièce.

Inventor présente plusieurs formes de tolérance pour définir une cote.

➢ Cliquez deux fois sur une cote puis sélectionnez ''**Précision et tolérance**'' dans la boite de dialogue ''**Modifier une cote**''.

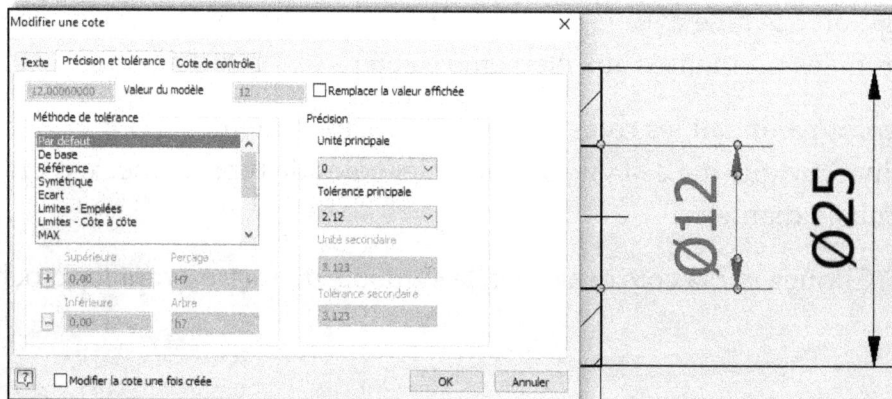

- ➢ Essayez les différentes méthodes de tolérance.
- ○ Par défaut :

Inventor affiche seulement la cote nominale.

- ○ De base : cote nominale cadré.
- ○ Référence : c'est la cote auxiliaire qu'on avait mentionnée précédemment.

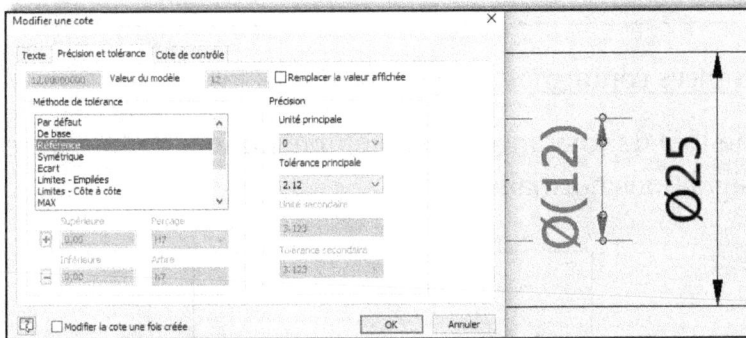

- ○ Symétrique : définir une seule valeur d'écart.

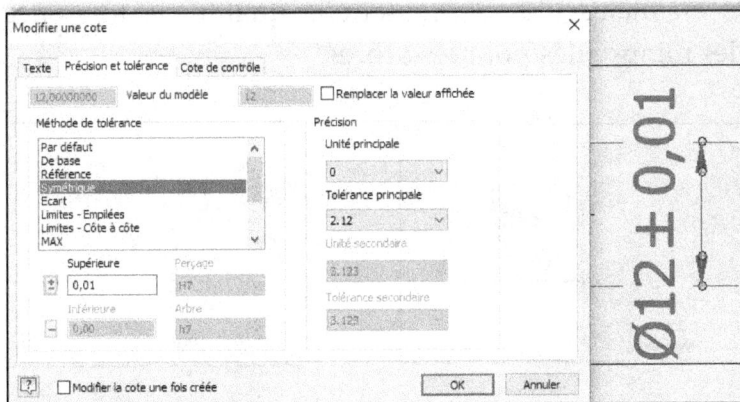

- ○ Ecart : définir l'écart supérieur et l'écart inférieur.

Remarque : l'un des écarts peut être nul.

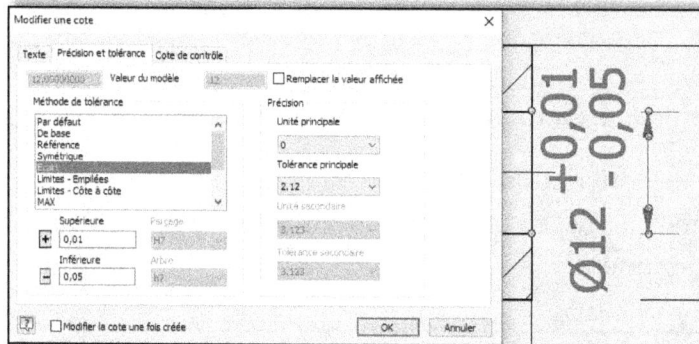

■ <u>Tolérances conformes au système ISO</u> :

Le système ISO de tolérance présente une gamme de tolérances définies par des désignations normalisées.

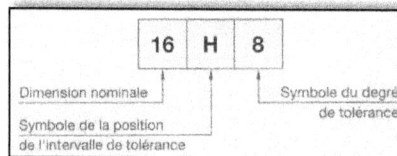

Les lettres en majuscules définissent la qualité de tolérance pour les alésages et les minuscules pour les arbres.

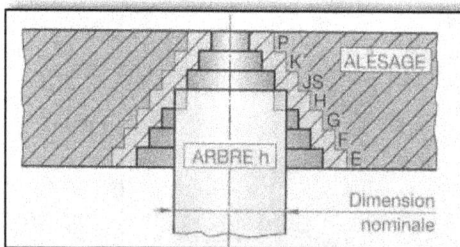

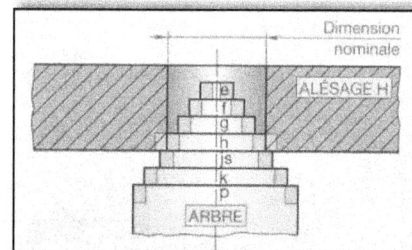

Pour déterminer la valeur de tolérance selon la lettre de qualité, il faut suivre le tableau du système ISO de tolérances (vous pouvez le trouver sur le Net).

Si vous connaissez déjà la désignation de la tolérance qui vous a été donné par un bureau d'études ou votre patron…etc. vous pouvez l'insérer directement dans la boite de dialogue ''**Précision et tolérance**'' d'Inventor.

Si c'est vous qui concevez une nouvelle pièce ou qui adaptez une pièce dans un système…etc, vous pouvez suivre le tableau ci-dessous.

. 25	Principaux ajustements			Arbres*	H 6	H 7	H8	H 9	H 11
Pièces mobiles l'une par rapport à l'autre	Pièces dont le fonctionnement nécessite un grand jeu (dilatation, mauvais alignement, portées très longues, etc.).			c				9	11
				d				9	11
	Cas ordinaire des pièces tournant ou glissant dans une bague ou palier (bon graissage assuré).			e		7	8	9	
				f	6	6-7	7		
	Pièces avec guidage précis pour mouvements de faible amplitude.			g	5	6			
Pièces immobiles l'une par rapport à l'autre	Démontage et remontage possible sans détérioration des pièces	L'assemblage ne peut pas transmettre d'effort	Mise en place possible à la main	h	5	6	7	8	
				js	5	6			
			Mise en place au maillet	k	5				
				m		6			
	Démontage impossible sans détérioration des pièces	L'assemblage peut transmettre des efforts	Mise en place à la presse	p		6			
			Mise en place à la presse ou par dilatation (vérifier que les contraintes imposées au métal ne dépassent pas la limite élastique)	s			7		
				u			7		
				x			7		

Donc selon l'utilité ou la fonctionnalité de la surface à coter, vous pouvez choisir la tolérance convenable si vous travaillez en système ISO.

➤ Entrez la tolérance de qualité H7 au diamètre du trou centrale.
➤ Sélectionnez l'option ''**Limites/Ajustements-Empilés**''.

On peut aussi ajouter au symbole de la tolérance les valeurs des écarts.

➤ Sélectionnez l'option '' **Limites/Ajustements-Tolérance**''.

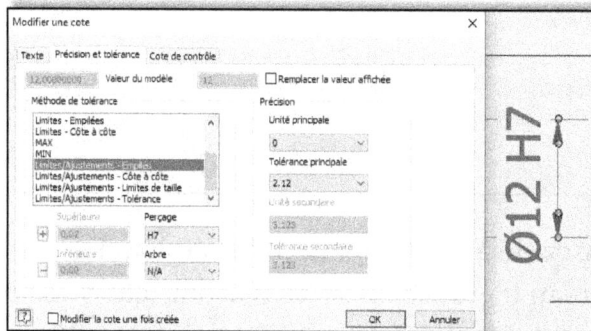

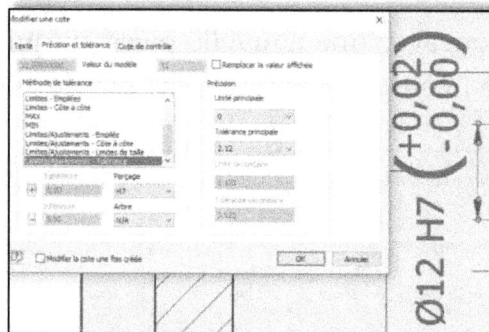

On peut définir une tolérance générale pour tout le modèle qui permet de simplifier la lecture du dessin.

On peut toujours revenir au système ISO de tolérances.

Le tableau de référence ISO des tolérances générales contient aussi les tolérances géométrique (on en parlera par la suite).

Dimensions linéaires					Angles cassés			Dimensions angulaires			
					Rayons – chanfreins			Dimension du côté le plus court			
Classe de précision	0,5 à 3 inclus	3 à 6	6 à 30	30 à 120	120 à 400	0,5 à 3 inclus	3 à 6	> 6	Jusqu'à 10	10 à 50 inclus	50 à 120	120 à 400
f (fin)	± 0,05	± 0,05	± 0,1	± 0,15	± 0,2	± 0,2	± 0,5	± 1	± 1°	± 30'	± 20'	± 10'
m (moyen)	± 0,1	± 0,1	± 0,2	± 0,3	± 0,5	± 0,2	± 0,5	± 1				
c (large)	± 0,2	± 0,3	± 0,5	± 0,8	± 1,2	± 0,4	± 1	± 2	± 1° 30'	± 1°	± 30'	± 15'
v (très large)	-	± 0,5	± 1	± 1,5	± 2,5	± 0,4	± 1	± 2	± 3°	± 2°	± 1°	± 30'

Tolérances géométriques											
Tolérances	———			⬭		⊥			═			⫽⫽ Axial Radial
Classe de précision	Jusqu'à 10	10 à 30 inclus	30 à 100	100 à 300	300 à 1 000	Jusqu'à 100	100 à 300	300 à 1 000	Jusqu'à 100	100 à 300	300 à 1 000	Toutes dimensions
H (fin)	0,02	0,06	0,1	0,2	0,3	0,2	0,3	0,4	0,5	0,5	0,5	0,1
K (moyen)	0,05	0,1	0,2	0,4	0,6	0,4	0,6	0,8	0,6	0,6	0,8	0,2
L (large)	0,1	0,2	0,4	0,8	1,2	0,6	1	1,5	0,6	1	1,5	0,5

//		○		◎	
Même valeur que la tolérance dimensionnelle ou de rectitude ou de planéité si elles sont supérieures.		Même valeur que la tolérance diamétrale mais à condition de rester inférieure à la tolérance de battement.		Les écarts de coaxialité sont limités par les tolérances de battement.	

Inscrire en bas du dessin, par exemple, la tolérance générale : ISO-mk.

➢ Cliquez ''**Texte**'' dans le ruban ''**Annoter**'' et notez la tolérance générale ci-dessous.

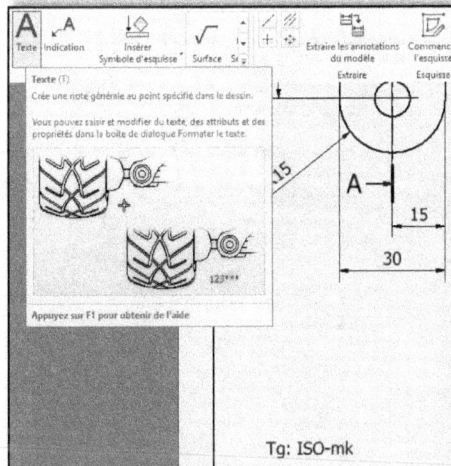

▪ Cotation des trous latérales :

On constate qu'un seul trou est coté mais vu qu'ils sont symétriques, on va ajouter ''**x2**''avant le symbole diamètre pour avoir une cote unique pour les deux trous.

Pareil pour les formes arrondies.

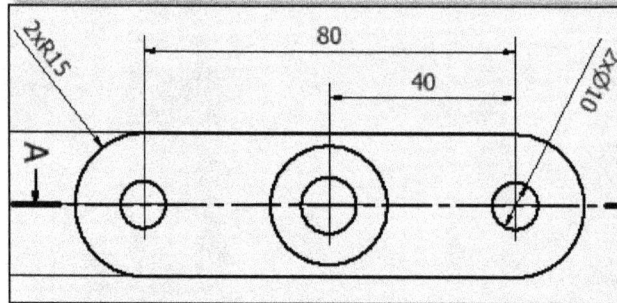

Maintenant, on va modifier le style de cote de type diamètre et rayon.

> ➢ Cliquez ''**Editeur de styles**'' dans le ruban ''**Gérer**''.
> ➢ Sélectionnez ''**Par défaut ISO**'' dans ''**Cote**''.
> ➢ Cliquez sur ''**Texte**'' dans la boite de dialogue ''**Style de cote**''.

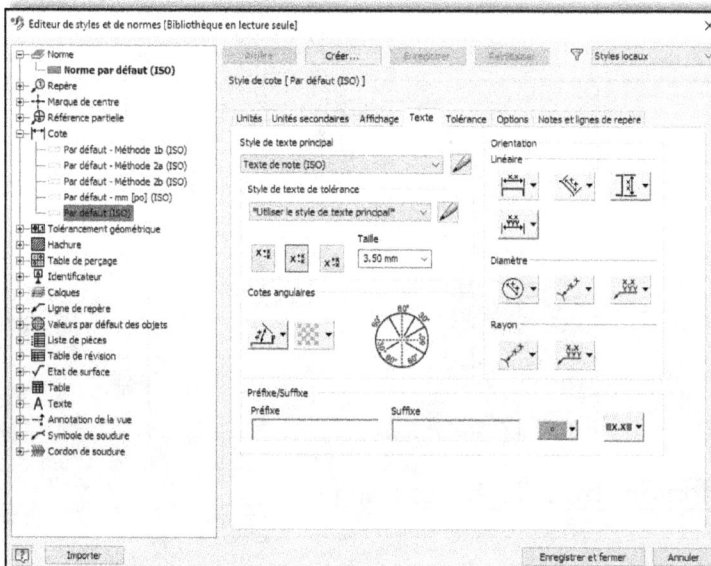

➢ Changez le style de cote de type diamètre et rayon en ''**Horizontal**''.

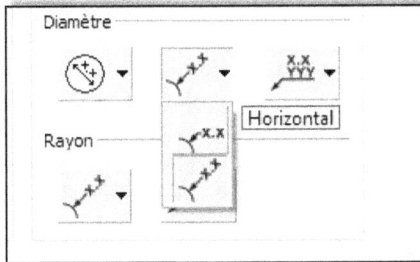

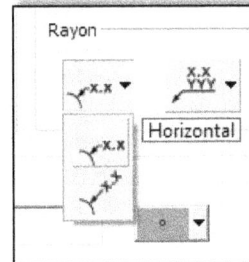

On peut aussi modifier le style de cote en cliquant bouton droit sur la cote.

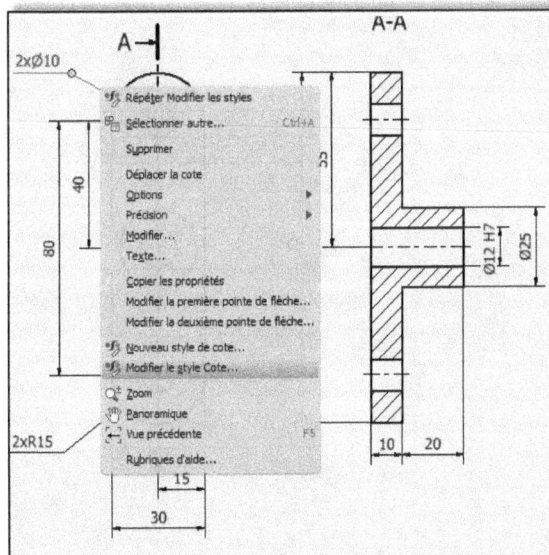

✓ Etat de surface (Rugosité) :

Après l'usinage, la surface réelle est différente de la surface géométrique (celle du dessin de définition) à l'échelle microscopique. Si la surface à coter est en contact avec une autre surface, l'état de surface devient important.

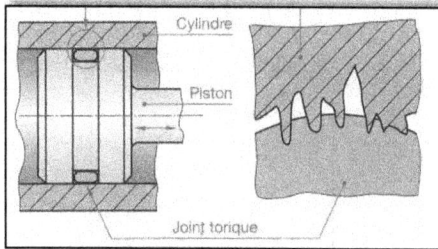

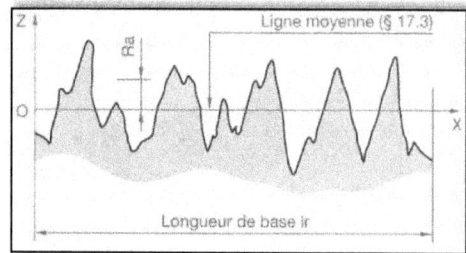

- <u>Ecart moyen arithmétique du profil R_a</u> :

La valeur de l'état de surface est caractérisée par R_a déterminé à partir d'un tableau normalisé.

Surface	Fonction	Condition	Exemples d'application	Ra*	R*	W*
Avec déplacements relatifs	Frottement de glissement (1)	Moyenne	Coussinets – Portées d'arbres	0,8	2	$\leqslant 0,8R$
		Difficile	Glissières de machines-outils	0,4	1	
	Frottement de roulement (2)	Moyenne	Galets de roulement	0,4	1	$\leqslant 0,3R$
		Difficile	Chemins de roulements à billes	0,02	0,06	
	Résistance au matage**	Moyenne	Cames de machines automatiques	0,4	1	–
		Difficile	Extrémités de tiges de poussée	0,10	0,25	
	Frottement fluide	Moyenne	Conduits d'alimentation	6,3	16	–
		Difficile	Gicleurs	0,2	0,5	
	Étanchéité dynamique (3)	Moyenne	Portées pour joints toriques	0,4	1	$\leqslant 0,6R$
		Difficile	Portées pour joints à lèvres	0,3	0,8	
Avec assemblage fixe	Étanchéité statique (3)	Moyenne	Surfaces d'étanchéité avec joint plat	1,6	4	$\leqslant R$
		Difficile	Surfaces d'étanchéité glacées – sans joint	0,1	0,25	
	Assemblage fixe (contraintes faibles)	Moyenne	Portées et centrages de pièces fixes démontables	3,2	10	–
		Difficile	Portées et centrages précis	1,6	4	
	Ajustement fixe avec contraintes	Moyenne	Portées de coussinets	1,6	4	–
		Difficile	Portées de roulements	0,8	2	
	Adhérence (collage)	–	Constructions collées	1,6 à 3,2	2 à 10	–
Sans contrainte	Dépôt électrolytique	–	Indiquer la rugosité exigée par la fonction, après dépôt	0,1 à 3,2	0,25 à 10	–
	Mesure	Moyenne	Faces de calibres d'atelier	0,1	0,25	$\leqslant R$
	Revêtement (peinture)	–	Carrosseries d'automobiles	$\geqslant 3,2$	$\geqslant 10$	–
Avec contrainte	Résistance aux efforts alternés	Moyenne	Alésages de chapes de vérin	1,6	4	–
		Difficile	Barres de torsion	0,8	2	
	Outils coupants (arête)	Moyenne	Outils en acier rapide	0,4	1	–
		Difficile	Outils en carbure	0,2	0,5	

Définir la surface inférieure du modèle avec une rugosité de valeur 1,6.

➢ Cliquez ''**Surface**'' dans ''**Annoter**'' puis sélectionnez la surface.

➢ Saisissez la valeur de la rugosité dans la case A.

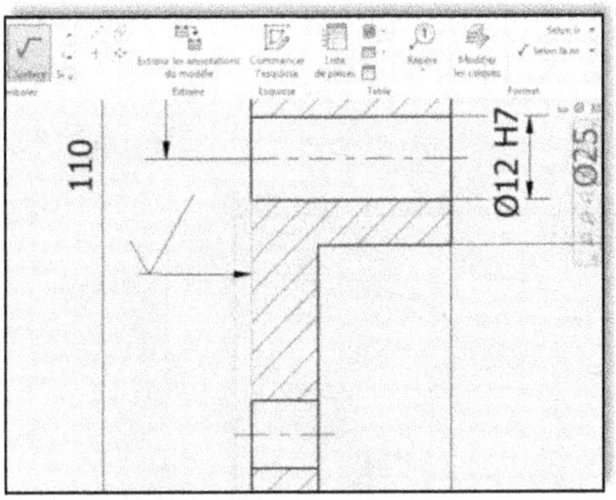

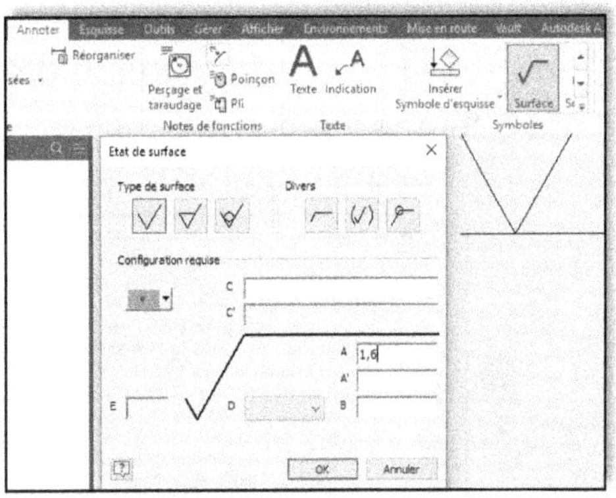

➢ Cliquez Ok pour finir.

✓ <u>Tolérances géométriques</u> :

Les tolérances géométriques définissent les écarts (inférieures et supérieures) de forme, d'orientation, de position et de battement.

o <u>Tolérances de forme</u> :

SYMBOLE	⌓	⌒	▱	—	⌭	○
SIGNIFICATION	Profil d'une surface	Profil d'une ligne	Planéité	Rectitude	Cylindricité	Circularité

➢ Cliquez "**Tolérancement géométrique**".

➢ Sélectionnez l'élément à tolérancer.

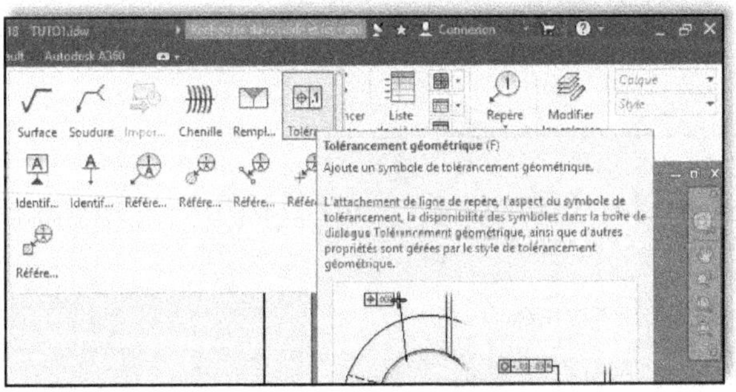

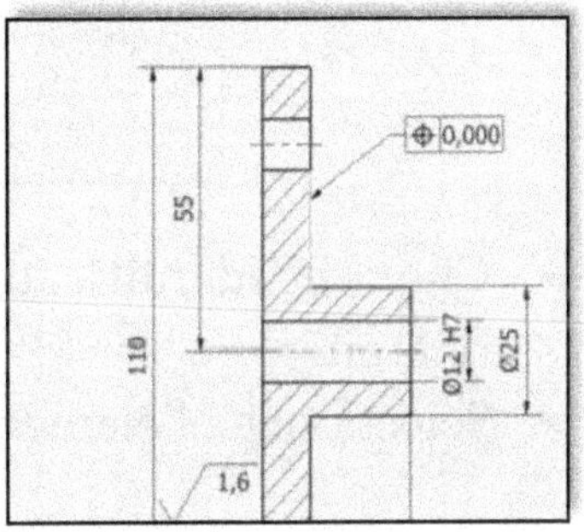

Vu que la surface tolérancée est une surface plane donc il s'agit d'une tolérance de planéité.

➤ Insérez la forme de planéité dans la boite de dialogue ainsi la valeur de tolérance(**0.05mm**).

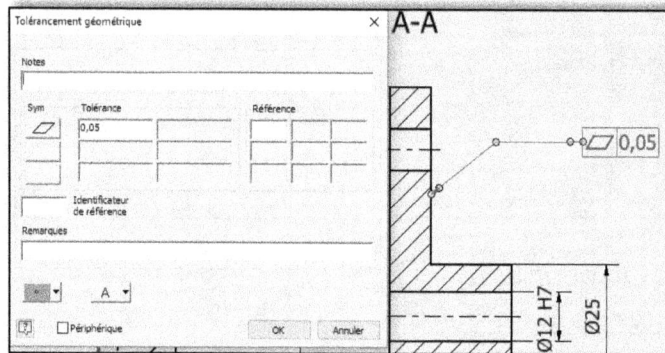

■ <u>Interprétation</u> :

La surface à tolérancer doit être comprise entre deux plans parallèles distants de 0.05.

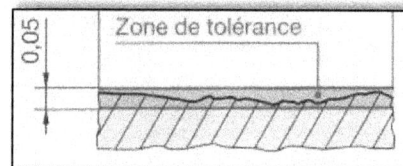

○ <u>Tolérances d'orientation</u> :

SYMBOLE	//	⊥	∠
SIGNIFICATION	Parallélisme	Perpendicularité	Inclinaison

➤ Cliquez "**Identification de la référence**" pour définir la surface de référence.
➤ Sélectionnez l'élément de référence.

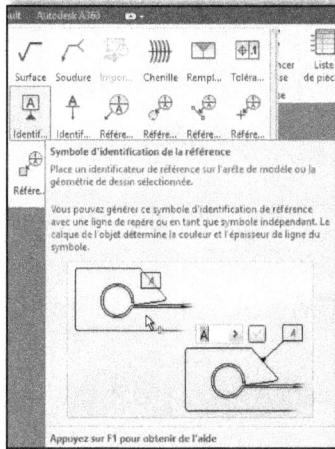

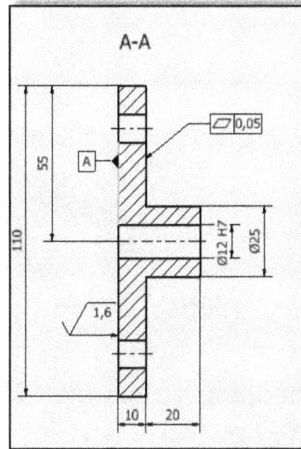

> ➢ Définir la surface à contrôler :

Insérez le symbole de parallélisme et la surface de référence dans la boite de dialogue comme indiqué ci-dessous.

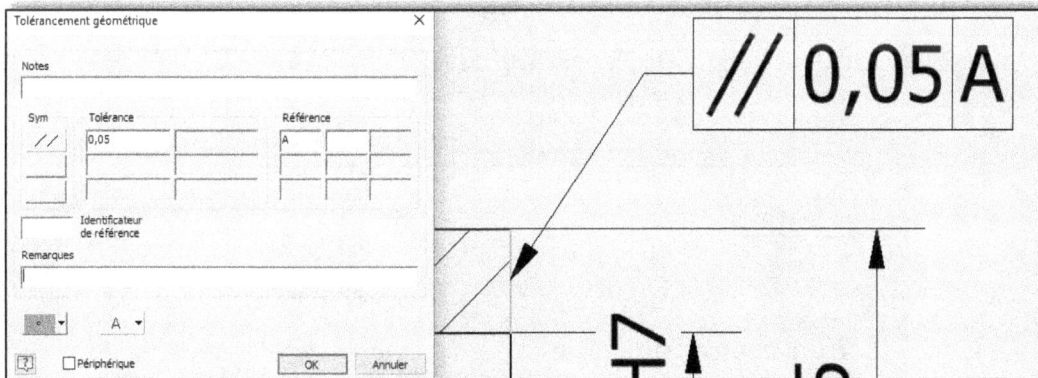

- ▪ Interprétation :

La surface à tolérancer doit être comprise entre deux plans parallèles distants de **0.05mm** et parallèles à la surface de référence défini au début (**référence A**).

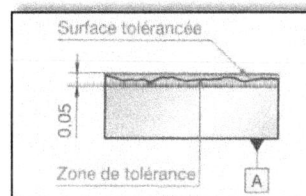

○ Tolérances de position :

➤ Cliquez ''**Identification de la référence**'' pour définir la surface de référence.
➤ Sélectionnez l'élément de référence puis définir la surface à contrôler.

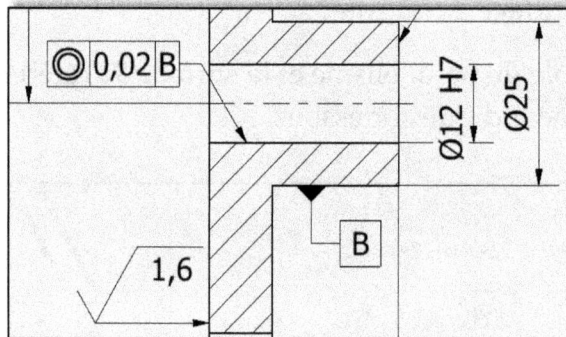

▪ Interprétation :

L'axe du trou central doit être compris dans une zone cylindrique de diamètre **0,02mm** coaxiale à l'axe du cylindre de diamètre 25mm.

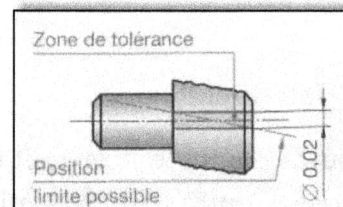

✓ Les hachures :

Les zones hachurées dans une vue en coupe présente l'intersection du plan de coupe avec le modèle géométrique.

➢ Cliquez deux fois sur les hachures pour les personnaliser.

Vous pouvez modifier le motif ainsi l'angle des hachures.

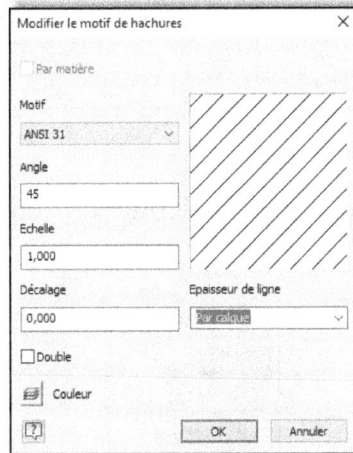

On peut aussi personnaliser la ligne de coupe.

➢ Cliquez bouton droit sur la ligne de coupe puis ''**Modifier**''.

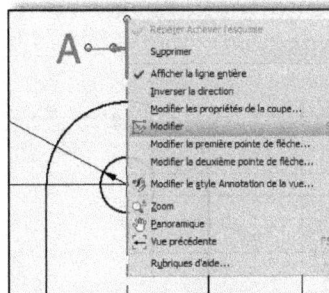

➢ Modifiez la longueur et la position(symétrique) de la ligne de coupe.
➢ Cliquez ''**Terminer l'esquisse**''.

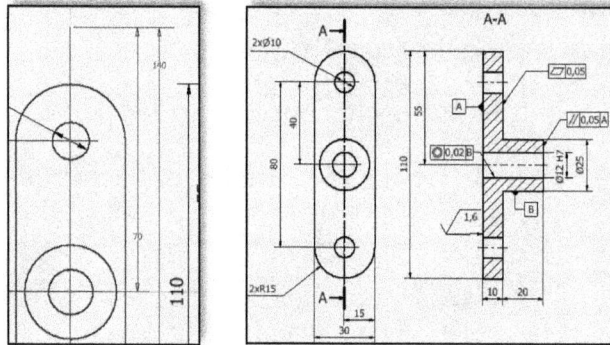

✓ Cartouche :
➢ Cliquez bouton droit sur le fichier en tête de l'arborescence puis ''**Propriétés**''.

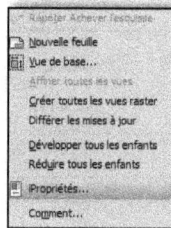

Dans les différentes sections de la boite de dialogue ''**Propriétés**'', vous pouvez remplir toutes les informations sur votre modèle qui seront par la suite afficher dans la cartouche.

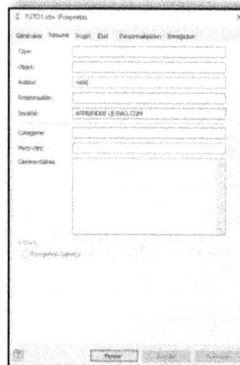

Conçu par	Vérifié par	Approuvé par	Date	Date	
walid					

APPRENDRE-LE-DAO.COM			
	TUTO1	Modification	Feuille 1 / 1

Vous pouvez aussi personnaliser votre cartouche.

➢ Cliquez bouton droit sur ''**ISO**'' dans l'arborescence puis cliquez ''**Modifier**''.

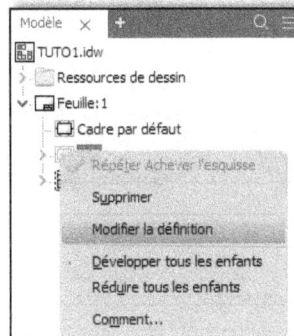

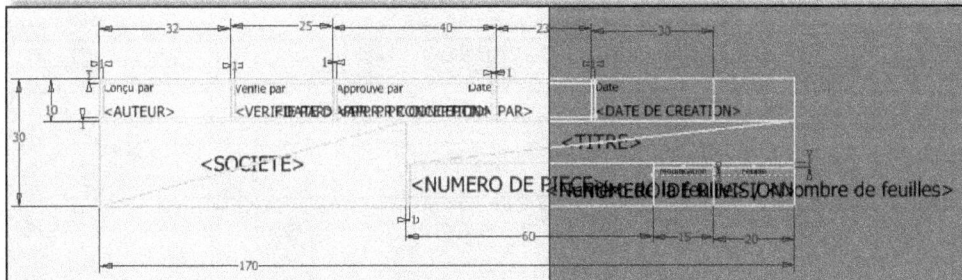

Vous pouvez ajouter le logo de votre société, ajouter ou éliminer une case, modifier les dimensions des cases…

➢ Changez la longueur de la cartouche de 170 à 190mm.
➢ Inscrire l'échelle.
➢ Cliquez sur ''**Image**'' pour insérer un logo par exemple.

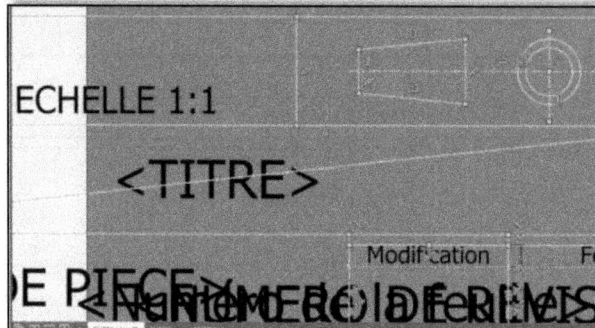

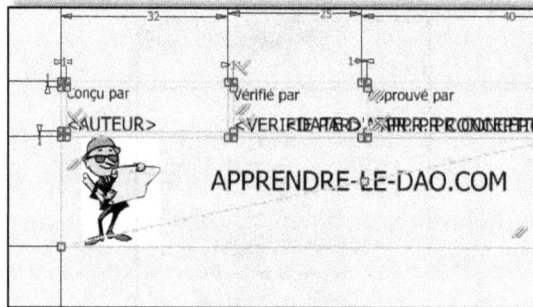

> ➤ Cliquez ''**Terminer l'esquisse**''.

Conçu par	Vérifié par	Approuvé par	Date				
walid					ECHELLE 1:1		
APPRENDRE-LE-DAO.COM						Modification	Feuille
					TUTO1		1 / 1

> ✓ Vue isométrique :

Normalement notre dessin est fini mais on peut ajouter une autre vue qu'on l'appelle vue isométrique. C'est une perspective qui donne une bonne vision spatiale du modèle.

Cette vue facilite la lecture du dessin pour le réalisateur.

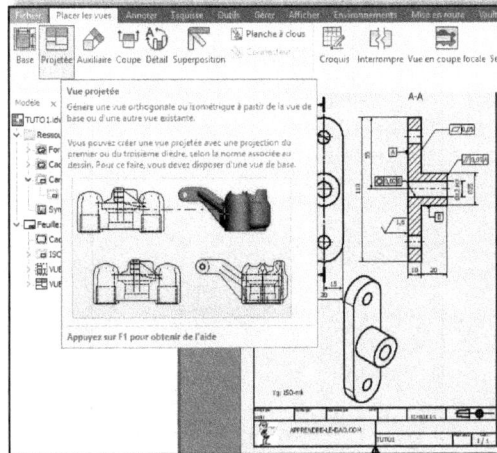

> ➤ Cliquez deux fois sur la vue isométrique pour modifier l'orientation de la vue et l'échelle.
> ➤ Cliquez sur la petite icone "**Hom**e" juste au-dessus du cube mobile pour avoir une perspective isométrique.
> ➤ Choisissez l'échelle selon l'espace de la feuille.

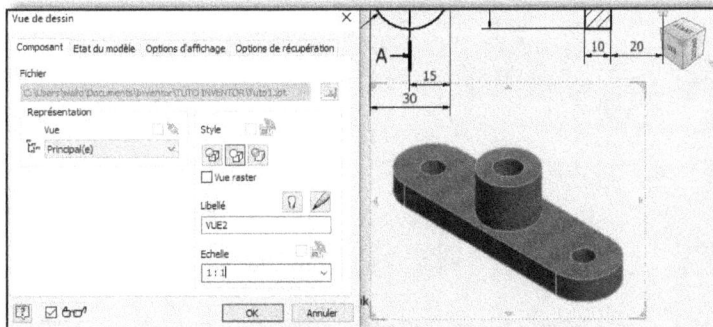

> ➤ Cliquez Ok pour finir.
> ✓ Pièce finie :

Maintenant, notre dessin est fini. On peut l'exporter en PDF et l'envoyer au responsable méthode ou technicien pour la fabrication.

> ➤ Cliquez "**Fichier**" puis "**Exporter**" PDF.

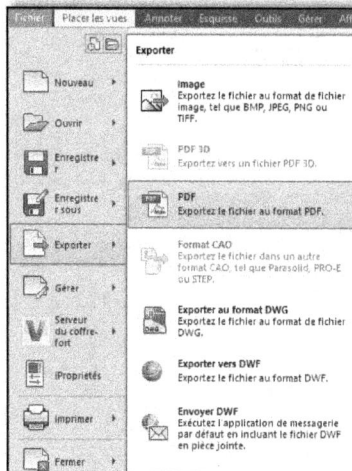

On peut bien sûr l'exporter en d'autres formats.

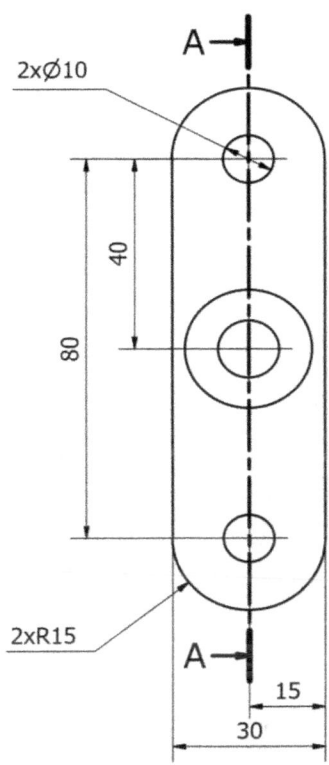

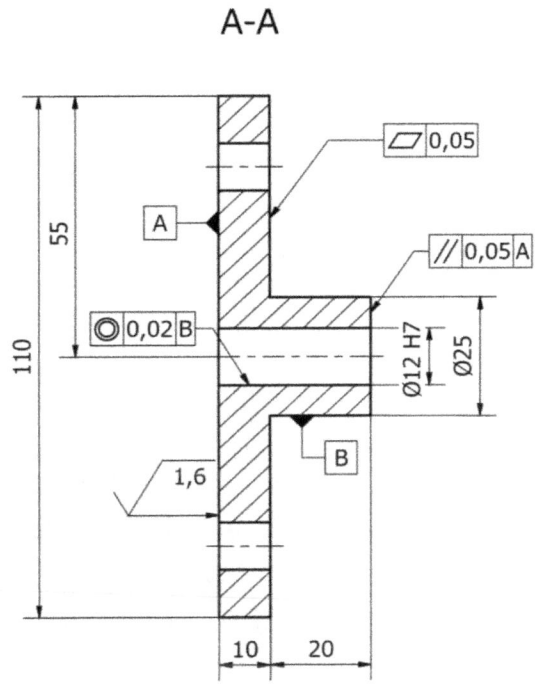

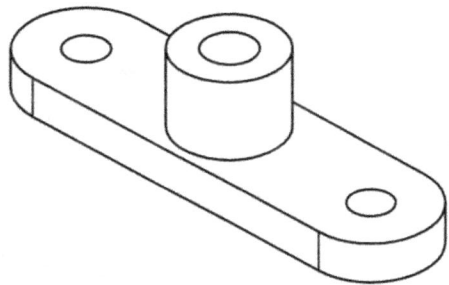

A

2xØ10

A-A

⌷ 0,05

A

// 0,05 A

55

⌾ 0,02 B

Ø12 H7

Ø25

80

40

110

1,6

B

2xR15

A

15

30

10

20

Tg: ISO-mk

EXERCICE N°2

Créez un modèle 2D de la pièce 2 créée en chapitre 2.

> Ouvrez le dossier du même projet créé au début (TUTO INVENTOR projet du livre).
> Ouvrez le fichier du modèle 3D de l'EXERCICE N°2 (extension. ipt).

> Cliquez sur '' **Nouveau** '' et créez un document annoté.
> Sélectionnez ''**ISO.idw**''.

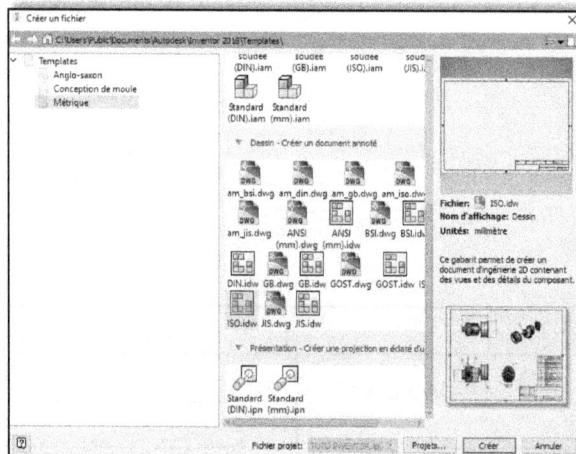

- ➢ Cliquez ''**Créer**''.
- ➢ Enregistrez le fichier sous le même nom du modèle 3D.
- ✓ <u>Création des vues</u> :
- ➢ Cliquez ''**Base**'' pour créer la vue de face.
- ➢ Changez l'orientation de vue.

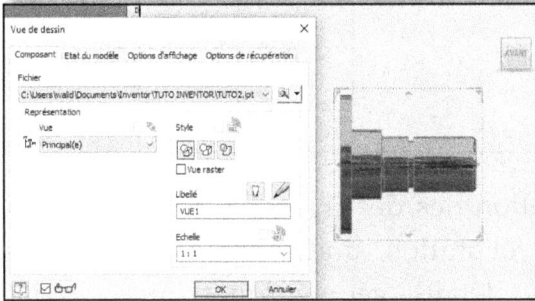

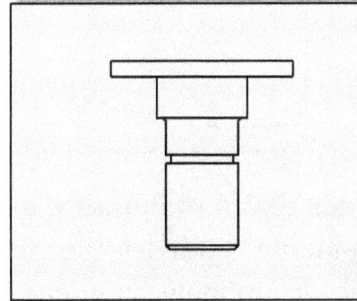

Tout d'abord, changeons le format de la feuille (format A4).

- ➢ Sélectionnez ''**Feuille**'' puis cliquez bouton droit et modifier la feuille.

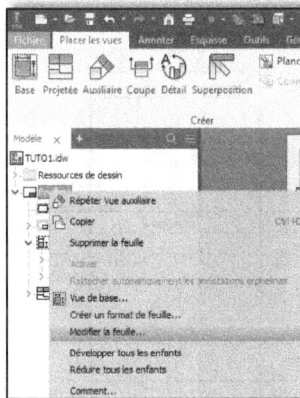

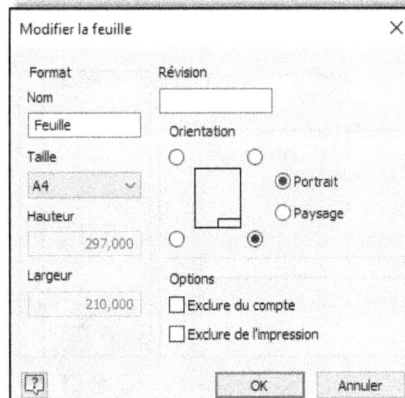

- ➢ Cliquez deux fois sur la vue et cliquez pour afficher les lignes cachées dans la boite de dialogue ''**Style**''.

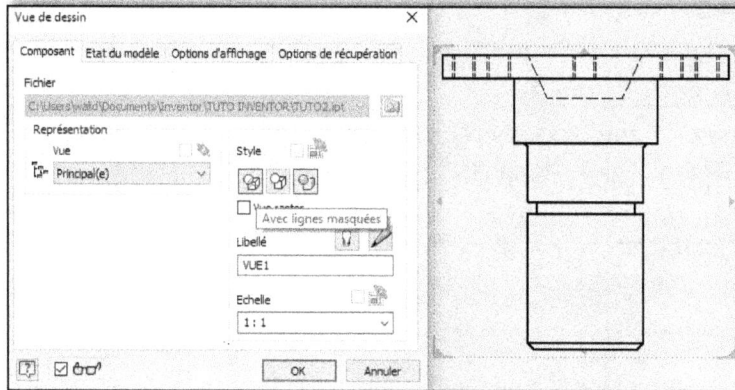

Une des règles pratiques d'éxecution des dessins est d'éviter toute vue surabondante. Pour les pièces de révolution, une seule vue suffit, mais puisque le modèle contient des détails géométriques(une entaille intérieure, des trous…) donc il serait mieux créer une autre vue(Vue de dessus) pour rendre le dessin plus compréhensible pour le réalisateur.

➢ Cliquez ''**Projetée**'' et sélectionnez la vue de face.
➢ Cliquez bouton gauche une fois apparue la vue puis bouton droit ''**Créer**''.

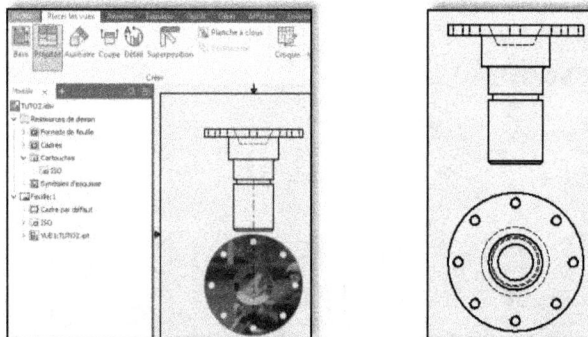

✓ Cotation :

Avant de commencer la cotation, vérifiez dans le modèle 3D si les vues créées en modèle 2D contiennent tous les détails (fonctions…).

Dans ce modèle, on ne va pas utiliser l'option d'Inventor pour extraire les cotations automatiquement. On peut tout simplement suivre l'arborescence du modèle 3D.

Donc, on va importer chaque cote utilisée pour chaque fonction utilisée dans le modèle 3D.

- ▪ Révolution1 :
- ➢ Cliquez ''**Cote**'' dans ''**Annoter**'' et créez les cotes depuis l'esquisse de la première fonction **Révolution** ci-dessous.

Modifiez la précision cote par cote.

- ➢ Cliquez deux fois sur la cote et sélectionnez l'unité principale nécessaire dans ''**Précision**''.

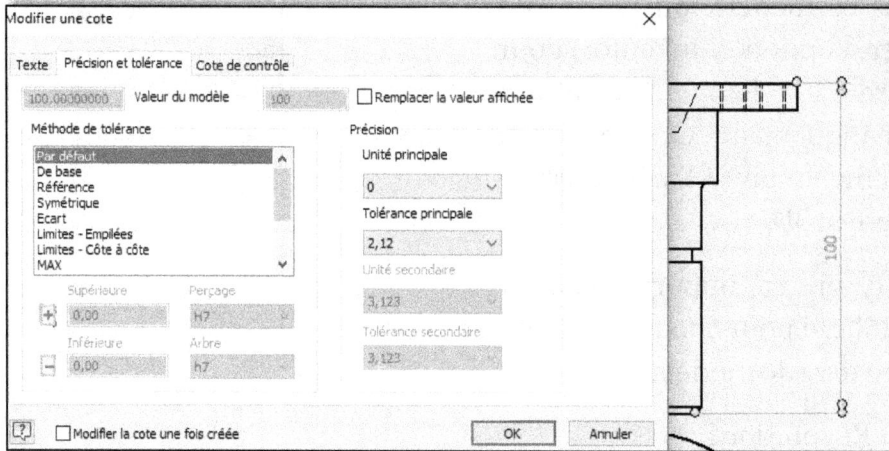

Modifier une cote

Texte   Précision et tolérance   Cote de contrôle

100.00300000   Valeur du modèle   100   ☐ Remplacer la valeur affichée

Méthode de tolérance   Précision

Par défaut
De base
Référence
Symétrique
Ecart
Limites - Empilées
Limites - Côte à côte
MAX

Unité principale

0

Tolérance principale

2,12

Unité secondaire

3,123

Tolérance secondaire

3,123

Supérieure   Perçage

+ 0,00   H7

Inférieure   Arbre

- 0,00   h7

☐ Modifier la cote une fois créée   OK   Annuler

> Faites la même chose pour les autres cotes.

N'oubliez pas d'utiliser l'option ''**Réorganiser**'' pour bien présenter les cotes.

> Sélectionnez les cotes en question, puis cliquez ''**Réorganiser**''.

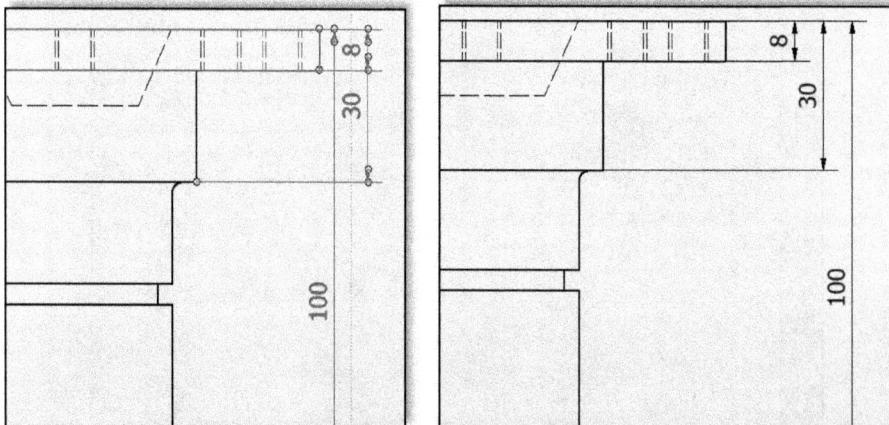

> Ajoutez le symbole de diamètre pour les cotes de type diamètre.

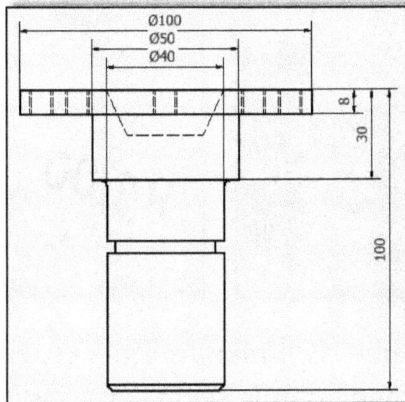

- <u>Révolution2</u> :

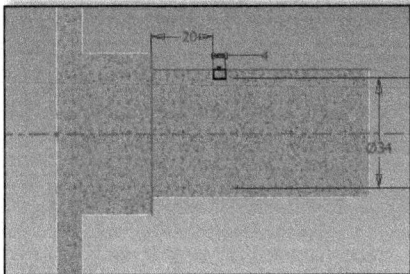 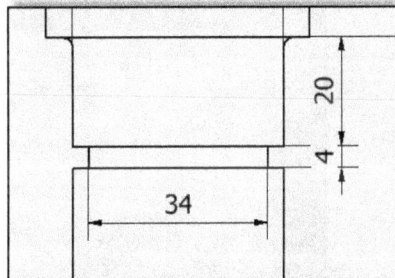

- <u>Révolution3</u> :

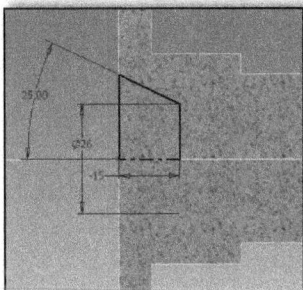 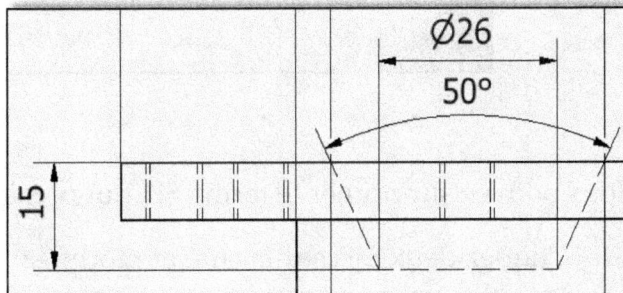

- <u>Perçage</u> :
- ➤ Cliquez ''**Cote**'' puis sélectionnez les trois-quarts du cercle qui présente le filetage du trou.

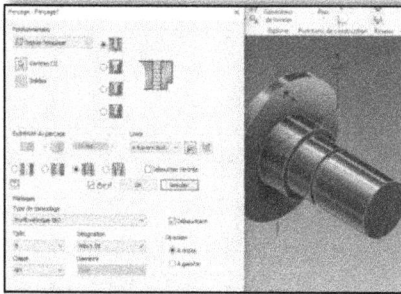

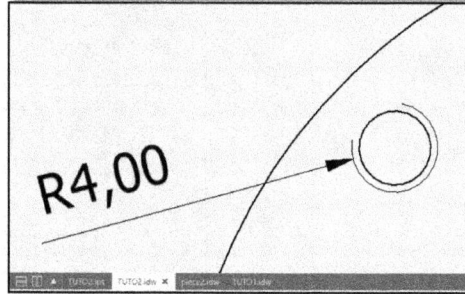

Inventor propose une commande qui génère automatiquement la désignation d'un perçage taraudé selon la norme choisie.

➢ Cliquez "**Perçage et taraudage**" puis sélectionnez le cercle du trou.

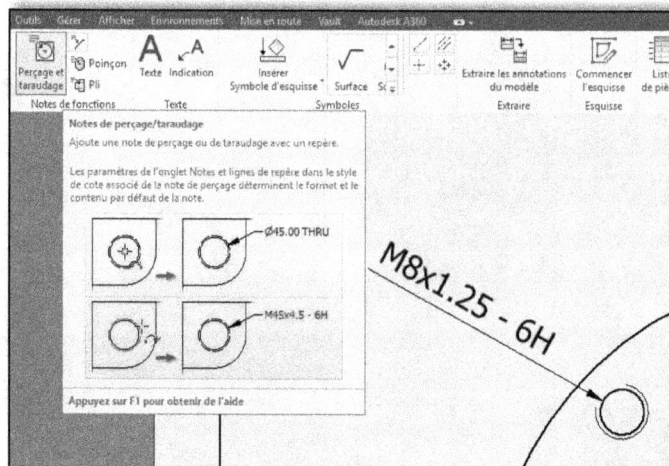

Vous pouvez supprimer le terme 6H qui présente la classe de qualité.

➢ Cliquez deux fois sur la cote et modifiez.
➢ Sélectionnez la cote et changez le style de cote comme indiqué ci-dessous.

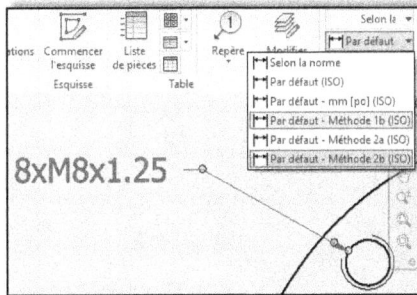

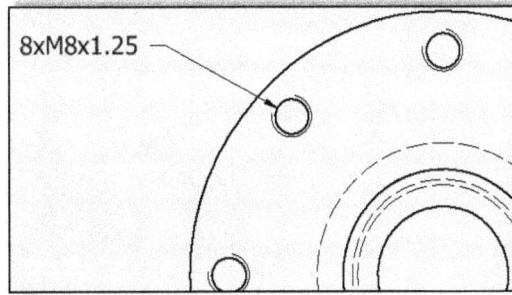

Maintenant, il faut localiser les centres des trous, mais avant on va définir tous les axes nécessaires pour le dessin.

> Cliquez "**Bissectrice**" puis sélectionnez les arêtes des trous (présentées en traits cachés), pour créer le trait d'axe de la pièce de révolution, il faut sélectionner deux arêtes latérales qui sont symétriques.
> Cliquez "**Marque de centre**" et sélectionnez les formes circulaires présentées dans la vue de dessus.

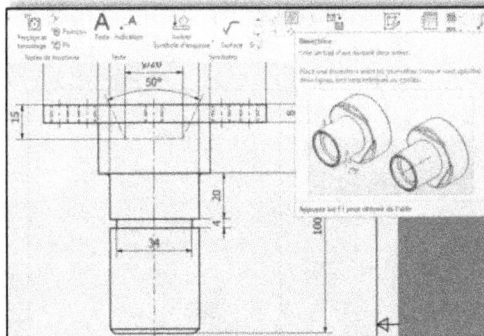

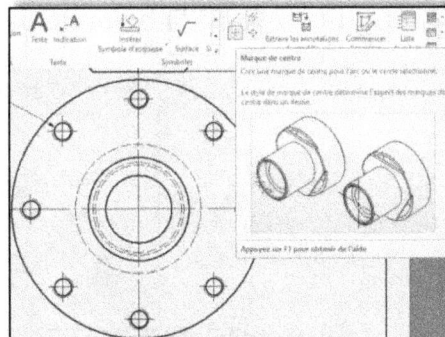

Pour localiser les centres des trous, on peut créer un trait d'axe circulaire passant par tous les centres.

> Cliquez "**Réseau centré**" puis sélectionnez le centre du réseau circulaire, ensuite sélectionnez les centres des trous une par une.
> Cliquez bouton droit puis créer.

➢ Refaites la même chose pour compléter le trait d'axe circulaire.

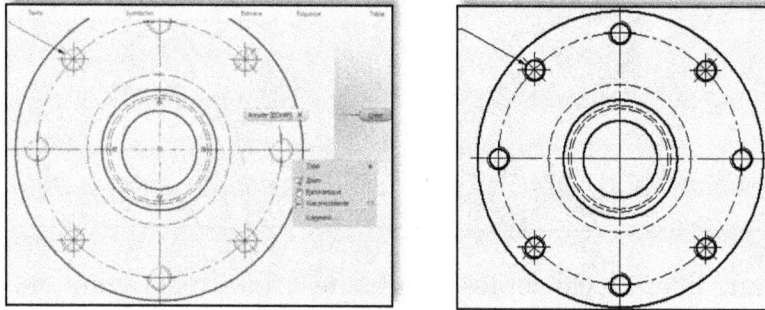

Entrez une cote angulaire entre les centres des deux trous consécutifs pour définir leurs répartitions.

➢ Cliquez "**Cote**" puis sélectionnez le centre de la révolution et le trait incliné passant par le centre du trou.

Pareil pour les cotes angulaires, modifiez la précision.

➢ Cliquez deux fois sur la cote puis sélectionnez "**0**" comme unité angulaire dans la boite de dialogue "**Précision**".

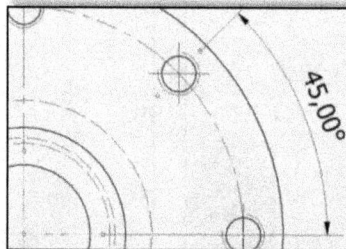

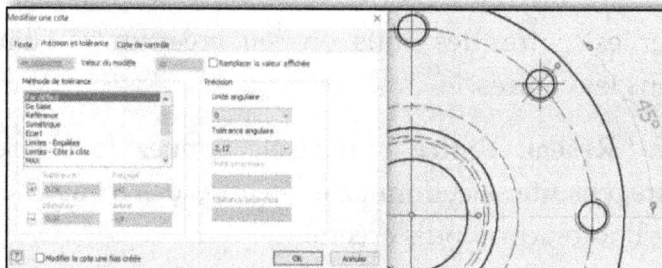

Entrez une cote de type diamètre pour définir le trait d'axe circulaire.

- ➢ Cliquez ''**Cote**'' puis sélectionnez le trait d'axe.
- ➢ Cliquez bouton droit puis sélectionnez le type de cote ''**Diamètre**''.
- ➢ Sélectionnez la cote puis choisissez le style de cote ci-dessous.

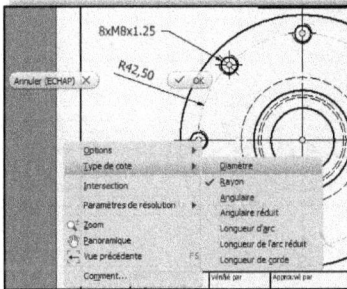

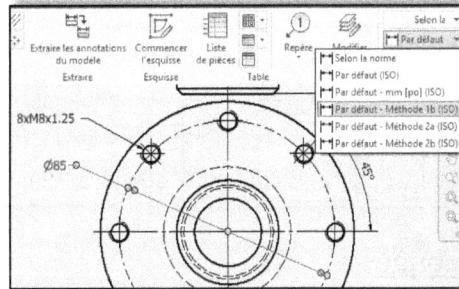

- ▪ Chanfrein :
- ➢ Cliquez ''**Note de chanfrein**'' puis sélectionnez les arêtes comme indiqué ci-dessous.

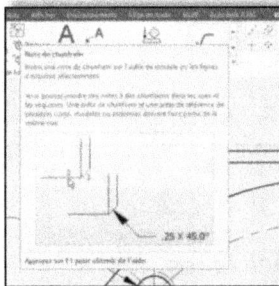

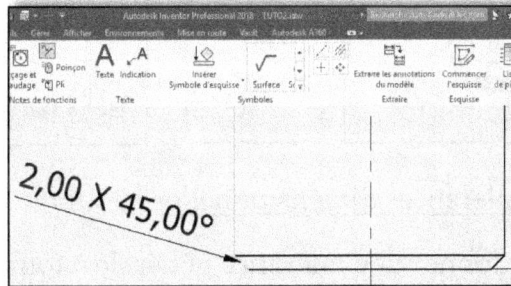

- ➢ Cliquez deux fois sur la cote puis cliquez ''**Précision et tolérance**''.

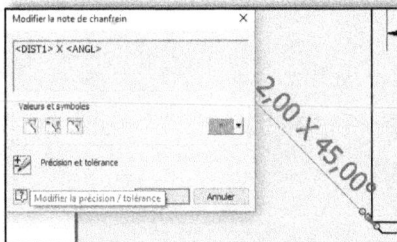

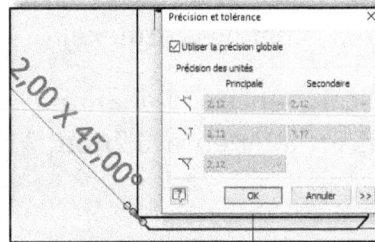

- ➤ Décochez "**Utiliser la précision globale**" et modifiez la précision des unités.
- ➤ Cliquez Ok pour finir.
- ➤ Sélectionnez la cote puis choisir le style de cote ci-dessous.

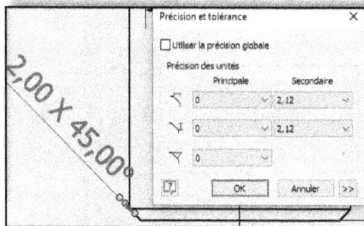

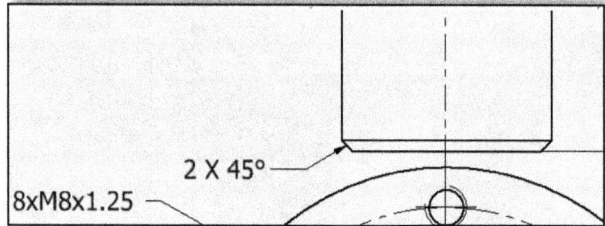

- ▪ Congé :
- ➤ Cliquez "**Cote**" puis sélectionnez le congé.
- ➤ Modifiez la précision et le style de cote.

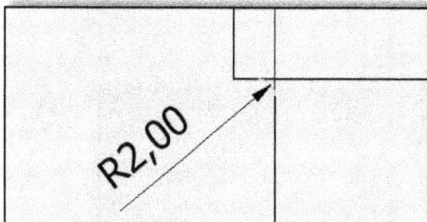

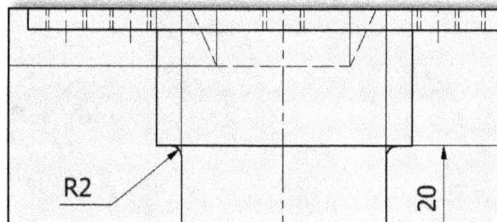

- ✓ Tolérances dimensionnelles :

On va donner une tolérance générale à toutes les cotes.

- ➤ Tolérance générale : ISO-mk.

Par exemple, pour la cote du congé(**2mm**) voir le tableau n°1 des tolérances générales (Annexe).

Ecart supérieur : 0.2**mm**.
Ecart inférieure :0.2**mm**.

✓ <u>Tolérances géométriques</u> :
- <u>Tolérance de forme :</u>
  - ➤ Appliquez une tolérance de planéité de **0.02mm** sur la surface plane supérieure.

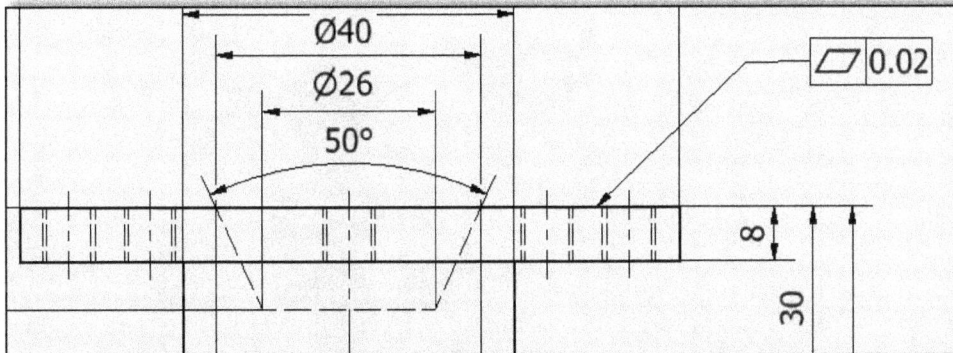

- ➤ Appliquez une tolérance de rectitude de **0.02mm** sur la surface cylindrique de diamètre 40mm.

La génératrice du cylindre tolérancé doit être comprise entre deux droites parallèles, distantes de 0.02mm et contenues dans un plan passant par l'axe.

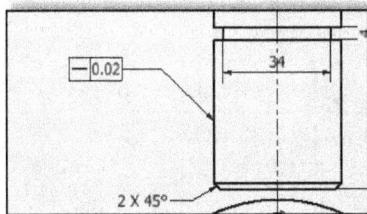

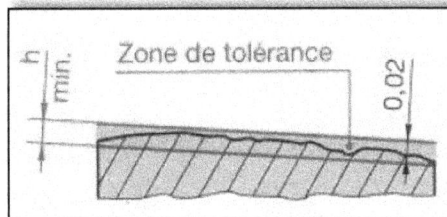

- <u>Tolérance d'orientation :</u>

  - ➤ Appliquez une tolérance de perpendicularité de la surface cylindrique (tolérancée précédemment) par rapport à la surface plane(tolérance).

La surface de référence est donc celle plane. Elle va être présentée sur le petit tableau de tolérance de forme. On vérifie tout d'abord la condition de planéité puis la tolérance d'orientation.

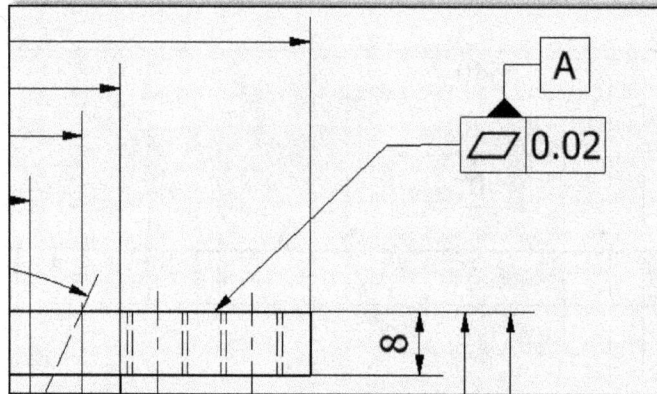

> ➢ Cliquez deux fois sur la tolérance de forme de rectitude et ajoutez la tolérance d'orientation de perpendicularité par rapport à la surface **A** définie.

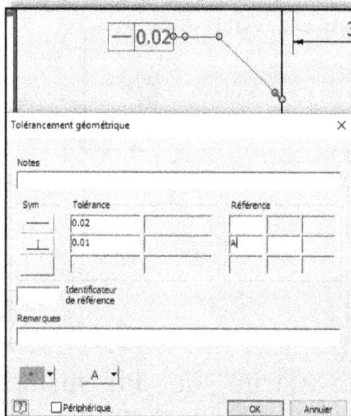

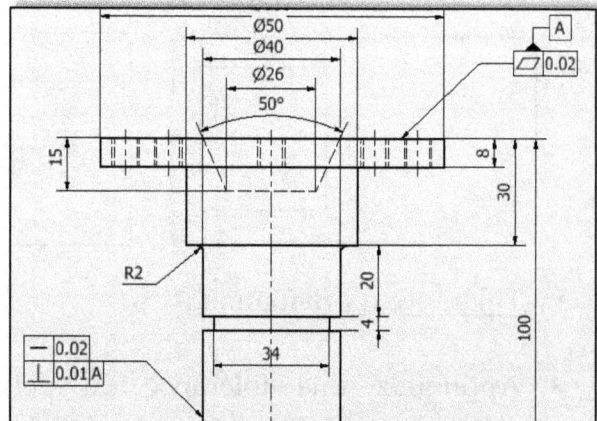

- ▪ <u>Tolérance de position</u> :

> ➢ Définir la deuxième surface comme surface de référence.

➤ Appliquez une tolérance de coaxialité de **0.02mm** de la surface cylindrique de diamètre **50mm** par rapport à celle de diamètre **40mm**.

Cette tolérance sera vérifiée après les tolérances définies précédentes.

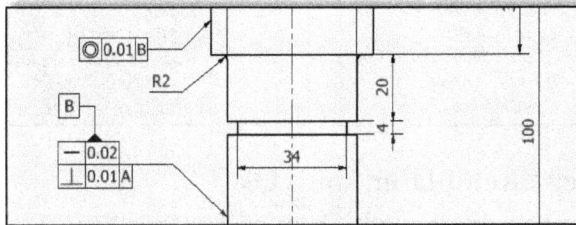

N'oubliez pas d'inscrire la tolérance générale près de la cartouche.

✓ Cartouche :

On peut importer directement la cartouche de la première pièce et modifier le nom de la pièce…

On doit supprimer tout d'abord la cartouche existante.

➤ Cliquez bouton droit sur ISO dans l'arborescence et cliquez ''**Supprimer**''.

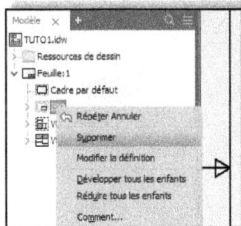

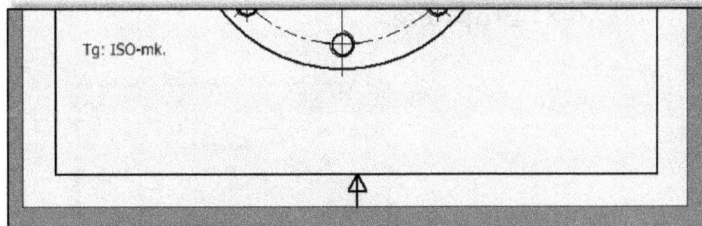

➤ Cliquez bouton droit sur ISO dans ressources de dessin du premier modèle (TUTO1) puis ''**Copier**''.

➤ Revenir au deuxième modèle et cliquez bouton droit sur "**Cartouches**" puis "**Coller**".

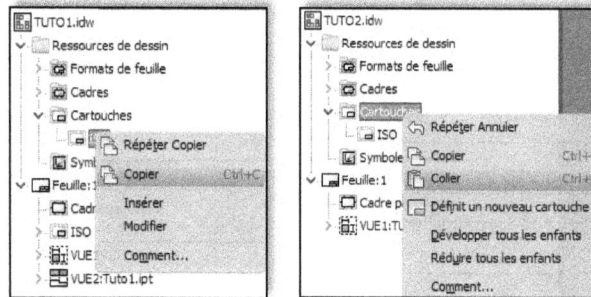

➤ Sélectionnez "**Remplacer**" puis Ok.
➤ Cliquez bouton droit sur ISO puis "**Insérer**".

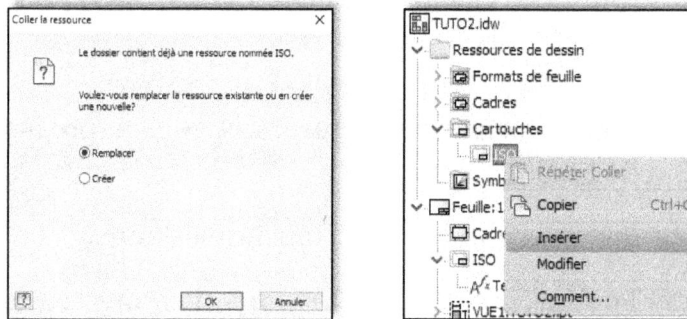

➤ Cliquez bouton droit sur le nom du fichier dans l'arborescence puis cliquez "**Propriétés**".

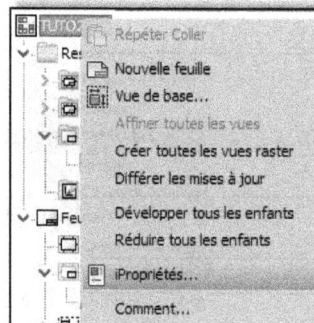

> ➢ Cliquez Ok pour finir.

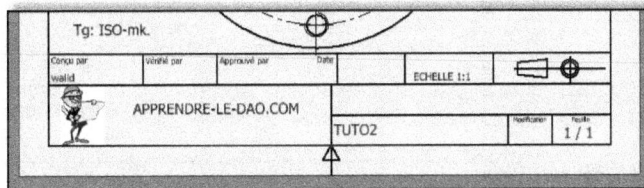

On peut lancer la réalisation de la pièce. Ci-dessous, vous avez le plan intégral du modèle.

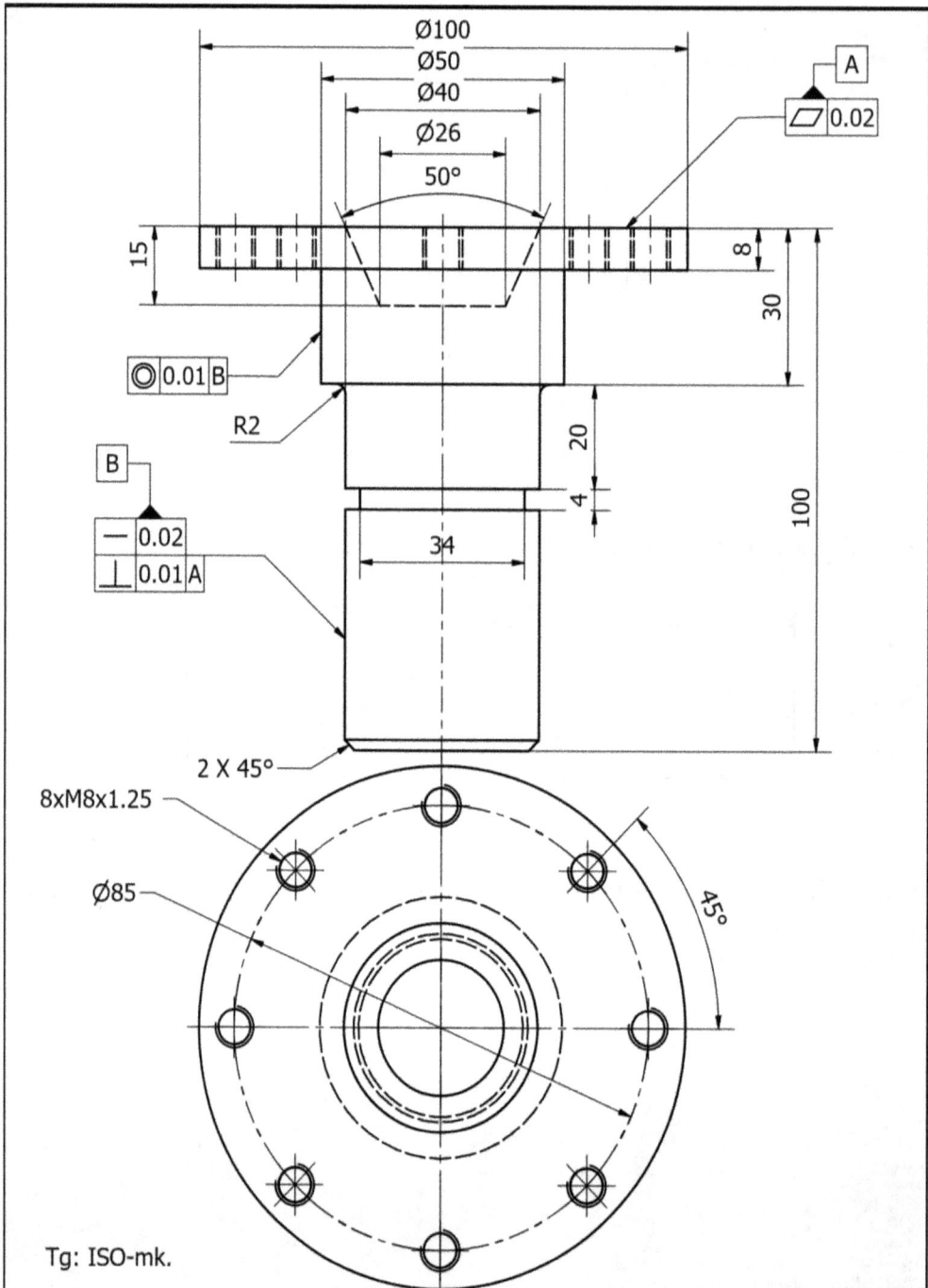

Ø100
Ø50
Ø40
Ø26
50°

A
▱ 0.02

15

8

30

◎ 0.01 B

R2

20

B

100

— 0.02
⊥ 0.01 A

4

34

2 X 45°

8xM8x1.25

Ø85

45°

Tg: ISO-mk.

EXERCICE N°3 :

Créez un modèle 2D de la pièce 3 créée en chapitre 2.

> ➤ Ouvrez le dossier du même projet créé au début (TUTO INVENTOR projet du livre).
> ➤ Ouvrez le fichier du modèle 3D de l'EXERCICE N°3 (extension. ipt).

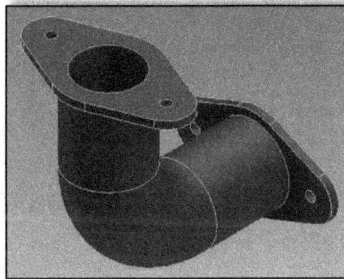

> ➤ Cliquez sur '' **Nouveau** '' et créez un document annoté.
> ➤ Sélectionnez ''**ISO.idw**''.

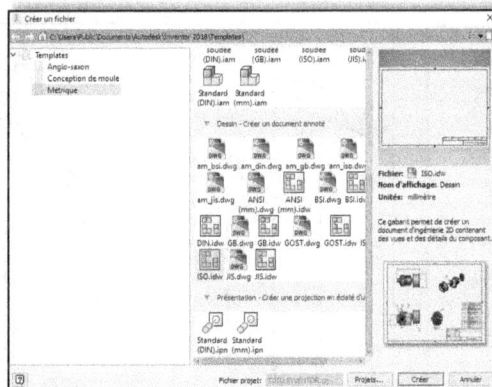

> ➤ Cliquez ''**Créer**''.
> ➤ Enregistrez le fichier sous le même nom du modèle 3D.

> ✓ Création des vues :
> ➤ Cliquez ''**Base**'' pour créer la vue de face.
> ➤ Changez l'orientation de vue.

➢ Cliquez bouton droit puis Ok.

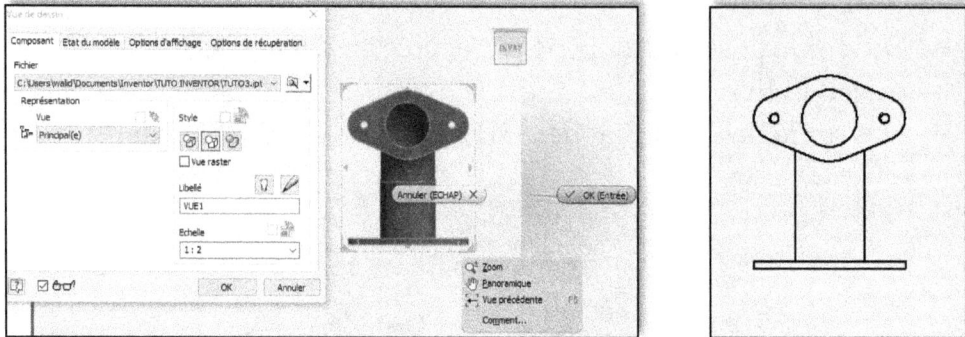

L'ajout d'une vue en coupe pour ce modèle est très recommandé pour compléter les informations du modèle.

➢ Cliquez "**Coupe**" pour créer une ligne de coupe.
➢ Cliquez bouton droit puis "**Continuer**" et définir l'orientation de la vue de coupe.

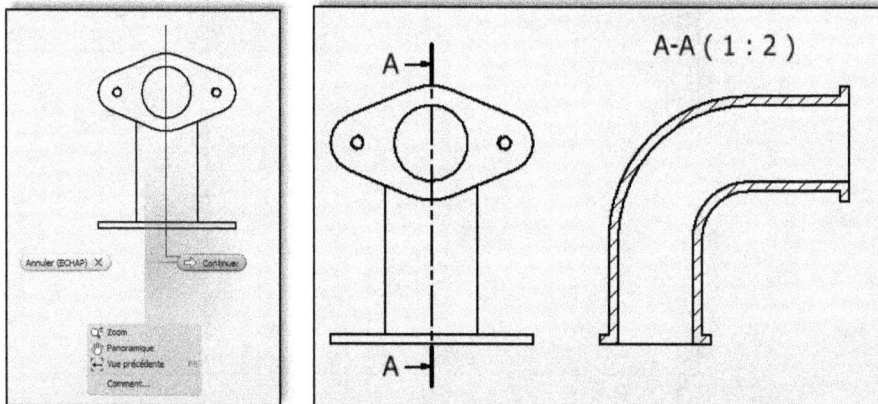

Personnalisez la ligne de coupe.

➢ Cliquez bouton droit sur la ligne de coupe puis "**Modifier**".

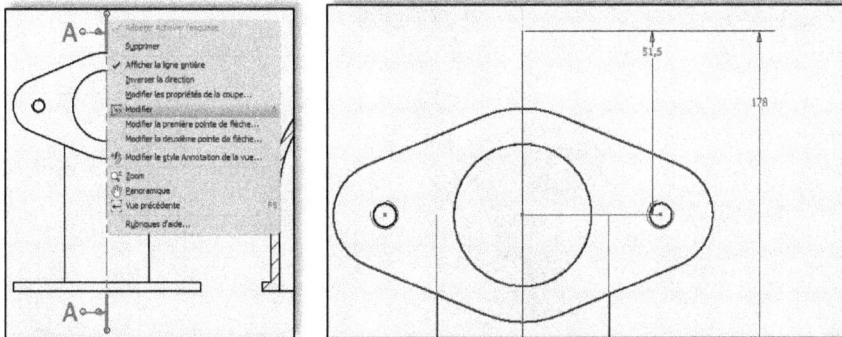

> Modifier la longueur et la position(symétrique) de la ligne de coupe.
> Cliquez ''**Terminer l'esquisse**''.

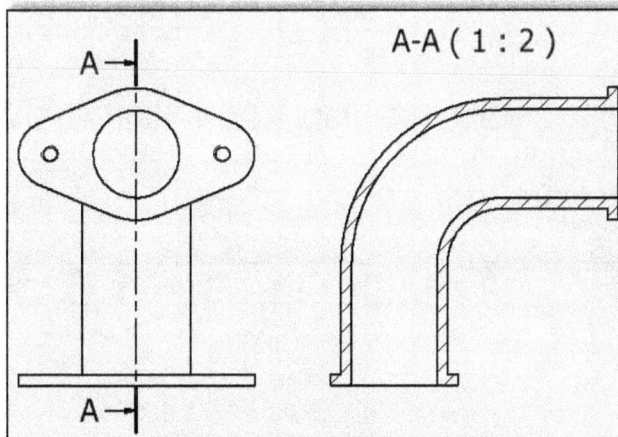

On constate que l'espace pris par les vues est relativement petit par rapport à l'espace de travail (taille de la feuille).

> Cliquez deux fois sur la vue de face et changez les paramètres de vue.
> Echelle : 1 :1.
> Style : avec lignes masquées.

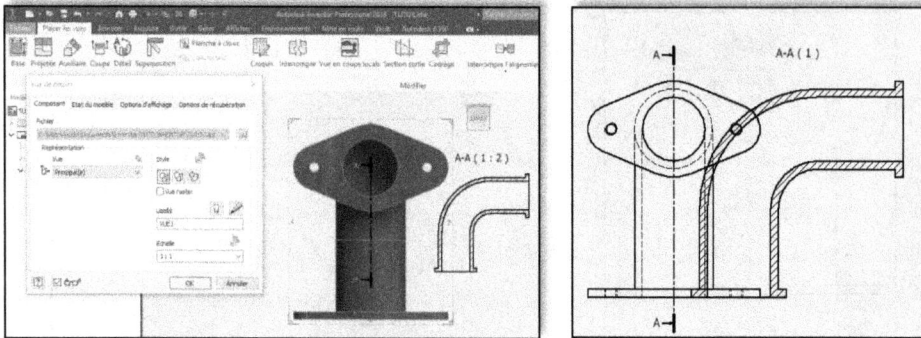

> ➤ Déplacer la vue de base vers la gauche.
> ➤ Changez aussi dans paramètres de vue, le style de vue (avec lignes masquées).

On constate que l'échelle de la vue en coupe est mise à jour selon celui de la vue de base.

> ➤ Cliquez deux fois sur la vue en coupe et supprimez ''**ECHELLE**''.
> ➤ Cliquez bouton droit sur ''**Feuille**'' dans l'arborescence puis ''**Modifier la feuille**''.

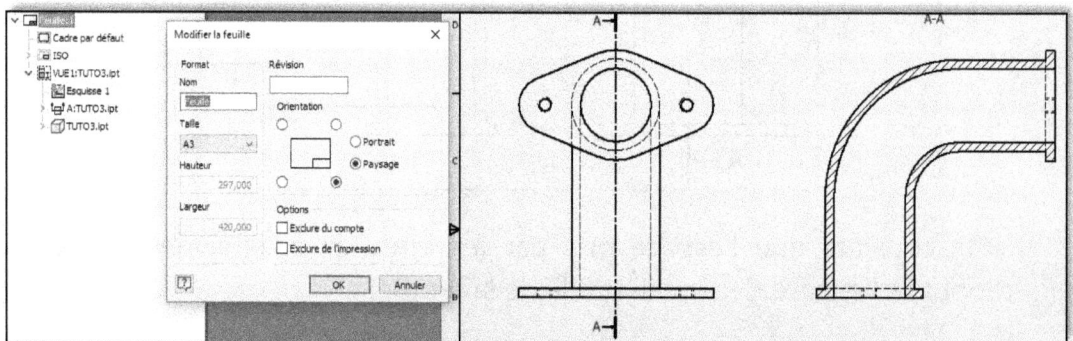

On constate que Inventor propose par défaut le format A3. On va travailler avec ce format pour ce modèle.

> ✓ Cotation :

Comme on avait fait pour les exercices précédents, vérifiez depuis le modèle 3D si les vues créées en modèle 2D contiennent tous les détails (fonctions…).

Aussi pour les cotations, on va suivre la chronologie des fonctions utilisées dans la modélisation 3D.

- ▪ Balayage :
- ➤ Cliquez ''**Cote**'' dans ''**Annoter**'' et créez les cotes depuis l'esquisse 1 et 2 de la première fonction **Balayage** ci-dessous.

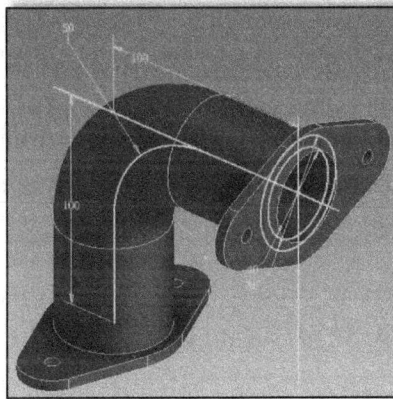

Modifiez la précision cote par cote.

- ➤ Cliquez deux fois sur la cote et sélectionnez l'unité principale nécessaire dans ''**Précision**''.

➢ Faites la même chose pour les autres cotes.
➢ Sélectionnez les deux cotes puis modifiez le style de cote.
➢ Réorganisez les cotes comme indiqué ci-dessous.

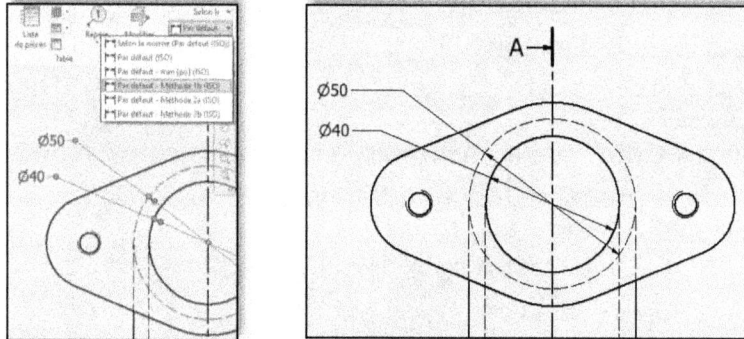

Les cotes de la deuxième esquisse seront dessinées dans la vue de coupe, mais tout d'abord définissez tous les traits d'axe soit dans la vue de base soit dans celle de coupe.

On constate que la partie tube du coude est composée de trois éléments. Donc, le trait d'axe sera construit en trois traits d'axe.

➢ Cliquez ''**Bissectrice**'' puis sélectionnez les parois de la partie supérieure du tube.
➢ Faites la même chose pour le reste du tube.

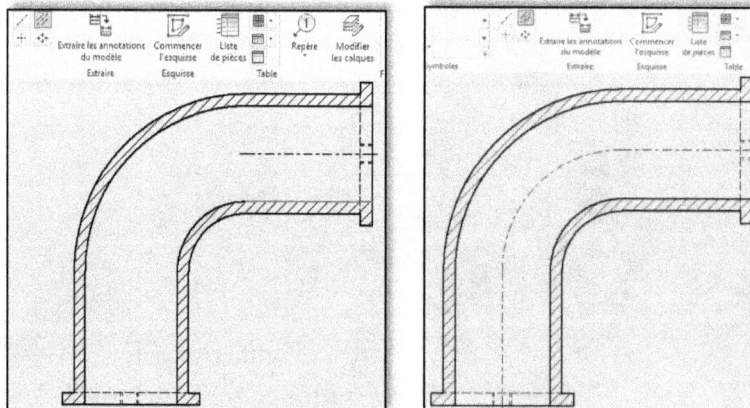

➤ Continuez la construction des traits d'axe pour les autres éléments géométriques de révolution.

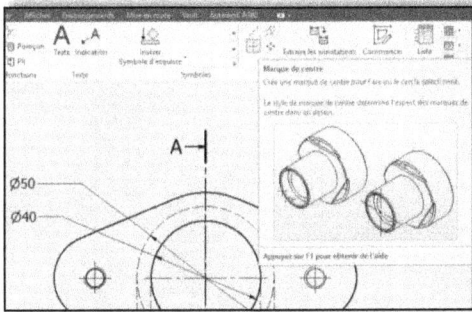

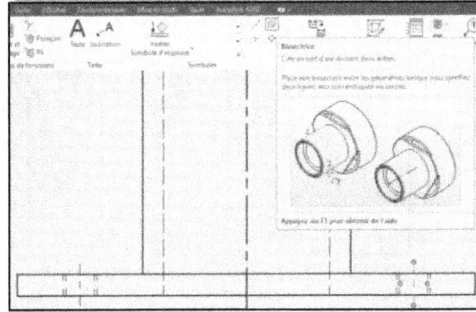

Revenons aux cotes de la deuxième esquisse.

➤ Sélectionnez les deux cotes ci-dessous puis cliquez ''**Réorganiser**''.

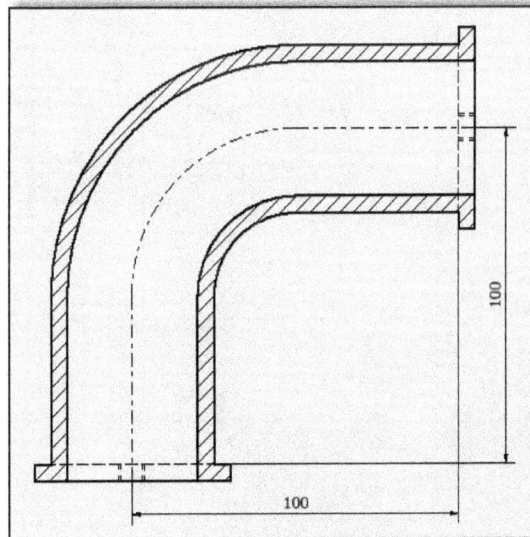

On remarque que la cote de type rayon de l'axe de tube n'est pas réellement utilisée dans la pratique(fabrication).

Ainsi, ce qui compte, c'est les rayons intérieurs, les rayons extérieurs et l'angle.

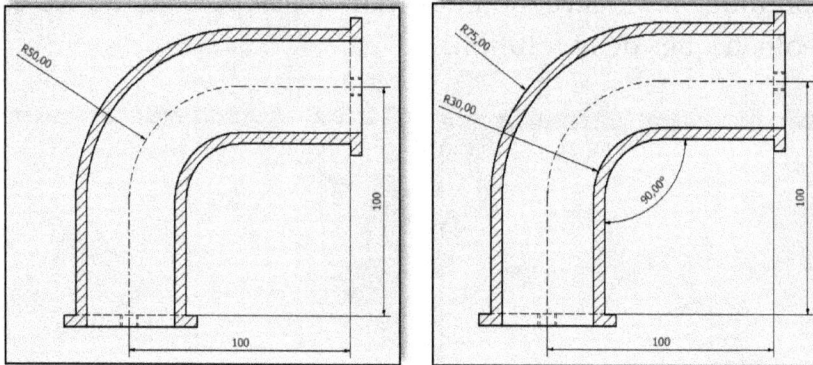

De toutes les manières, on va laisser la première cote.

> Réorganisez les cotes ainsi que le style de la cote et modifiez la précision pour les cotes linéaires et la cote angulaire.

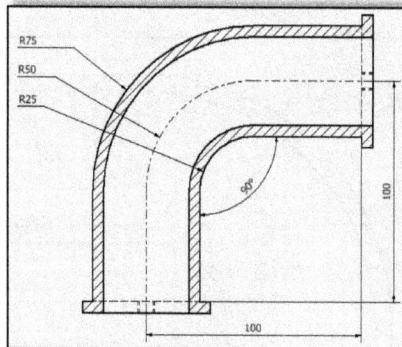

- Extrusion :

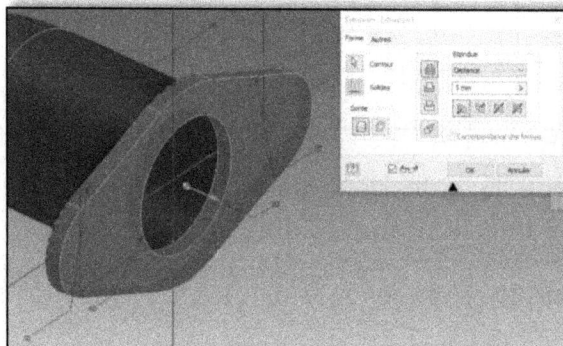

- ➤ Cliquez ''**Cote**'' et dessinez les cotes depuis l'esquisse.
- ➤ Cliquez ''**Perçage et taraudage**'' pour coter les trous taraudés.
- ➤ Réorganisez les cotes ainsi que le style de cote et modifiez la précision.

- ▪ Perçage :

Les cotes du perçage ont été réalisé avec les cotes de la fonction **Extrusion**.

- ▪ Symétrie :

Pour le trou taraudé modélisé par la fonction ''**Symétrie**'', ces cotes sont déjà définies. Pour ce qui concerne la symétrie de toute la bride, on peut ajouter une vue isométrique pour faire comprendre qu'il s'agit d'une symétrie.

- ✓ Vue isométrique :
- ➤ Cliquez ''**Projetée**'' puis créez une vue isométrique.
- ➤ Cliquez bouton droit puis ''**Créer**''.
- ➤ Cliquez deux fois sur la vue isométrique et changez l'échelle.

Soit une échelle de 0.5.

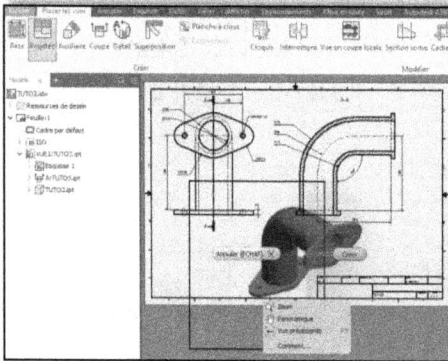

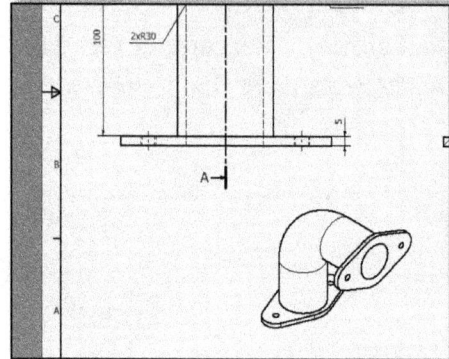

Vous pouvez ajouter un texte contenant l'échelle pris pour la vue isométrique.

✓ <u>Tolérances dimensionnelles et géométriques</u> :

Utilisez une tolérance générale pour tout le dessin selon la norme ISO.

Soit la tolérance générale suivante : Tolérance générale :ISO-mk.

➢ Ajoutez cette tolérance dans un texte près de la cartouche.
✓ <u>Cartouche</u> :

Utilisez la même cartouche de l'exercice n°1 et 2(suivez la démarche dans l'exercice n°2).

➢ Cliquez bouton droit sur le nom du fichier dans l'arborescence puis cliquez ''**Propriétés**''.
➢ Changez le contenu de votre propre cartouche.

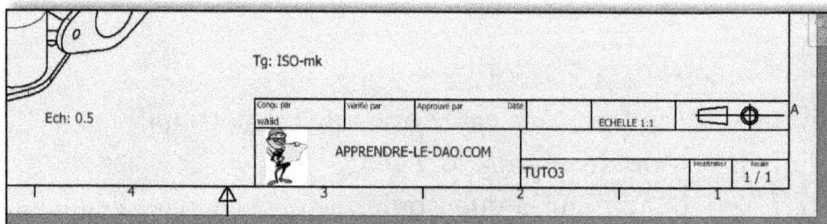

➢ Exportez le dessin en format PDF.

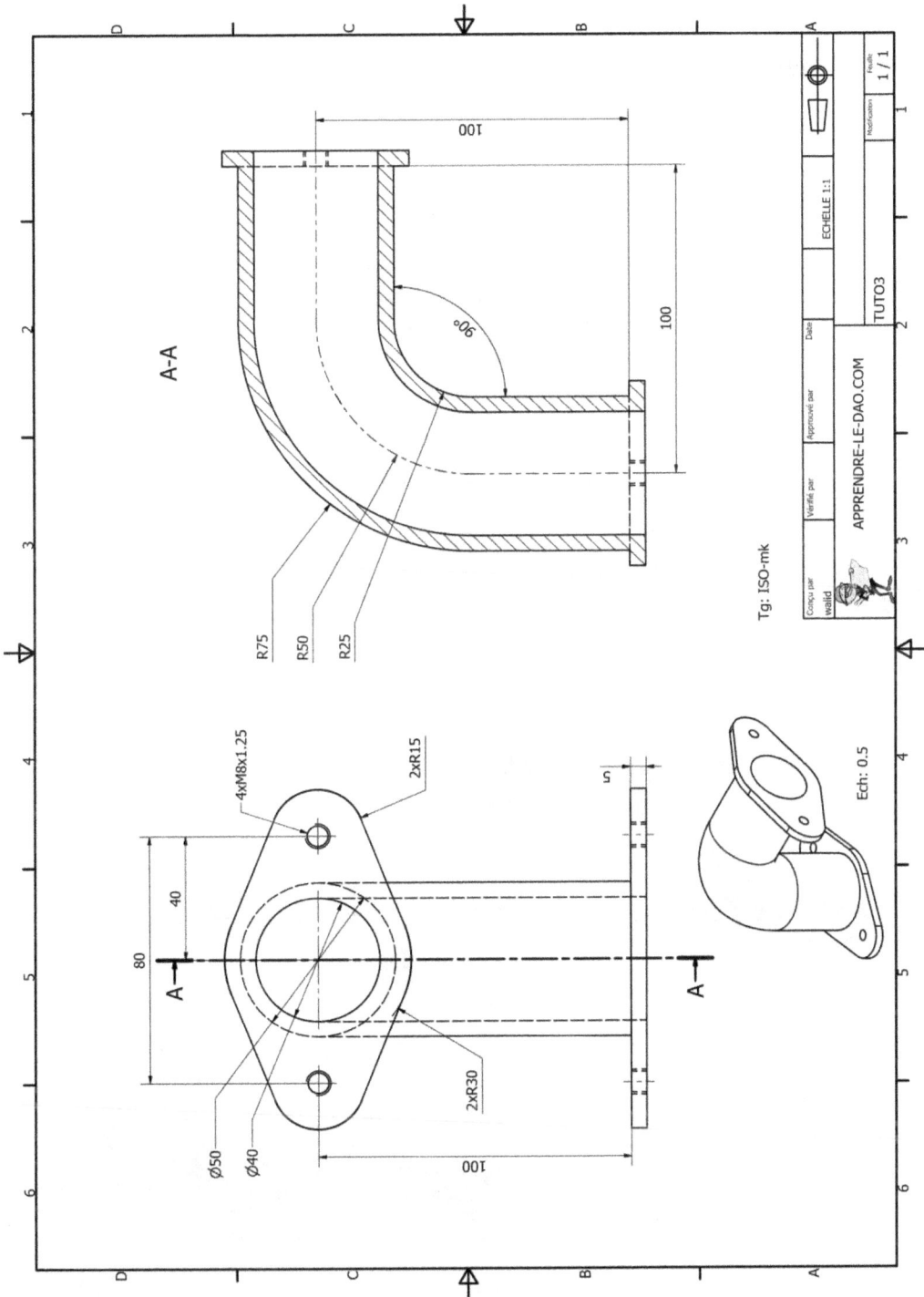

A-A

90°

100

100

R75
R50
R25

4xM8x1.25
2xR15

40
80

A
A

Ø50
Ø40
2xR30

100

5

Ech: 0.5

Tg: ISO-mk

Conçu par — walid
Vérifié par
Approuvé par
Date
ECHELLE 1:1
Modification
Feuille 1 / 1
TUTO3
APPRENDRE-LE-DAO.COM

EXERCICE N°4 :

Créez un modèle 2D de la pièce 4 créée en chapitre 2.

- ➢ Ouvrez le dossier du même projet créé au début (TUTO INVENTOR projet du livre).
- ➢ Ouvrez le fichier du modèle 3D de l'EXERCICE N°4 (extension. ipt).

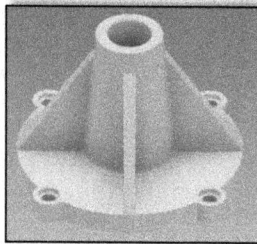

- ➢ Cliquez sur '' **Nouveau** '' et créez un document annoté.
- ➢ Sélectionnez ''**ISO.idw**''.
- ➢ Cliquez ''**Créer**''.
- ➢ Enregistrez le fichier sous le même nom du modèle 3D.

- ✓ Création des vues :
- ➢ Cliquez ''**Base**'' pour créer la vue de face.
- ➢ Changez l'orientation de vue.
- ➢ Cliquez bouton droit puis Ok.

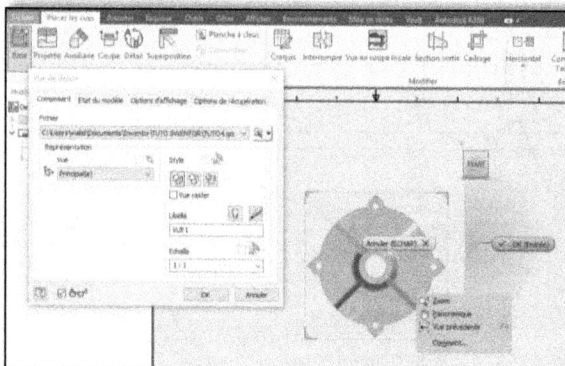

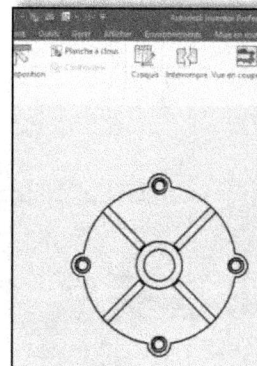

On va travailler avec le l'échelle définie par défaut (1 :1) aussi le format de la feuille(A3).

L'ajout d'une vue en coupe est utilisé généralement pour la clarté d'un détail dans un modèle.

On constate que si on crée une ligne de coupe droite, la vue en coupe ne contiendra pas les détails de cote des nervures. Donc, on va créer une coupe à plans sécants.

> Cliquez ''**Coupe**'' pour créer une ligne de coupe comme indiqué dans les figures ci-dessous.
> Cliquez bouton droit puis ''**Continuer** '' et définissez l'orientation de la vue en coupe.

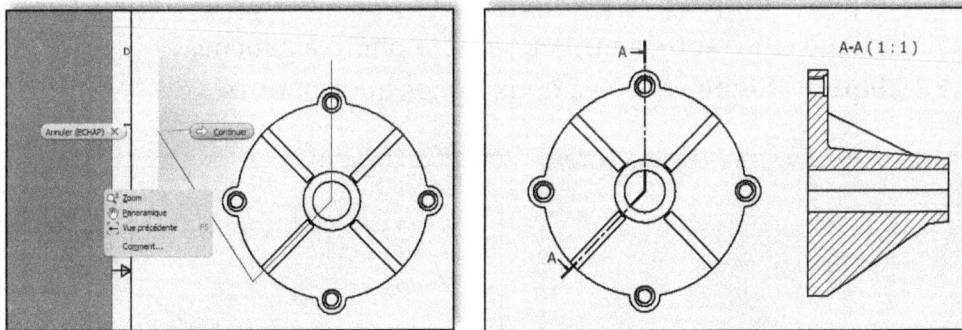

Avant de passer à la cotation, vérifiez rapidement depuis le modèle 3D si ces deux vues sont suffisantes ou non pour créer le dessin de définition de cette pièce.

✓ Les hachures des nervures en coupe :

Selon les normes du dessin industriel, les nervures en vue de coupe n'ont pas d'hachures. Mais Inventor les génère de façon automatique.

Donc, on va supprimer tous les hachures et les redessiner selon la norme.

> Cliquez bouton droit sur les hachures et cliquez ''**Masquer**''.

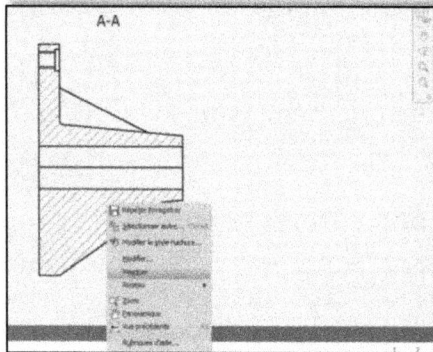

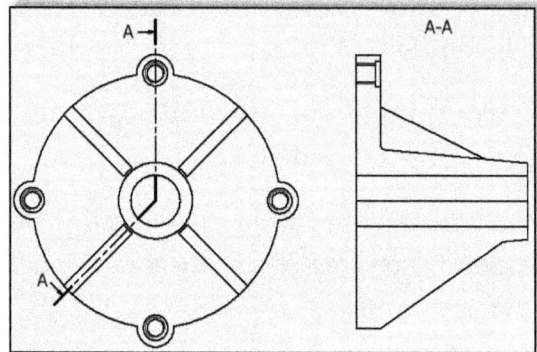

> Cliquez le ruban "**Esquisse**" et cliquez "**Commencer l'esquisse**" pour créer les lignes de la nervure.
> Cliquez "**Projeter la géométrie**" et sélectionnez les lignes comme indiqué ci-dessous dans la première photo à gauche.
> Cliquez "**Ligne**" et créez deux lignes quelconques.

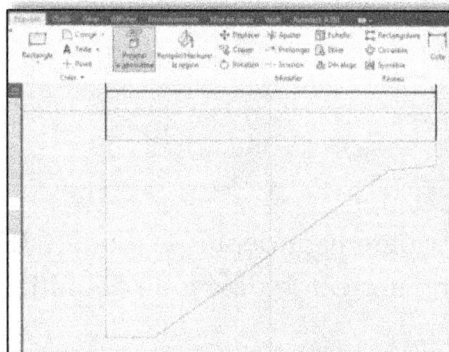

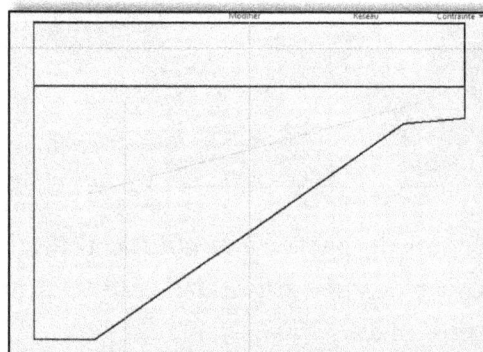

> Cliquez bouton droit sur chacune des lignes créées puis cliquez "**Propriétés**".
> Changez l'épaisseur de ligne(0.**7mm**).

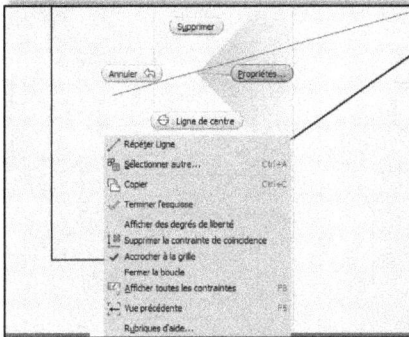

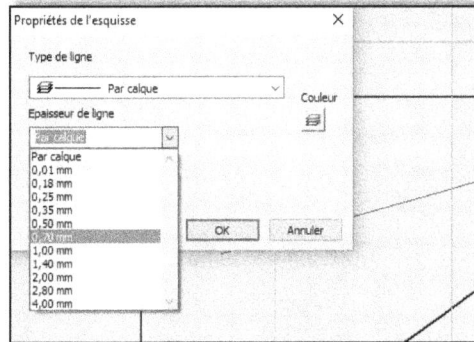

> ➤ Cliquez ''**Contrainte de coïncidence**'' puis sélectionnez l'extrémité de la ligne verticale et l'extrémité de la ligne horizontale projetée.
> ➤ Coïncidez l'autre ligne avec le segment incliné en haut comme indiqué dans la figure ci-dessous.

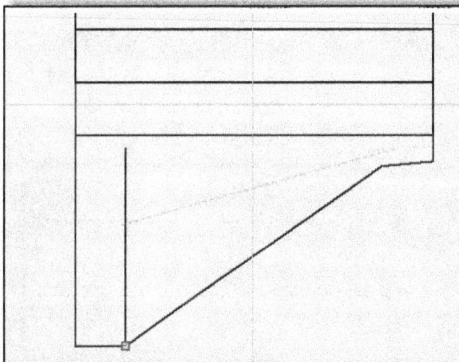

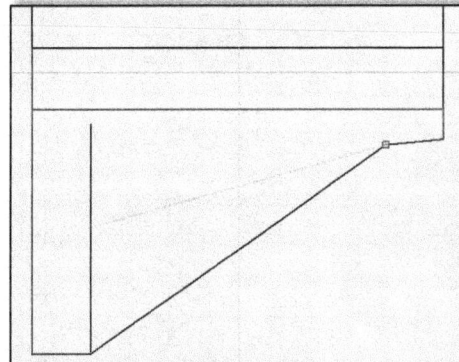

On va orienter la ligne inclinée par rapport à la ligne horizontale projetée de **5°**(angle de dépouille).

> ➤ Cliquez ''**Cote**'' et entrez une cote angulaire de 5°.
> ➤ Cliquez ''**Ajuster**'' et sélectionnez les extrémités des lignes pour avoir le dessin ci-dessous.

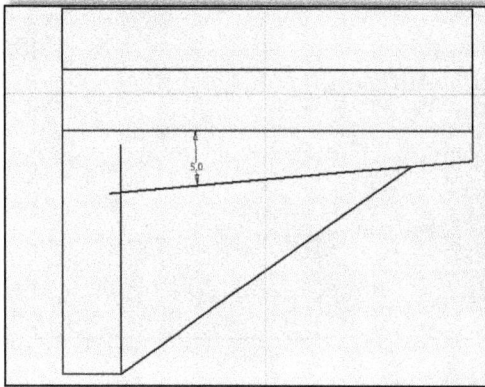

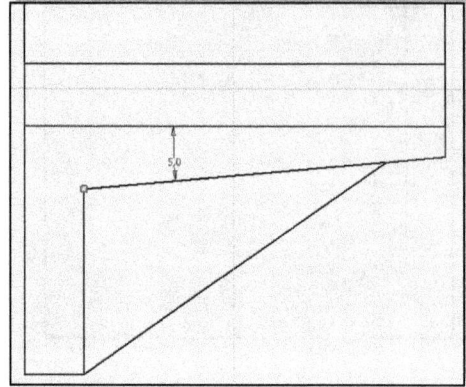

> Cliquez ''**Congé**'' et sélectionnez les deux lignes de la nervure pour créer un congé de **2mm**.

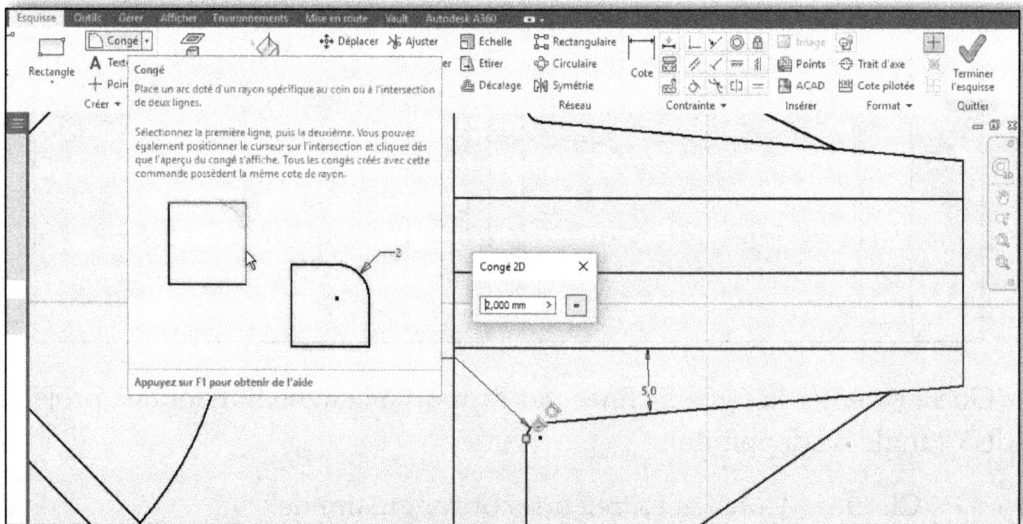

> Cliquez ''**Projeter la géométrie**'' et sélectionnez les lignes pour créer des régions qui seront hachurées par la suite.

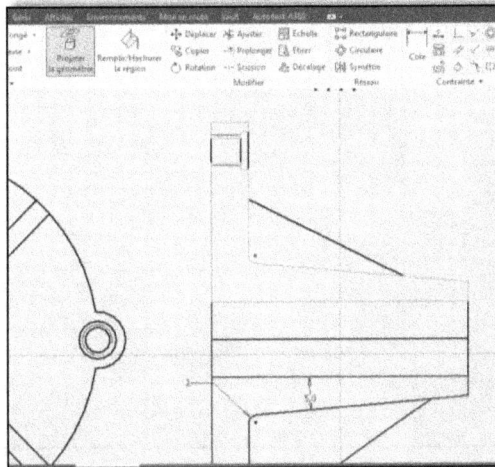

> Cliquez ''**Remplir/Hachurer la région**'' puis sélectionnez les régions créées.

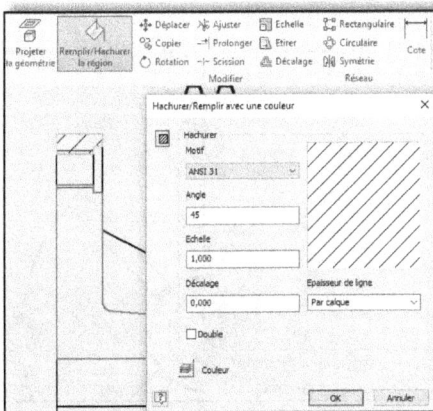

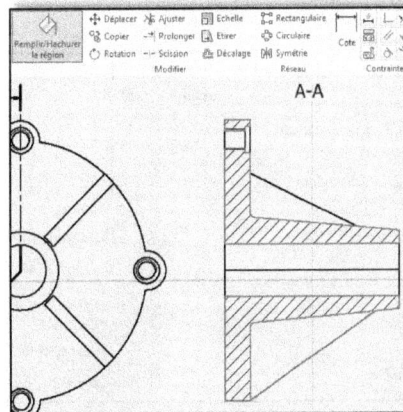

> Cliquez ''**Terminer l'esquisse**''.

✓ Cotations :

On va suivre toujours la même logique de cotation.

- Extrusion 1 :
> Saisissez les cotes nécessaires de la fonction **Extrusion1**.

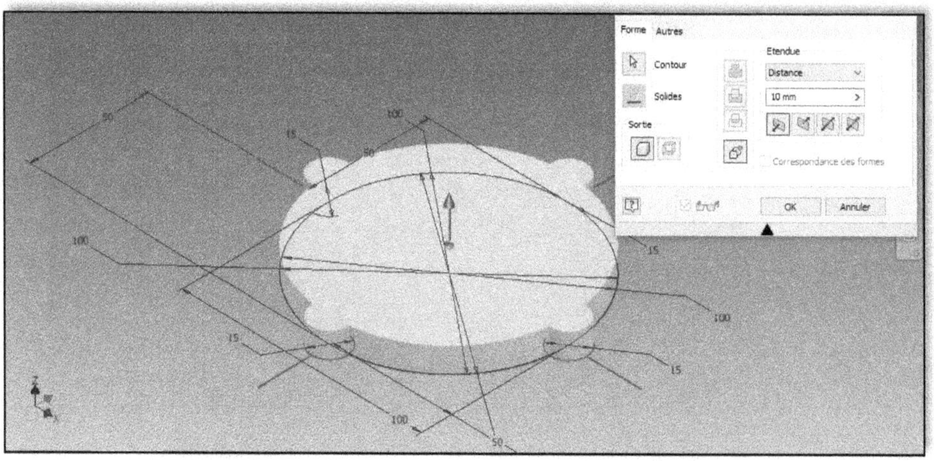

On rappelle que pour changer une cote de type rayon à diamètre :

➤ Cliquez ''**Cote**'' puis sélectionnez un arc du cercle.
➤ Cliquez ensuite bouton droit puis choisissez le type de cote.

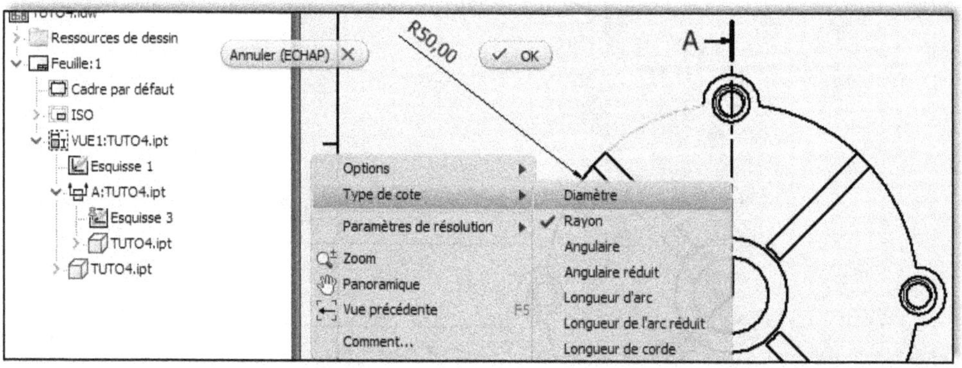

➤ Créez les traits d'axe.

La cote des quatre formes circulaires situées au contour de la base principale est de type rayon (**7.5mm**).

➤ Changez l'unité principale (1.1) comme indiqué ci-dessous.

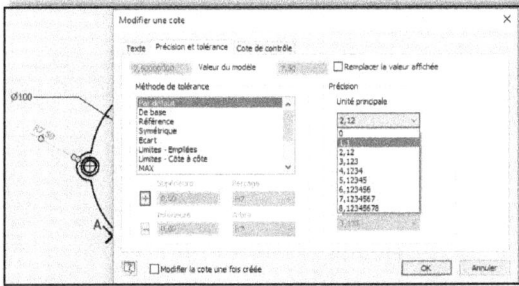 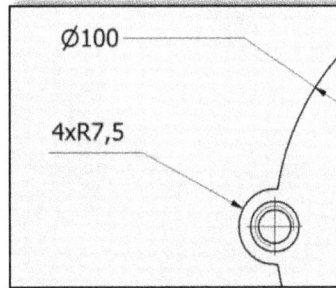

On constate que le trait d'axe du réseau circulaire se coïncide avec le cercle principal de diamètre **100mm**.

➢ Entrez une cote angulaire qui définit la répartition des quatre formes cylindriques.
➢ Cotez la hauteur de la base.

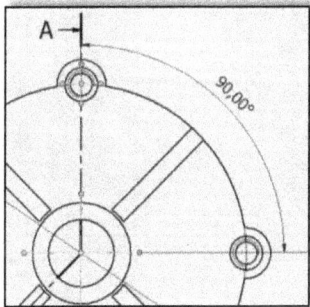 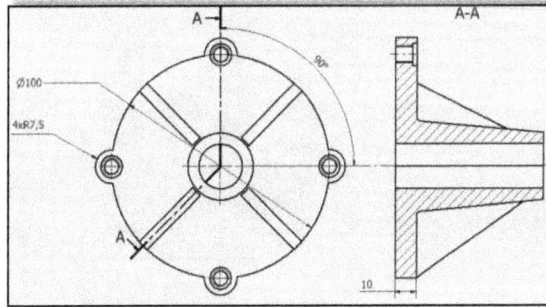

- Extrusion 2 :

 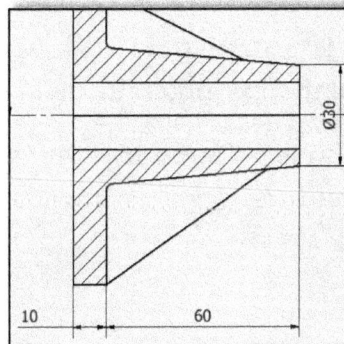

- <u>Dépouille de face</u> :

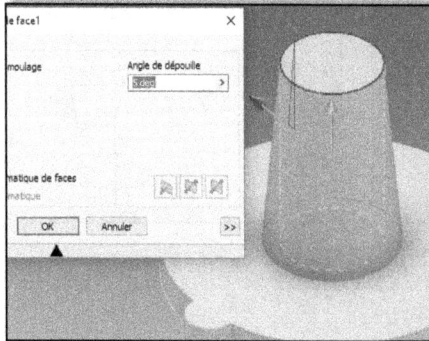

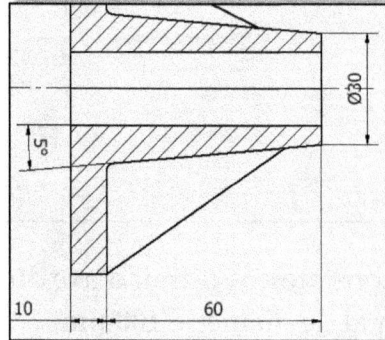

- <u>Nervure</u> :

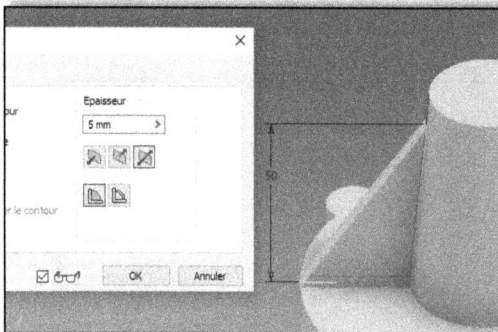

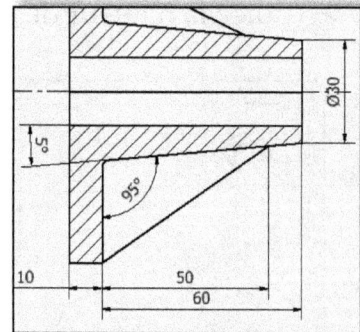

Comme on avait dit dans le deuxième chapitre, les nervures se sont des éléments de renfort. Au niveau de la fabrication, les nervures sont à la base des plaques de tole coupés et soudés à la pièce principale.

Avec la commande d'Inventor ''**Soudure**'', on peut faire une représentation symbolique de la soudure.

➢ Cliquez ''**Soudure**'' et sélectionnez le point d'application de la soudure.

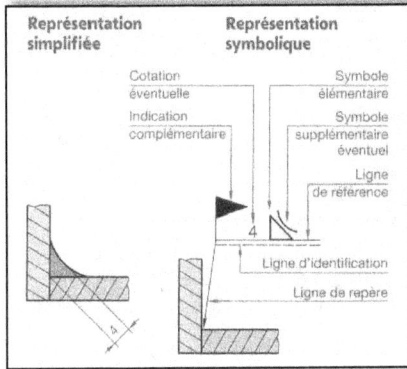

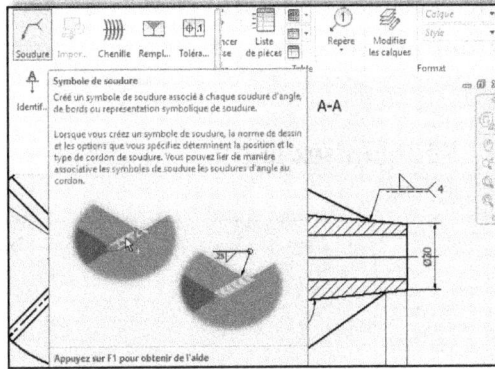

Aussi n'oubliez pas de coter l'épaisseur des nervures(**5mm**).

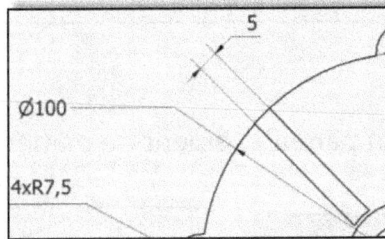

- <u>Percage</u> :

Il s'agit d'un trou lamé.

➤ Cliquez ''**Percage et taraudage**'' puis sélectionnez le percage.

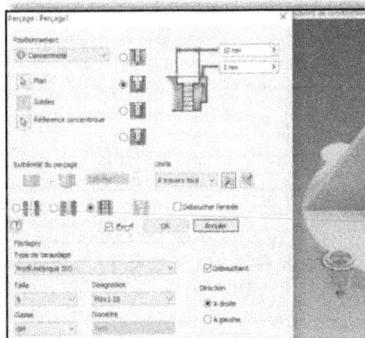

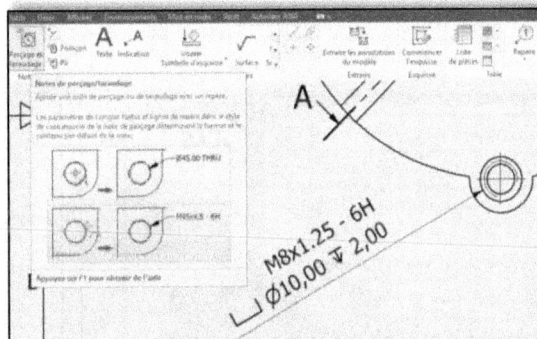

On constate que Inventor a généré automatiquement les autres informations de cote du perçage lamé(diamètre et profondeur de la forme lamée).

➢ Réorganisez la cote.

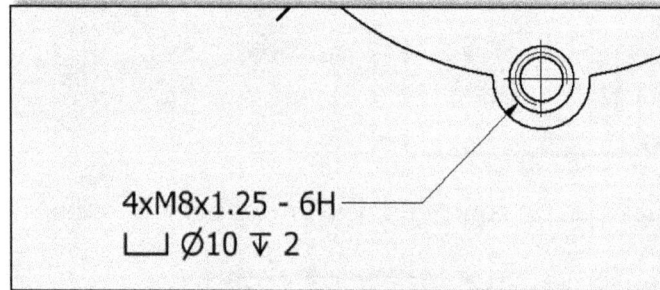

- ▪ <u>Extrusion 3 :</u>

Il s'agit d'une extrusion par enlèvement de matière.

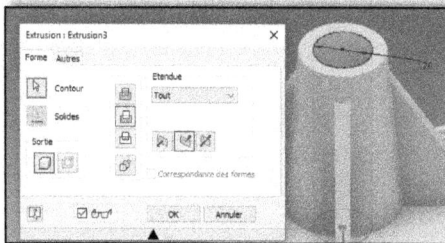 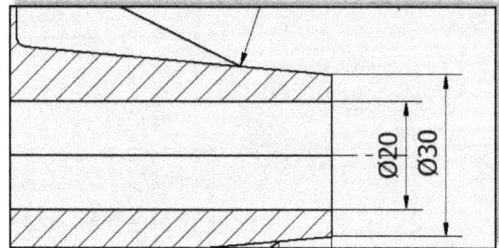

- ▪ <u>Congé :</u>

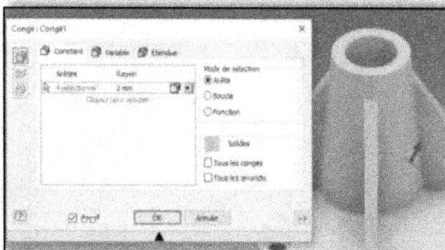 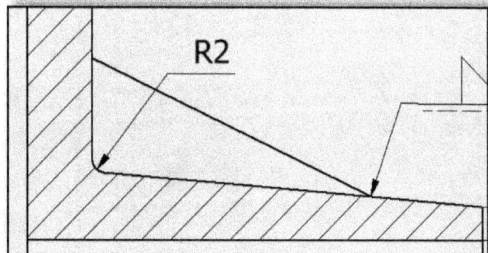

✓ Tolérances dimensionnelles :

Utilisez une tolérance générale pour tout le dessin selon la norme ISO.

Soit la tolérance générale suivante : Tolérance générale :ISO-mk.

➢ Ajoutez cette tolérance dans un texte près de la cartouche.
✓ Tolérances géométriques :

Vu que la surface dépouillée présente une partie d'un cone , on va faire un tolérancement de ce cone par rapport à une référence.

➢ Appliquez, tout d'abord, une tolérance de rectitude de **0.01mm** sur la dépouille puis appliquez une tolérance de position (**Profil d'une surface**) par rapport à la surface cylindrique du trou centrale de **0.01mm**.

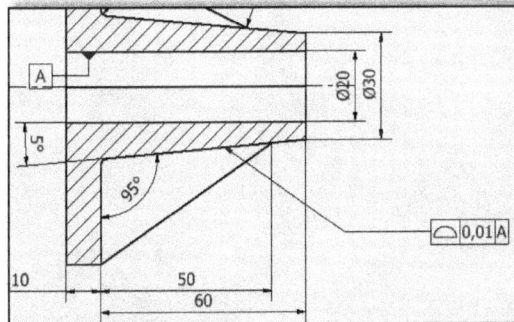

✓ Cartouche :
➢ Apportez la même cartouche associée aux exercices précédents.

➢ Exportez le plan du modèle en format PDF.

A-A

Ø30
Ø20

R2

95°

5°

⏥ 0,01 A

A

60
50
10

⬩4

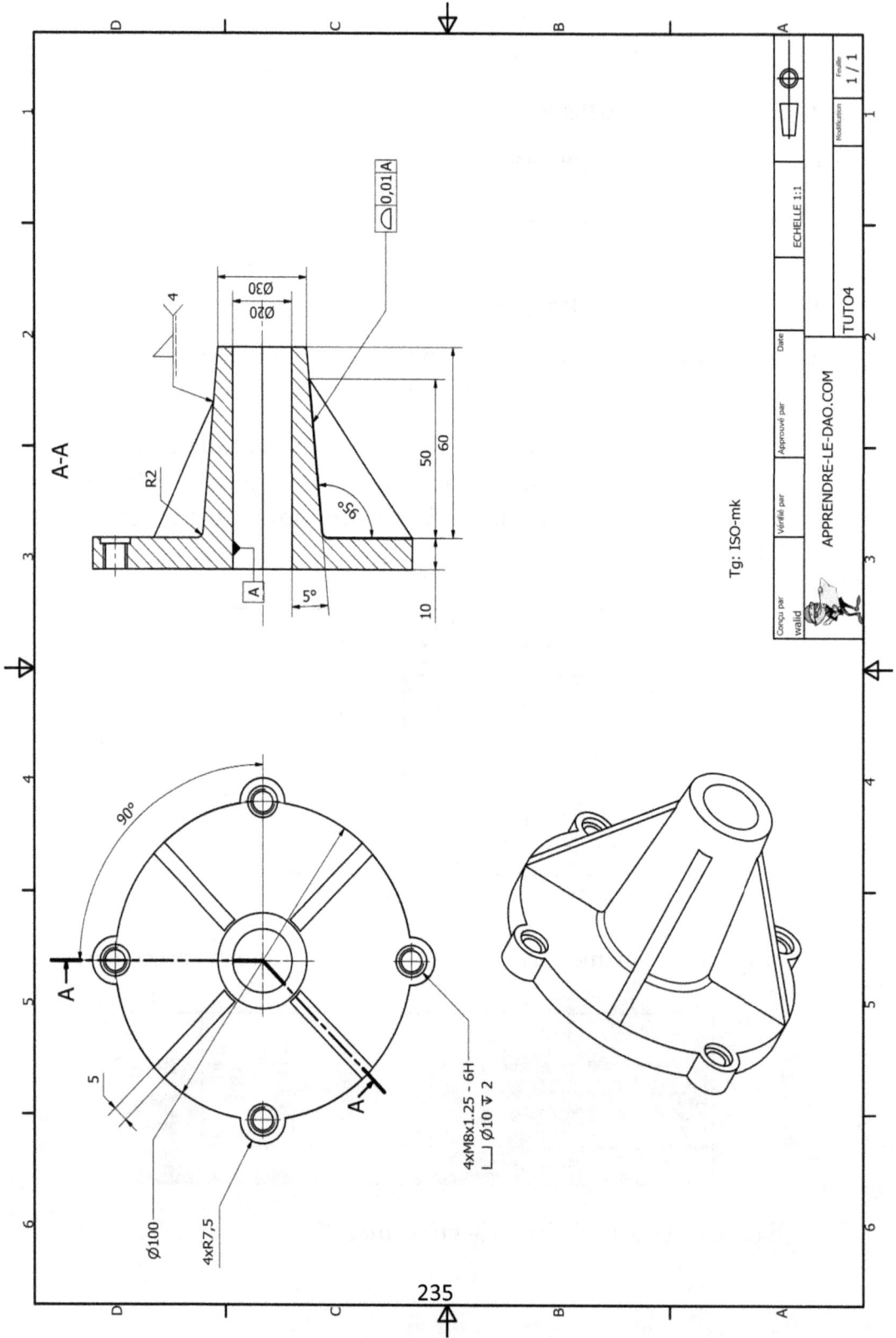

90°

5

A

A

Ø100

4xR7,5

4xM8x1.25 - 6H
⊔ Ø10 ▽ 2

235

Tg: ISO-mk

Conçu par
walid

Vérifié par

Approuvé par

Date

ECHELLE 1:1

Modification

Feuille
1 / 1

1

APPRENDRE-LE-DAO.COM

TUTO4

Chapitre.4 Modélisation d'assemblage

1. Introduction :

Dans ce chapitre, on va apprendre à concevoir un système composé de plusieurs composants. Autodesk Inventor prévoit un atelier d'assemblage virtuel qui permet d'assembler des components créés dans d'autres ateliers ou peuvent être importés de la bibliothèque suivant des règles bien déterminées.

Assembler veut dire créer des relations entre des modèles géométriques qu'on appelle des contraintes. Ces contraintes sont traduites par des fonctions qui permettent de créer des modèles d'assemblage 3D paramétriques.

Autodesk Inventor prévoit deux méthodes d'assemblage :

- ### Méthode ascendante :

Dans cette méthode, on crée d'abord les composants du système puis on les ajoute dans le fichier d'assemblage.

Dans ce chapitre, on va suivre cette méthode.

- ### Méthode descendante :

C'est l'inverse de l'autre méthode, on crée le fichier d'assemblage puis on crée les components à partir de ce fichier.

2. Application d'assemblage (Joint d'Oldham) :

On va travailler sur un projet complet comme application de modélisation d'assemblage.

Le projet choisi est le **Joint d'Oldham**.

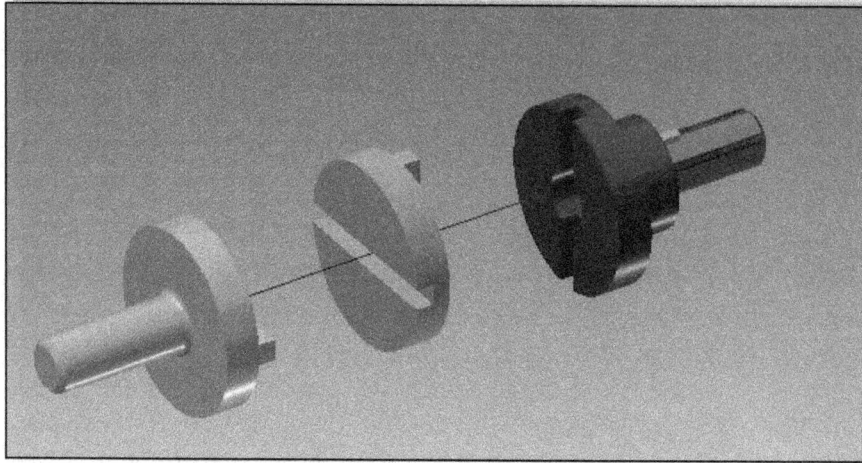

C'est un type d'accouplement qui permet de transmettre un mouvement de rotation entre deux axes parallèles et mécaniquement parlant, cet accouplement est un outil de transmission de puissance entre deux arbres parallèles.

Le système est composé de deux plateaux qui sont encastrés aux arbres en rotation et un disque intermédiaire à deux rainures.

✓ Modélisation des composants du Joint d'Oldham :

On va modéliser chaque élément de l'accouplement.

❖ Plateau d'entrée :

➢ Cliquez ''**Projets**'' pour créer un nouveau projet.

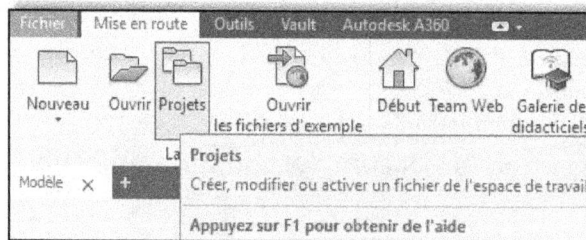

➢ Cliquez ''**Créer**''.

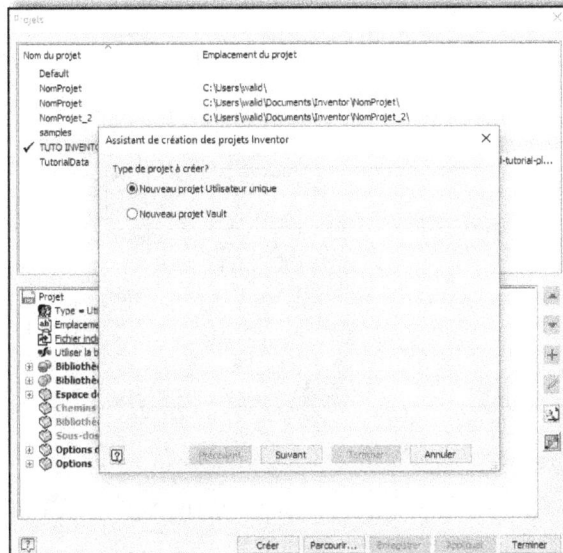

> Sélectionnez "**Nouveau projet utilisateur unique**" puis cliquez "**Suivant**".

> Nommez le nouveau projet" **Joint d'Odhalm**".

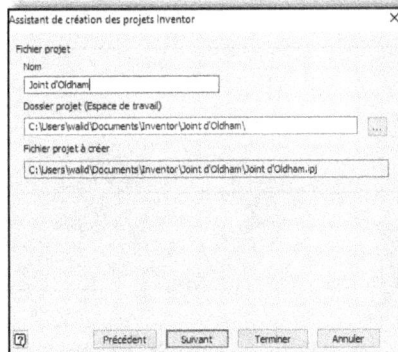

> Cliquez "**Suivant**" puis "**Terminer**".

On va modéliser maintenant le modèle 3D du plateau.

> Cliquez "**Nouveau**" et sélectionnez "**Standard(mm)ipt**".

Remarque : on va toujours travailler en "**Métrique**".

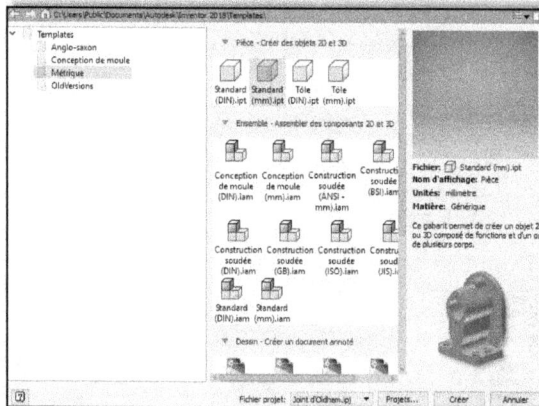

> Cliquez ''**Créer**''.
> Enregistrez (Ctrl+S) le fichier sous le nom du ''**Plateau**''.

Comme vous voyez ci-dessous, le modèle est enregistré automatiquement dans le dossier du projet ''**Joint d'Oldham**''.

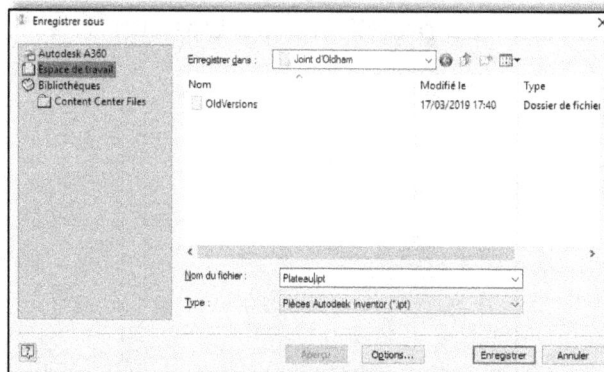

Vous pouvez chercher sur internet des références du joint d'Oldham pour s'inspirer des dimensions. Comme le but de ce chapitre est d'apprendre les concepts de base pour modéliser un assemblage sur Autodesk Inventor, de ce fait, on ne va pas s'intéresser aux dimensions des éléments du système.

> Cliquez ''**Commencer une esquisse 2D**'' pour créer l'esquisse du plateau.

➢ Créez l'esquisse suivant.

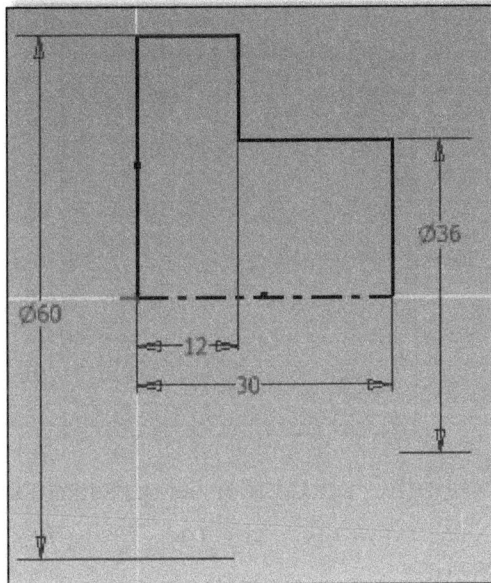

➢ Cliquez ''**Terminer l'esquisse**''.
➢ Cliquez ''**Révolution**''.
➢ Créez un alésage de diamètre **18mm**.

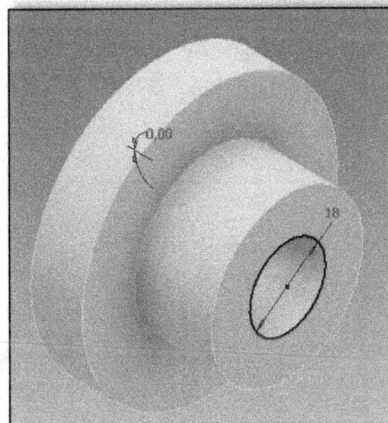

On va créer la rainure du plateau.

➤ Sélectionnez la surface indiquée ci-dessous et cliquez ''**Commencer une esquisse 2D**''.

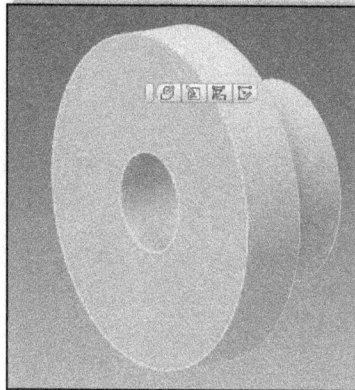

➤ Cliquez ''**Rectangle**'' pour créer l'esquisse de la rainure.
➤ Paramétrez le rectangle comme indiqué dans la figure ci-dessous(**7x88mm**).

La longueur du rectangle doit tout juste dépasser le grand diamètre.

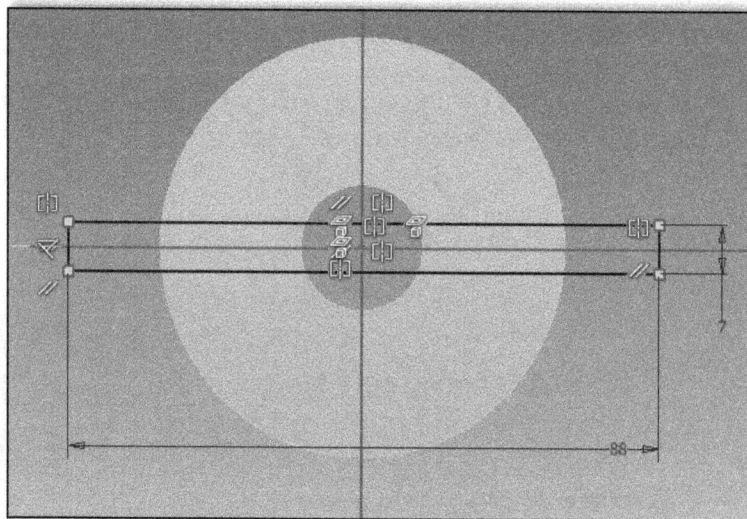

<u>Remarque</u> : le rectangle est symétrique par rapport au plans projetés.

> ➤ Cliquez ''**Terminer l'esquisse**''.
> ➤ Cliquez ''**Extrusion**'' et sélectionnez l'option ''**Soustraction**'' (extrusion par enlèvement de matière)
> ➤ Entrez **6mm** comme valeur de la distance.
> ➤ Cliquez Ok.

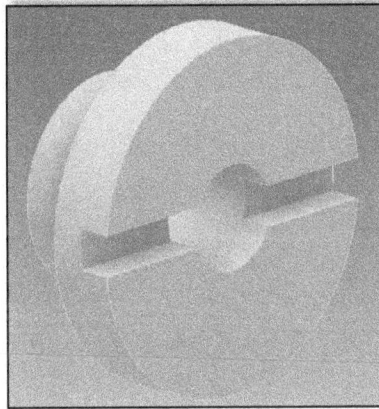

Comme on avait dit précédemment, le plateau est encastré à l'arbre par une clavette.

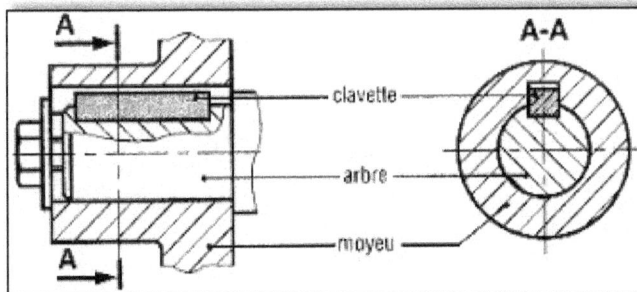

Créions la rainure dans la partie alésage.

> ➤ Sélectionnez la surface indiquée ci-dessous et cliquez ''**Commencer une esquisse 2D**''.
> ➤ Créez un profil composé de trois lignes et un cercle comme indiqué ci-dessous.

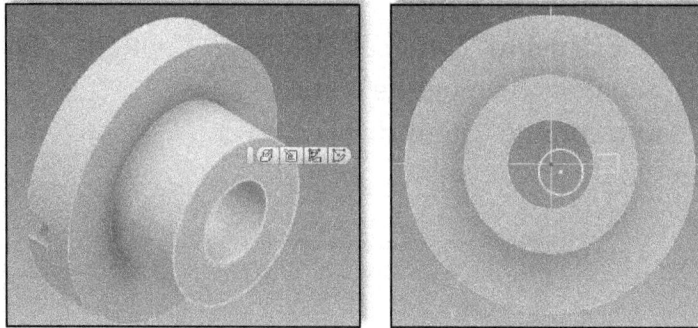

> ➤ Appliquez une contrainte de coïncidence entre le centre du cercle et le centre du plateau puis entrez une cote de type diamètre de **18mm**.
> ➤ Cliquez ''**Prolonger**'' et sélectionnez les deux lignes horizontales.

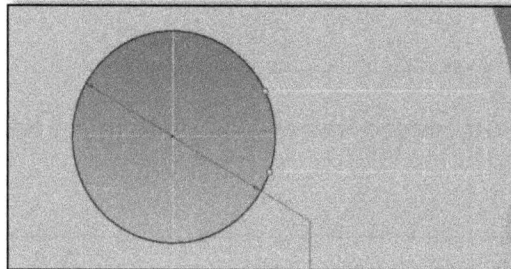

> ➤ Cliquez ''**Ajuster**'' et sélectionnez l'arc du cercle à éliminer puis coter l'élément géométrique.

Pour la cotation de la rainure, vous pouvez revenir au tableau référentiel pour le dimensionnement d'une clavette.

d	a	b	s	j	k	d	a	b	s	j	k
de 6 à 8 inclus	2	2	0,16	d − 1,2	d + 1	58 à 65	18	11	0,6	d − 7	d + 4,4
8 à 10	3	3	0,16	d − 1,8	d + 1,4	65 à 75	20	12	0,6	d − 7,5	d + 4,9
10 à 12	4	4	0,16	d − 2,5	d + 1,8	75 à 85	22	14	1	d − 9	d + 5,4
12 à 17	5	5	0,25	d − 3	d + 2,3	85 à 95	25	14	1	d − 9	d + 5,4
17 à 22	6	6	0,25	d − 3,5	d + 2,8	95 à 110	28	16	1	d − 10	d + 6,4
22 à 30	8	7	0,25	d − 4	d + 3,3	110 à 130	32	18	1	d − 11	d + 7,4
30 à 38	10	8	0,4	d − 5	d + 3,3	130 à 150	36	20	1,6	d − 12	d + 8,4
38 à 44	12	8	0,4	d − 5	d + 3,3	150 à 170	40	22	1,6	d − 13	d + 9,4
44 à 50	14	9	0,4	d − 5,5	d + 3,8	170 à 200	45	25	1,6	d − 15	d + 10,4
50 à 58	16	10	0,6	d − 6	d + 4,3	200 à 230	50	28	1,6	d − 17	d + 11,4

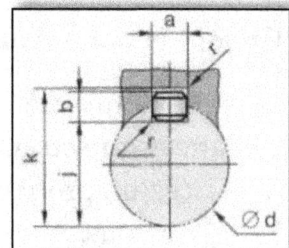

Soit une clavette de section rectangulaire(**4x4mm**).

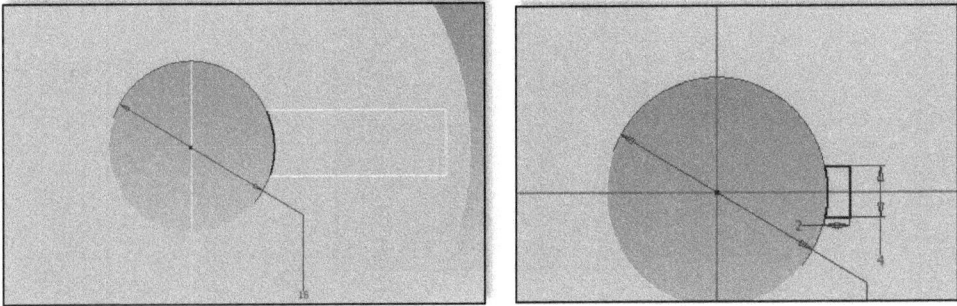

Remarque : le rectangle est symétrique par rapport au plans projetés.

- ➤ Cliquez ''**Terminer l'esquisse**''.
- ➤ Cliquez ''**Extrusion**'' et sélectionnez l'option ''**Soustraction**'' (extrusion par enlèvement de matière).
- ➤ Sélectionnez ''**Tout**'' dans ''**Etendu**''.
- ➤ Cliquez Ok.

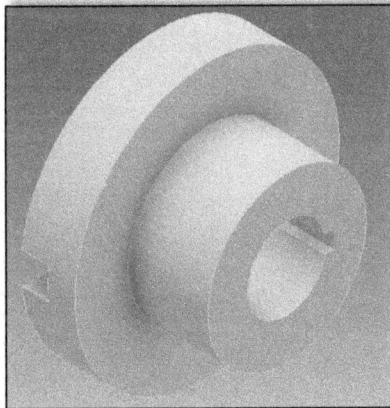

On va créer un congé au niveau de l'épaulement pour minimiser la concentration de contrainte.

- ➤ Cliquez ''**Congé**'' et sélectionnez l'arête de l'épaulement.

Soit un rayon de congé de 2mm.

❖ Arbre d'entrée :

➢ Créez un nouveau fichier et modélisez l'arbre.

➢ Modélisez un arbre de diamètre **18mm** et longueur **60mm**.

➢ Créez une rainure en utilisant les cotes de la figure ci-dessous(**2x4x32mm**).

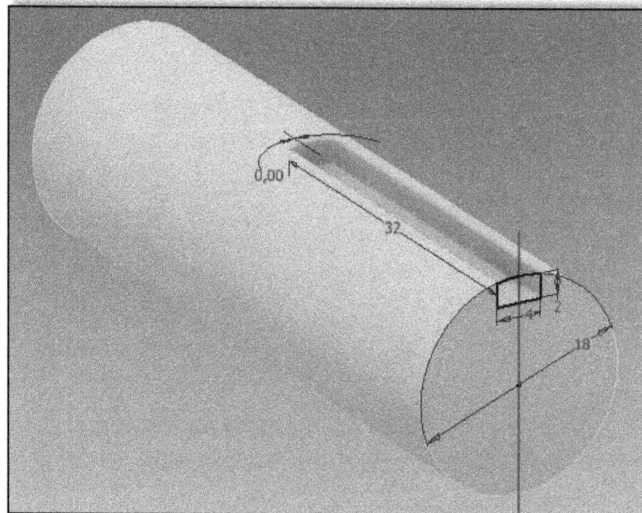

➢ Enregistrez le modèle sous le nom Arbre1.

✓ Clavette :

Modélisez une clavette de section carré(**4x4mm**) et de longueur **30mm**.

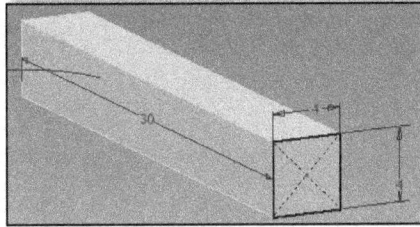

❖ Plateau et arbre de sortie :

On va modéliser le deuxième plateau et le deuxième arbre dans un modèle unique.

➤ Créez un nouveau fichier.
➤ Cliquez ''**Commencer une esquisse 2D**'' et créez l'esquisse suivant.

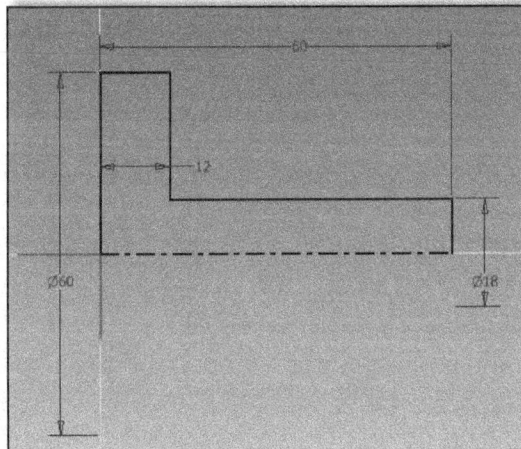

➤ Cliquez ''**Terminer l'esquisse**''.
➤ Cliquez ''**Révolution**'' pour définir le modèle ci-dessous.

➤ Sélectionnez la surface indiquée dans la figure ci-dessous et cliquez ''**Commencer une esquisse 2D**'' pour créer l'esquisse de la partie rectangulaire (largeur **7mm**).

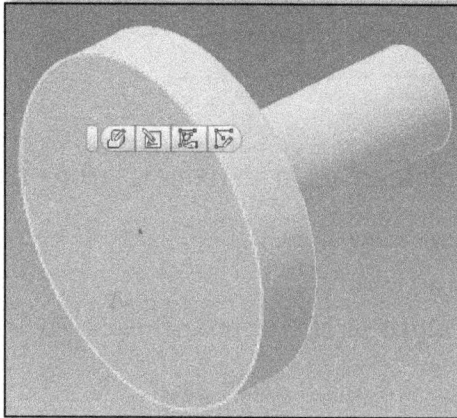

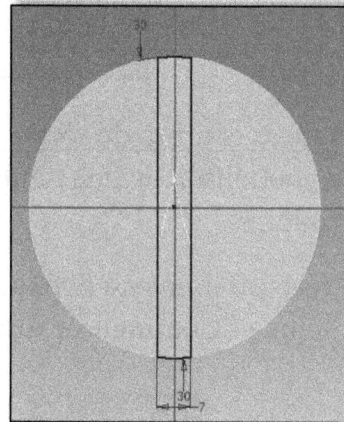

➤ Cliquez ''**Terminer l'esquisse**''.
➤ Extrudez l'esquisse de **6mm**.
➤ Créez un congé de rayon **2mm** au niveau de l'épaulement.

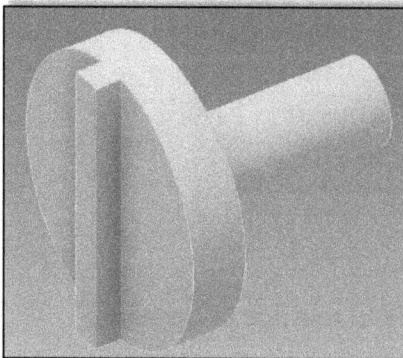

➤ Enregistrez le fichier sous le nom Plateau+arbre2.

❖ Disque intermédiaire :

On va créer l'élément transmettant le mouvement entre les deux arbres.

> Créez un nouveau fichier.
> Cliquez ''**Commencer une esquisse 2D**'' et créez l'esquisse comme indiqué ci-dessous (un cercle de diamètre **60mm**).
> Extrudez de **18mm** le cercle créé.

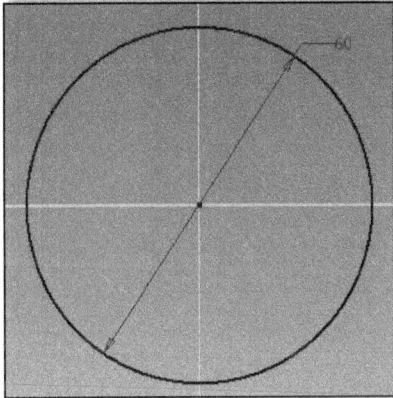

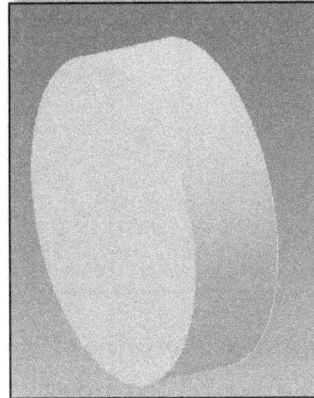

Créions les rainures(intérieure et extérieure).

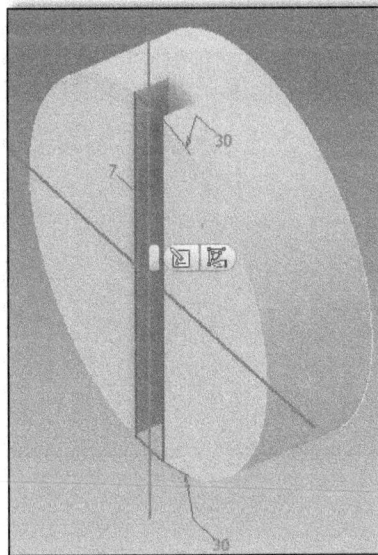

Pour la deuxième rainure, créez dans l'esquisse le contour suivant :

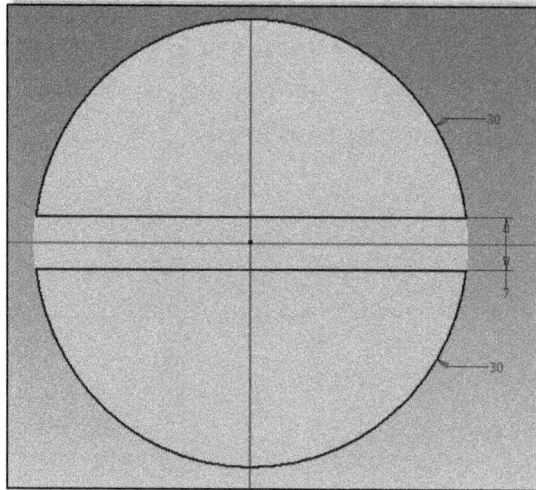

> ➤ Cliquez ''**Terminer l'esquisse**''.
> ➤ Cliquez ''**Extruder**'' et sélectionnez ''**Soustraction**'' puis sélectionnez les contours à enlever de matière.

Soit une distance de **6mm**.

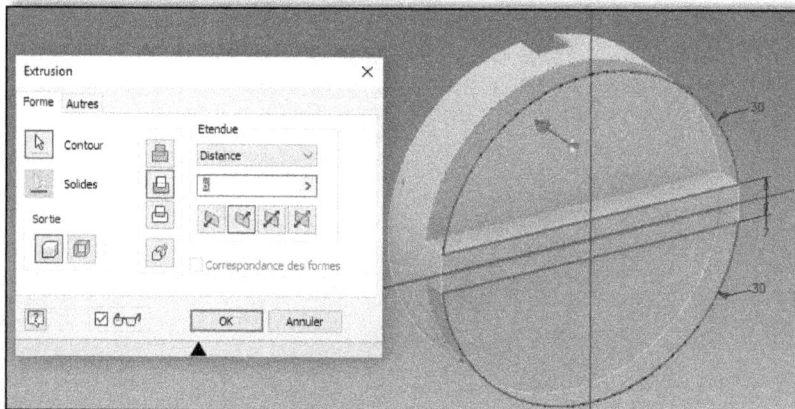

> ➤ Cliquez Ok.

<u>Remarque</u> :

Les deux rainures du disque sont perpendiculaires.

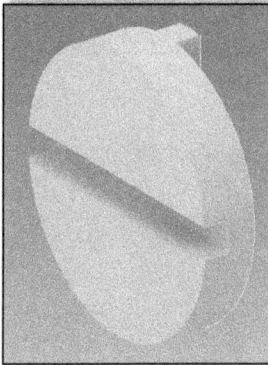

> ➤ Enregistrez le fichier sous le nom **Disque intermédiaire**.

> ✓ Assemblage :

On va rassembler toutes les pièces conçues dans un seul atelier.

Il est conseillé avant d'ajouter un élément de lui associer une apparence spécifique.

On va commencer par le premier plateau.

> ➤ Sélectionnez dans ''**Apparence**'' la couleur suivante (Bleu-peinture murale-brillant) puis sauvegardez.

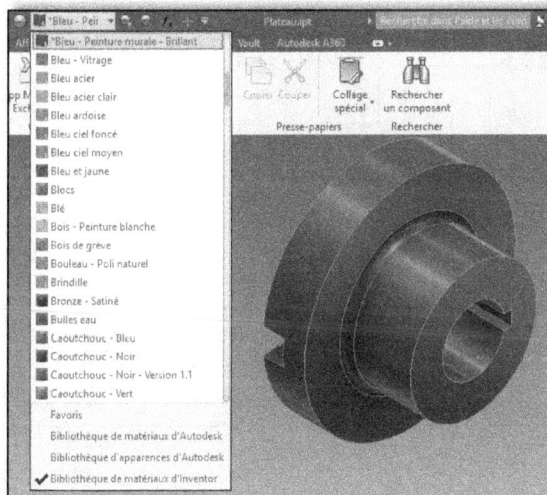

- Cliquez "**Nouveau**" puis sélectionnez "**Standard(mm).iam**" dans la boite de dialogue "**Assembler des composants 2D et 3D**".
- Cliquez "**Créer**".

Vous êtes maintenant dans la fenêtre principale de l'atelier d'assemblage.

- Plateau d'entrée :
- Cliquez "**Placer**" dans le ruban "**Assembler**" puis sélectionnez le premier élément (Plateau) et cliquez "**Ouvrir**".

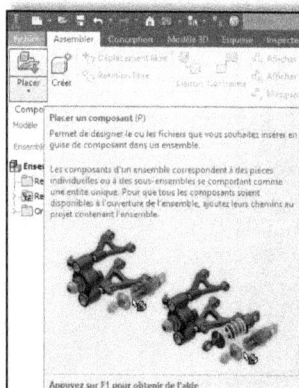

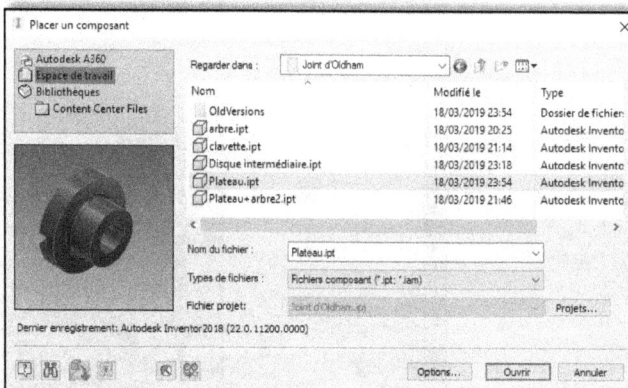

- Cliquez bouton droit puis cliquez ''**Placer l'élément bloqué à l'origine**''.
- Recliquez bouton droit puis Ok.

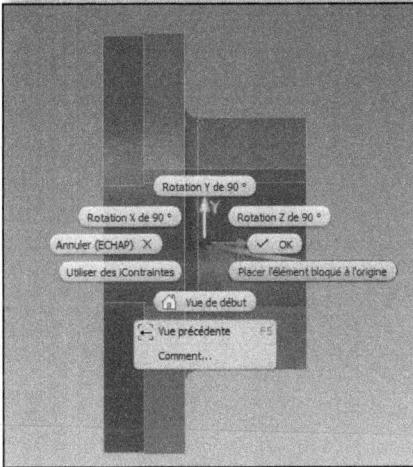

- Arbre d'entrée :
- Cliquez bouton droit puis cliquez ''**Placer un composant**'' pour ajouter la deuxième pièce.

- Sélectionnez le fichier de l'arbre et cliquez ''**Ouvrir**''.

N'oubliez pas de donner une apparence au modèle de l'arbre.

Soit l'apparence ''**Plomb**''.

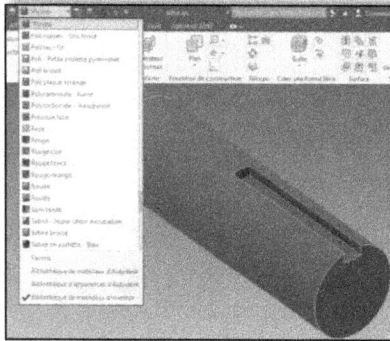

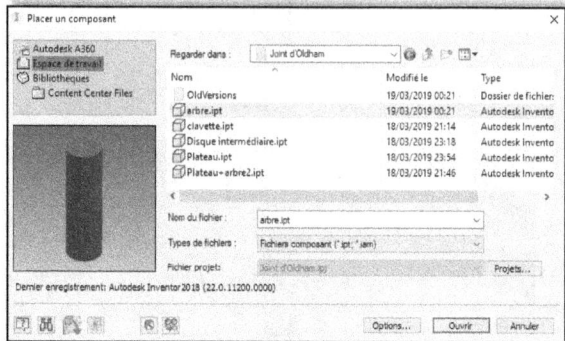

> Cliquez bouton gauche puis cliquez bouton droit et Ok.

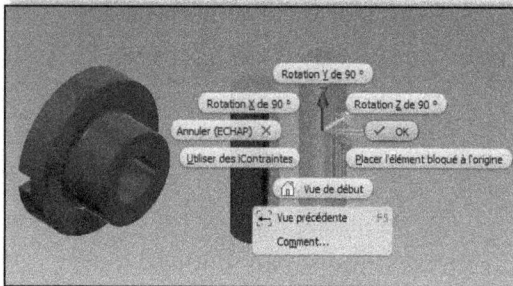

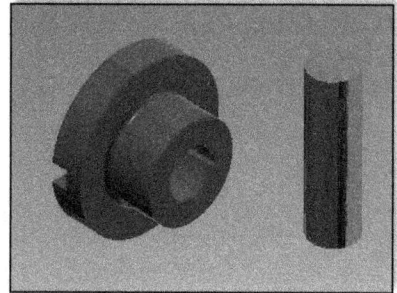

- <u>Clavette</u> :
> Ajoutez le fichier de la clavette avec la même procédure.

Vous pouvez laisser le modèle sans apparence.

On va assembler les trois éléments de la première partie du joint d'Oldham.

Vous pouvez créer des sous-ensembles. Chaque sous-ensemble sous un fichier d'assemblage puis vous créez un fichier de l'ensemble finale dont vous ajoutez tous les sous-ensembles.

> ➤ Cliquez "**Contrainte**" et commencez à créer des relations entres les pièces ajoutées.

On constate dans la boite de dialogue des différentes contraintes qui seront appliquées pour construire le premier sous-ensemble.

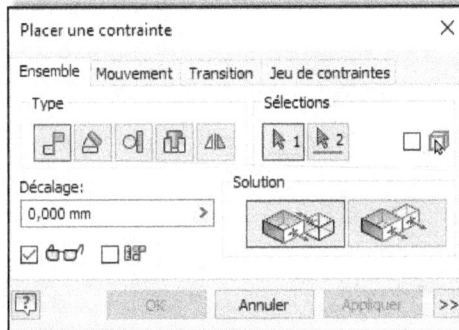

Dans "**Solution**", vous pouvez apercevoir le positionnement des deux éléments soumis à une contrainte.

Exemple : Insérer

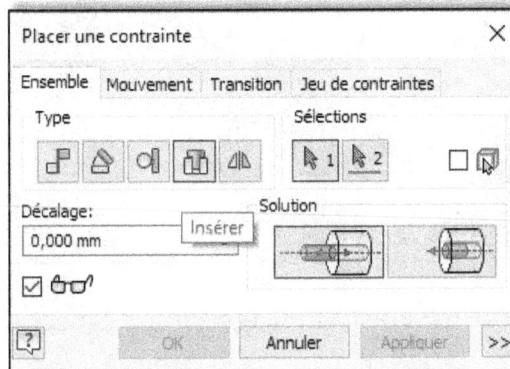

Cette contrainte est utilisée généralement pour assembler deux pièces de révolution.

Exemple d'assemblage typique : Arbre +Alésage.

<u>Remarque</u> : l'imagination est très recommandée dans cette partie, c'est-à-dire qu'il faut imaginer comment assembler réellement les pièces.

- <u>Assemblage arbre+ clavette :</u>
- ➤ Sélectionnez la contrainte ''**Placage**'' puis sélectionnez la surface horizontale de la rainure dans l'arbre et une surface latérale de la clavette.

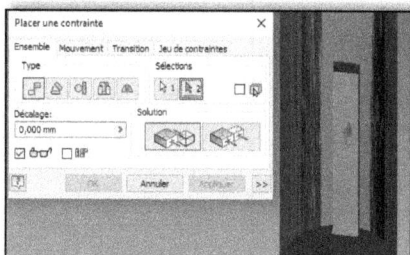

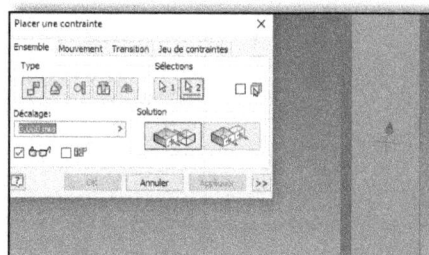

➤ Cliquez Ok.

➤ Cliquez une autre fois ''**Placage**'' puis sélectionnez les surfaces suivantes :

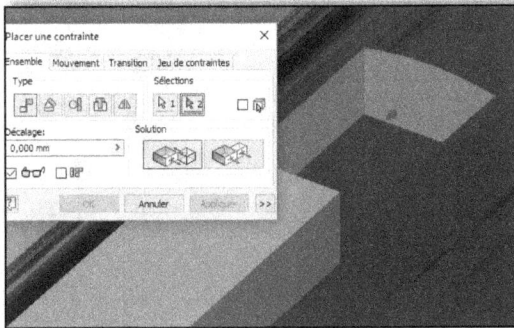

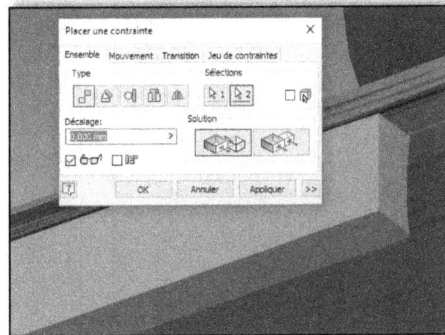

Si vous sélectionnez la clavette et déplacez la souris, vous constatez un blocage dans les directions normales aux surfaces dont on a appliqué la contrainte de placage.

Ainsi, un seul degré de liberté dans la liaison entre l'arbre et la clavette (mouvement de translation transversale).

On va appliquer le troisième placage pour fixer les deux composants (**zéro degré de liberté**).

> Recliquez ''**Contrainte**'' pour créer une relation de placage entre une face latérale de la clavette et une face latérale de la rainure opposée à celle de la clavette.

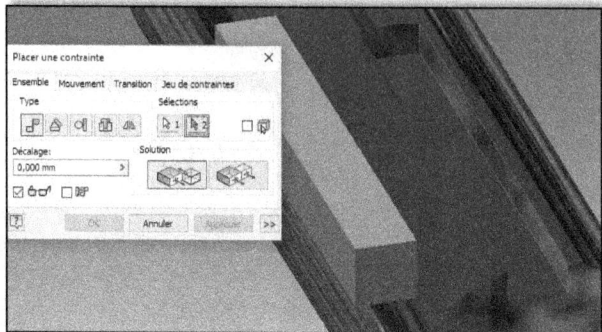

> ➤ Cliquez Ok.

Maintenant, il faut savoir que si vous déplacez un des deux composants, tout le bloc (arbre + clavette) se déplace.

- <u>Assemblage arbre + plateau</u> :
> ➤ Cliquez "**Contrainte**" puis sélectionnez "**Insérer**" pour coïncider l'axe du plateau à l'arbre.

Selon la solution (opposé ou aligné) choisie dans la boite de dialogue, on peut positionner les deux arêtes des deux composants sélectionnés.

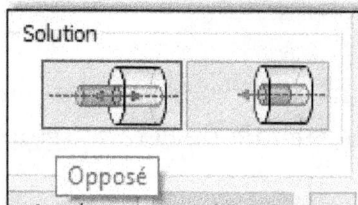

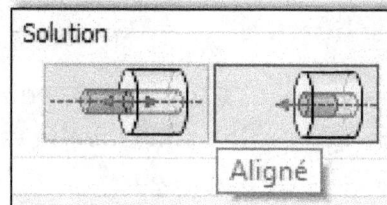

➢ Sélectionnez ''**Aligné**''.

➢ Sélectionnez l'arête circulaire de l'arbre suivante :

➢ Sélectionnez l'arête circulaire au niveau de la rainure.

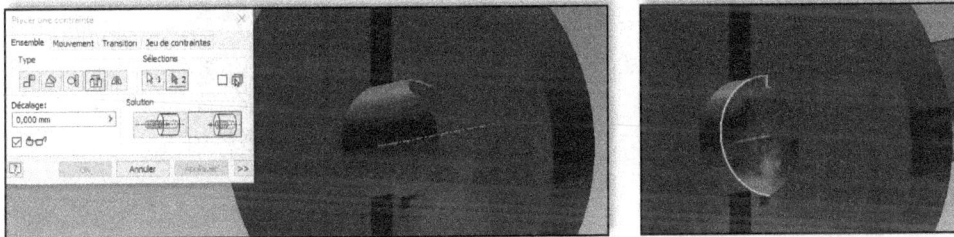

On va décaler le positionnement de l'arbre de **3mm** pour éviter le contact de l'arbre par rapport au disque intermédiaire.

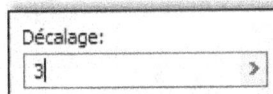

➢ Cliquez Ok.

On constate un degré de liberté dans la liaison du premier bloc (arbre+ clavette) et le plateau (mouvement de rotation).

On va donc fixer la clavette au niveau de la rainure du plateau.

➢ Cliquez "**Contrainte**" puis sélectionnez les surfaces suivantes :

Remarque : la contrainte "**Placage**" est activée par défaut.

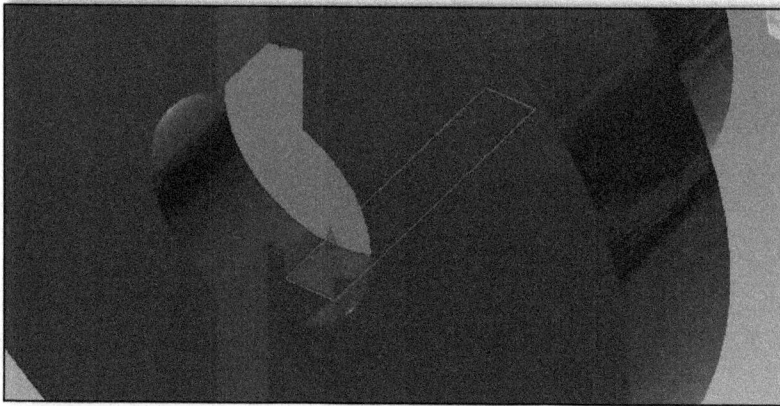

➢ Cliquez Ok.
➢ Choisir le style de vue "**Ombré avec arêtes**" dans le ruban "**Afficher**".

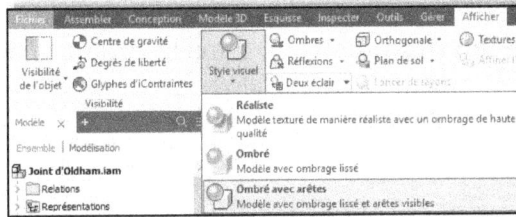

> ➤ Sélectionnez ''**Regarder**'' dans la barre de navigation verticale et sélectionnez la surface ci-dessous pour avoir une vue en plan.

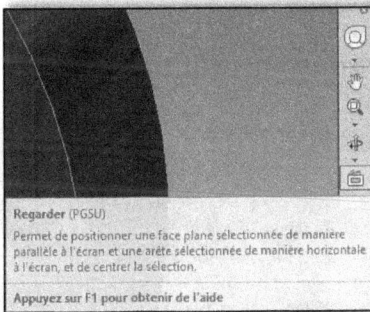
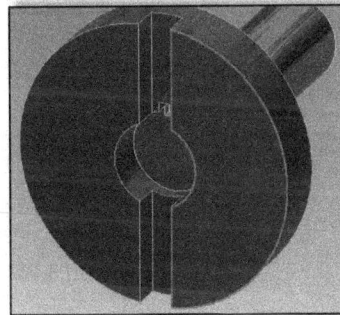

Cette vue nous montre la bonne insertion de la clavette dans la rainure, ainsi que l'assemblage de l'arbre au plateau.

Remarque : Dans les règles de conception, il est cruciale d'avoir un jeu facial au niveau de la face supérieure mais comme on avait déjà dit le but de ce chapitre est d'apprendre les connaissances de base d'assemblage en Autodesk Inventor.

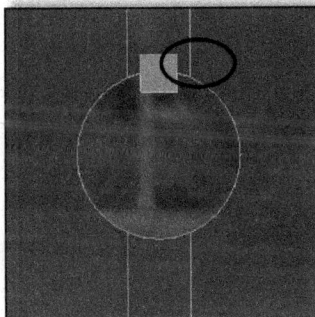
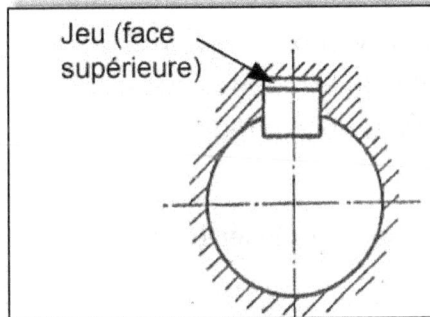

Jeu (face supérieure)

- <u>Vue en coupe 3D</u> :
> Cliquez ''**Vue en demi-coupe**'' dans le ruban ''**Afficher**''.

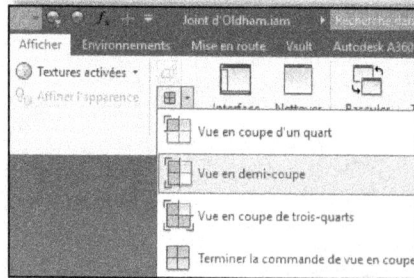

> Sélectionnez le plan indiqué ci-dessous puis cliquez Ok.

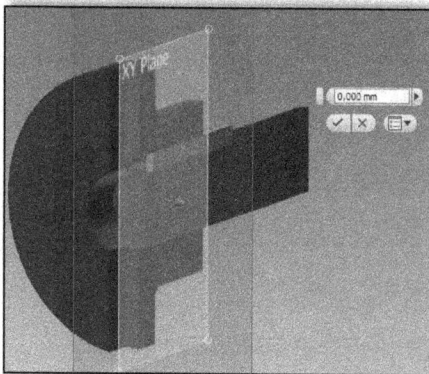

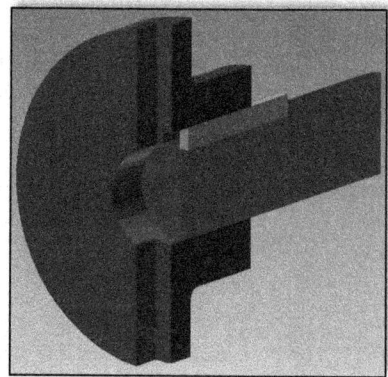

> Cliquez ''**Terminer la commande de vue en coupe**''.

- <u>Analyse d'interférence</u> :

Autodesk Inventor a développé une commande qui permet d'identifier d'éventuelles interférences entre les composants, car il est impossible par exemple que deux composants occupent le même espace à la fois dans un ensemble.

> Cliquez ''**Analyser les interférences**'' dans le ruban ''**Inspecter**''.

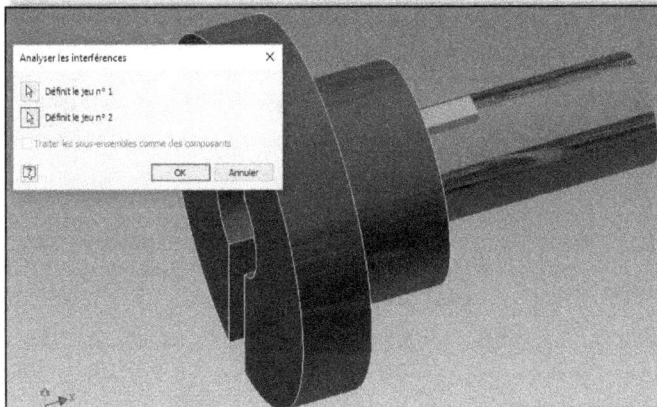

- ➢ Cliquez ''**Définit le jeu n°1**'' puis sélectionnez l'arbre et la clavette.
- ➢ Cliquez ''**Définit le jeu n°2**'' puis sélectionnez le plateau.
- ➢ Cliquez Ok.

Après l'analyse, s'il n'y a pas d'interférence, il vous sera affiché ce message :

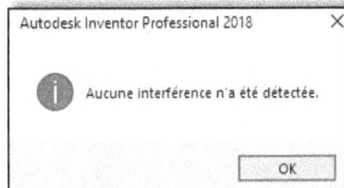

- ▪ <u>Arborescence</u> :

Comme dans les autres ateliers (modélisation 3D et 2D), l'atelier d'assemblage possède aussi une arborescence qui enregistre les relations entre les composants.

Dans ''**Relations**'', vous avez toutes les contraintes utilisées par ordre puis à chaque composant sont associés les contraintes appliquées.

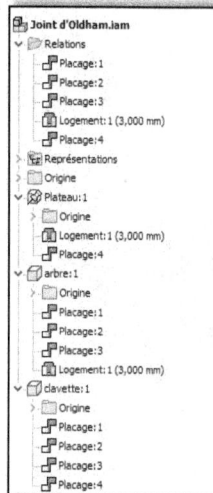

On constate que "**Plaquage1**" est associé à la fois dans arbre et clavette, c'est pour dire qu'une contrainte de type placage a été appliqué entre le composant arbre et le composant clavette.

➤ Enregistrez (Ctrl+S) l'ensemble sous le nom "**Joint d'Oldham**".

- <u>Assemblage disque intermédiaire :</u>

➤ Cliquez bouton droit puis "**Placer un composant**".

➤ Sélectionnez le fichier du modèle 3D du disque.
➤ Cliquez "**Ouvrir**".

Choisissez une apparence pour ce composant si vous voulez.

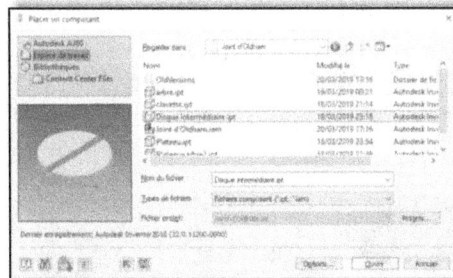

➢ Cliquez une fois bouton gauche puis bouton droit ensuite Ok.

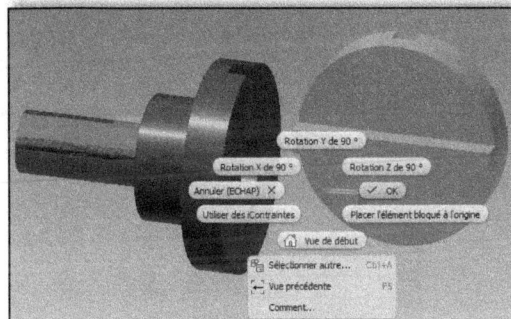

On va monter le disque dans la rainure du plateau.

➢ Cliquez ''**Contrainte**'' puis sélectionnez les surfaces indiquées ci-dessous.

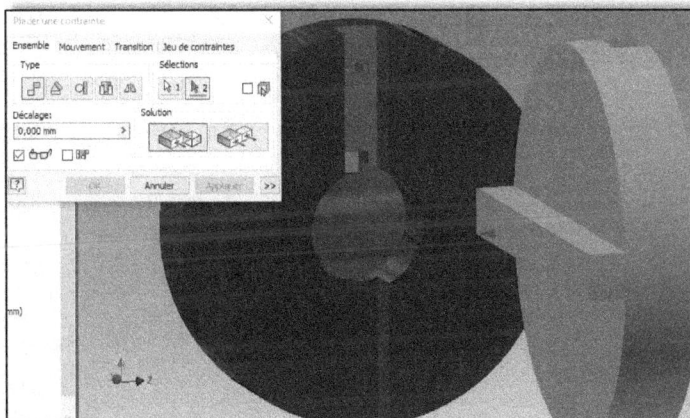

<u>Remarque</u> : Vous aurez pu aussi sélectionner les surfaces suivantes :

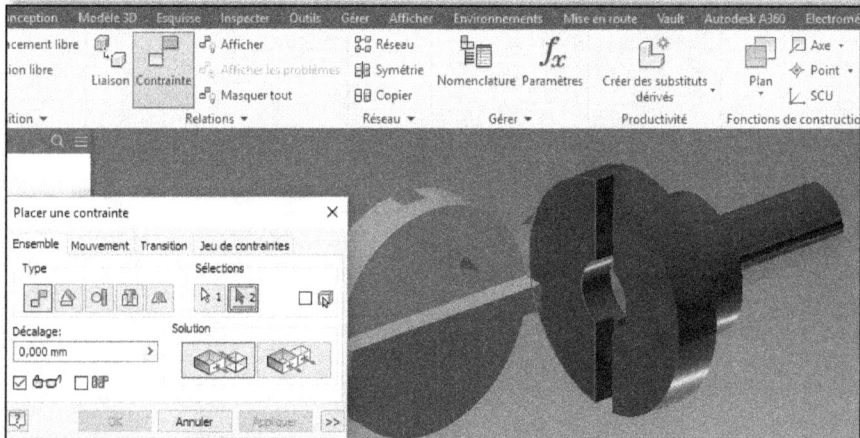

> Cliquez Ok.

Depuis la commande ''**Déplacement libre**'', vous pouvez déplacer librement la pièce sélectionnée dans l'espace.

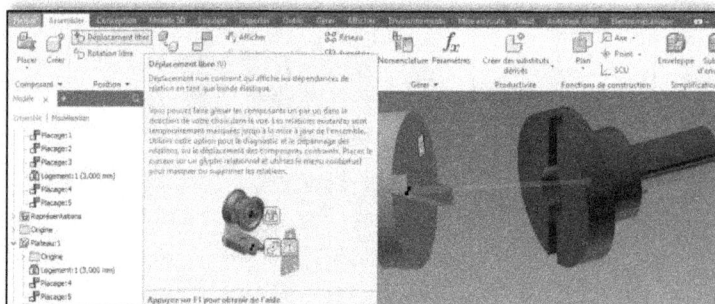

Pour pivoter la pièce dans l'espace, cliquez ''**Rotation libre**'' et sélectionnez le composant.

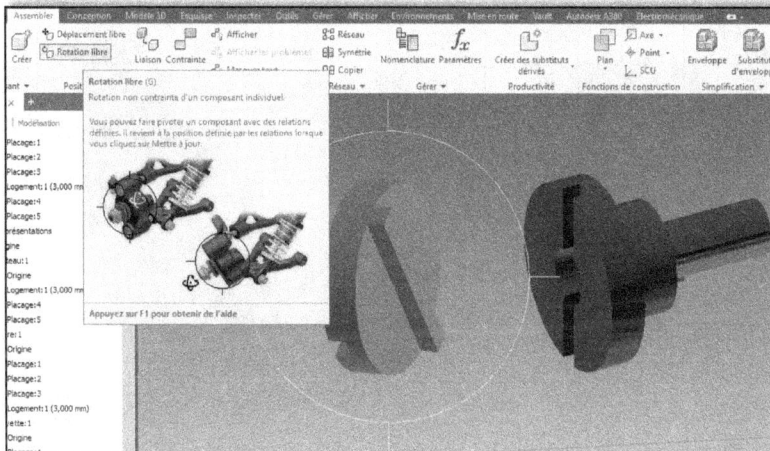

➤ Recliquez ''**Contrainte**'' puis sélectionnez les surfaces indiquées ci-dessous.

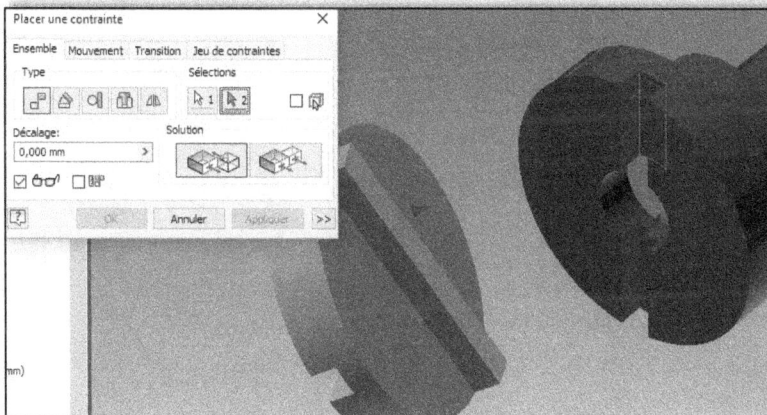

➤ Cliquez Ok.
➤ Recliquez encore une fois ''**Contrainte**'' et sélectionnez les surfaces suivantes :
➤ Cliquez Ok.

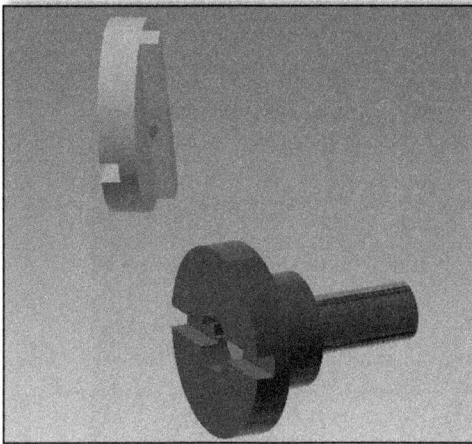

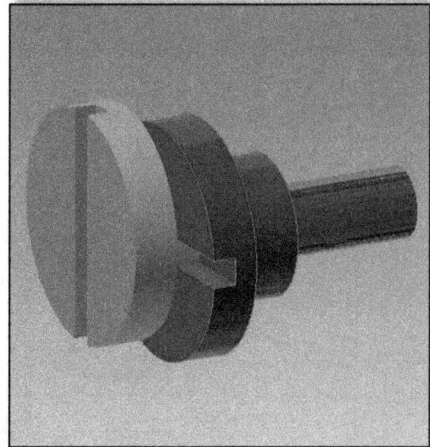

En essayant de déplacer le plateau, vous constaterez qu'il est seulement possible de déplacer selon l'axe de symétrie de la rainure.

Remarque :

La question qui se pose : pourquoi on n'a pas appliqué directement une **contrainte de logement** puisqu'il s'agit de deux composants de forme cylindrique ?

En fait, le joint d'Oldham transmet un mouvement de rotation entre deux arbres parallèles. Donc, les deux axes peuvent être non coïncidents.

Soit un décalage de **5mm** entre les deux axes.

- Cliquez ''**Contrainte**'' puis sélectionnez ''**Tangente**'' pour créer une contrainte de tangence entre le disque intermédiaire et le plateau.
- Sélectionnez l'option ''**Intérieure**'' dans ''**Solution**''.

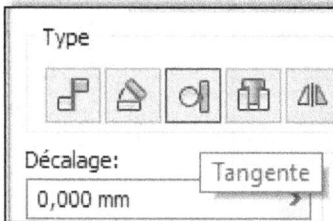 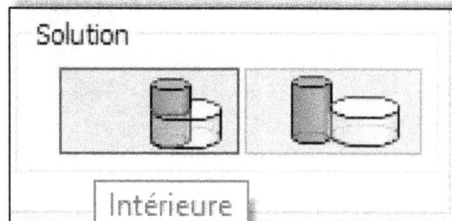

- Sélectionnez les surfaces suivantes.
- Définir un décalage de **5mm**.

- Cliquez Ok.

- ✓ <u>Assemblage du plateau et arbre de sortie :</u>

- Ajoutez le composant plateau2 + arbre2.

L'axe du deuxième plateau doit être coïncident avec l'axe du disque intermédiaire parce que le premier plateau est en position maximale par rapport au disque intermédiaire.

Quand les deux arbres sont en mouvement la somme des décalages entre l'axe de l'arbre moteur et l'axe de l'arbre récepteur par rapport au disque intermédiaires est égale à **5mm**.

En résumé, le disque intermédiaire est concrètement en mouvement de rotation et de translation à la fois.

> ➢ Cliquez ''**Contrainte**'' et sélectionnez ''**Insérer**''.
> ➢ Sélectionnez ''**Opposé**'' dans ''**Solution**''.
> ➢ Sélectionnez les arêtes indiquées ci-dessous.

> ➢ Cliquez Ok.

On constate qu'il y a encore un degré de liberté (mouvement de rotation) dans la liaison entre le plateau et le disque.

➢ Cliquez "**Déplacement libre**" puis déplacez le plateau.

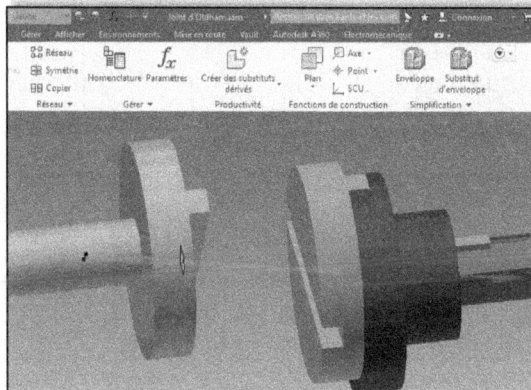

➢ Appliquez une contrainte de placage entre les surfaces suivantes.

> ➤ Cliquez Ok.
> ➤ Affichez une vue en demi-coupe.

Le joint d'Oldham est assemblé.

> ✓ Création d'une projection en éclaté de l'ensemble :

> ➤ Cliquez ''**Nouveau**'' et sélectionnez ''**Standard(mm).ipn**'' dans ''**Créer une projection en éclaté d'un ensemble**''.

- ➢ Cliquez "**Créer**".
- ➢ Sélectionnez le fichier de l'ensemble qu'on vient de modéliser.

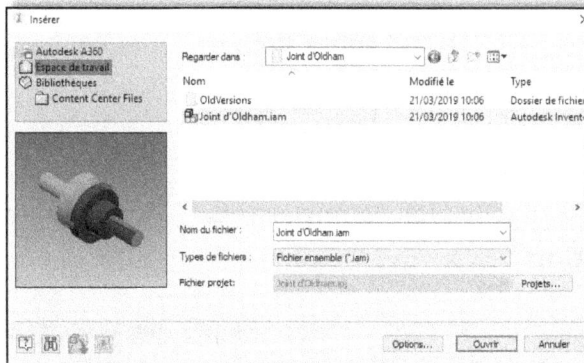

- ➢ Cliquez "**Ouvrir**".

Vous vous trouvez dans cet atelier virtuel lancé par défaut.

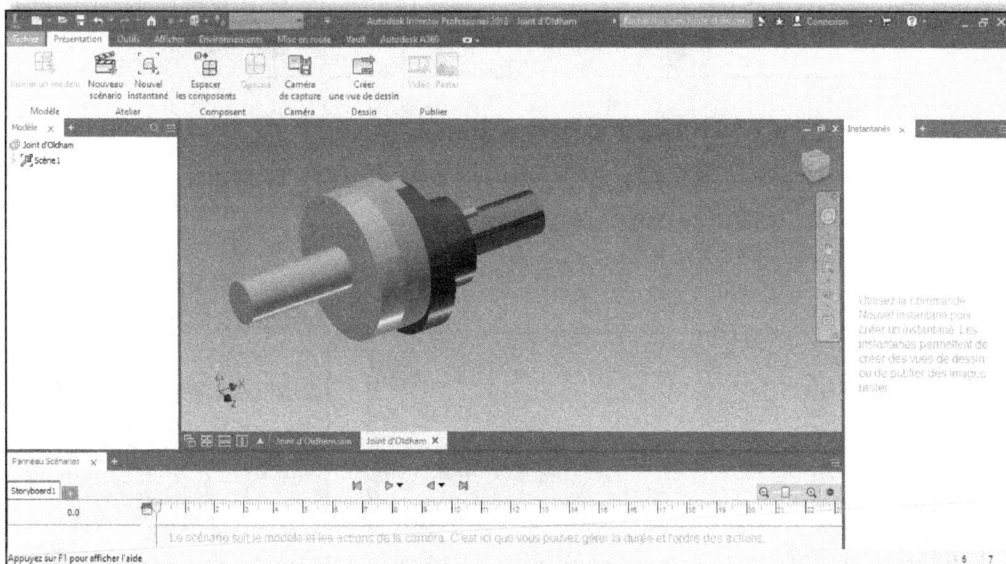

- ✓ <u>Espacement</u> :

On va espacer les composants.

➤ Cliquez tout d'abord sur la petite icone "**Home**" du cube de manipulation de vue pour initialiser l'ensemble en vue isométrique.

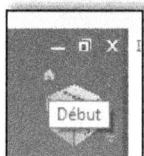

➤ Cliquez "**Espacer les composants**" dans le ruban principal "**Présentation**".

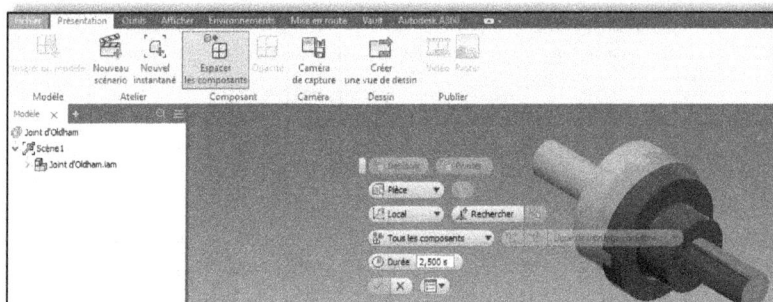

➤ Sélectionnez la pièce à espacer (l'arbre2).
➤ Sélectionnez "**Déplacer**" pour translater suivant un axe ou "**Pivoter**" pour tourner la pièce.
➤ Sélectionnez l'axe X.

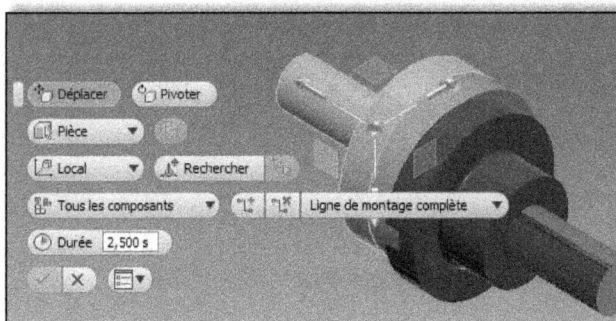

On constate que par défaut l'espacement se fait en repère local.

➤ Sélectionnez ''**Espace réel**'' si vous voulez espacer un composant en se référant au repère global.

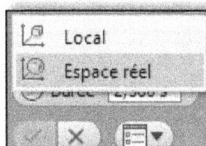

➤ Resélectionnez ''**Local**'' et espacez l'arbre2 de **80mm** suivant l'axe X.

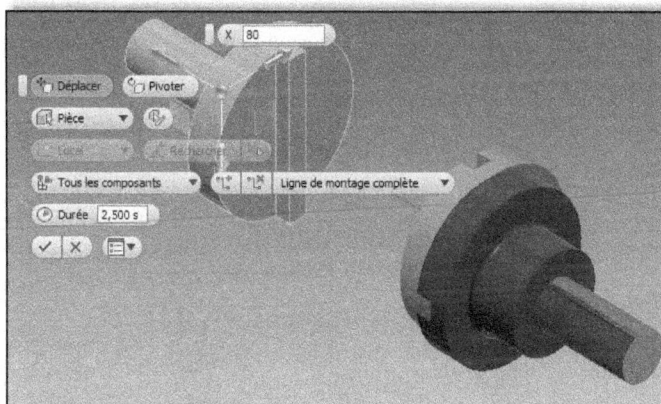

On constate que la durée de l'espacement est par défaut de **2,5s**.

➤ Cliquez Ok.

On va refaire la même chose pour les autres composants.

➤ Cliquez bouton droit puis sélectionnez ''**Espacer les composants**''.

> Sélectionnez le disque intermédiaire.

Soit un espacement suivant l'axe X de **50mm**.

> Espacez le premier plateau de **20mm** selon X.
> Espacez l'arbre1 de **20mm** selon X.
> Espacez la clavette de **10mm** selon X.

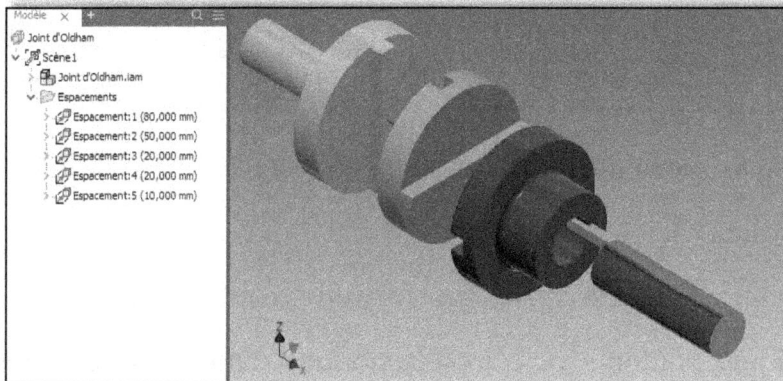

On constate que les espacements réalisés sont enregistrés par ordre dans l'arborescence. Pour mieux présenter une projection éclatée, il vaut mieux bien espacer les composants.

> Cliquez deux fois sur l'espacement et changez sa valeur.

Essayez d'éviter l'interférence entre les pièces en vue isométrique.

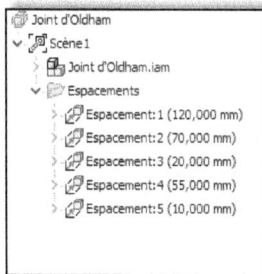

✓ <u>Animation :</u>

Vue que l'espacement par défaut dure **2,5s,** on constate en bas dans le ''**Storyboard**'' la durée totale de l'animation est de **12,5s** pour les cinq composants.

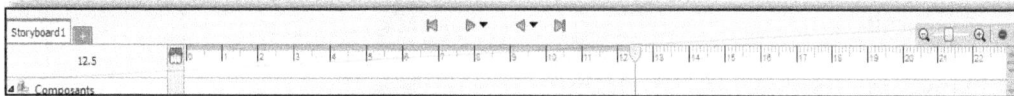

➢ Cliquez ''**Lire le scénario actif**'' pour démarrer l'animation.

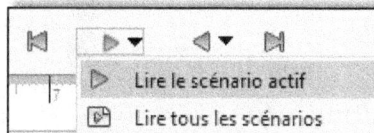

■ <u>Enregistrement instantanée :</u>

➢ Choisir une position depuis le ''**Storyboard**''.

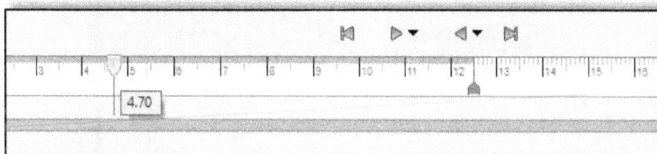

➢ Cliquez ''**Nouvel instantané**'' pour enregistrer une vue instantanée du scénario.

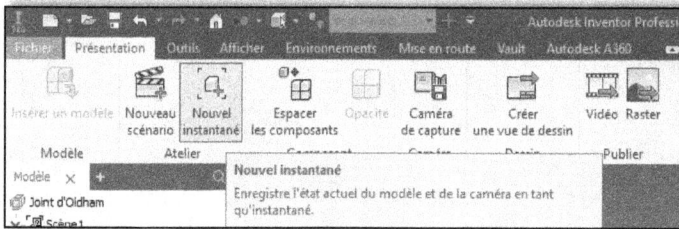

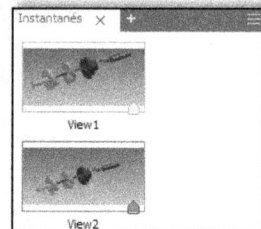

- Publication :

Vous pouvez publier le scénario en format vidéo.

> Cliquez ''**Vidéo**''.
> Sélectionnez le scénario actif.

Dans la boite de dialogue ''**Sortie**'', nommez votre vidéo et choisissez l'emplacement ainsi que le format du fichier.

Vous pouvez aussi personnaliser la résolution du vidéo.

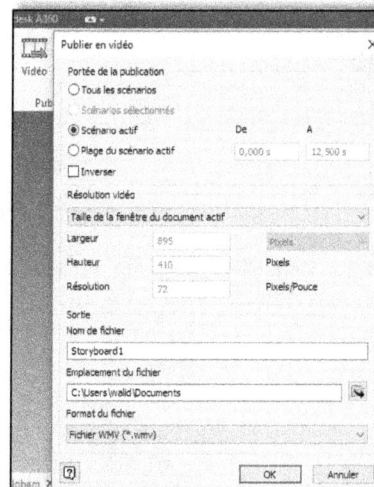

> Cliquez ''**Raster**'' pour publier une image d'une vue choisie.
> Enregistrez le fichier.

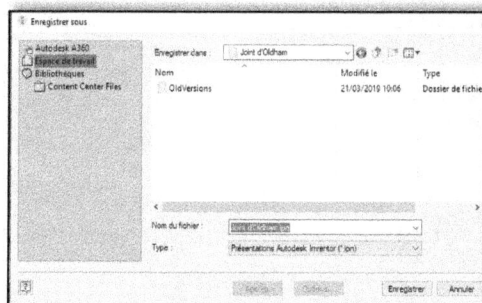

✓ <u>Modélisation 2D du joint d'Oldham :</u>

➤ Cliquez ''**Nouveau**'' puis sélectionnez ''**ISO.idw**'' dans la boite de dialogue ''**Créer un document annoté**''.

<u>Remarque</u> : On travaille toujours en ''**Métrique**''.

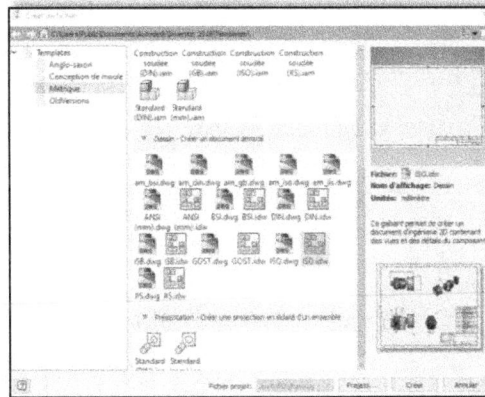

➤ Cliquez ''**Créer**''.
➤ Cliquez ''**Base**'' dans ''**Placer les vues**'' pour créer la vue de face.

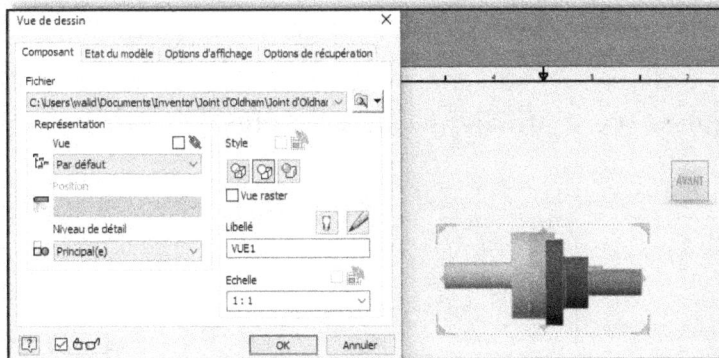

Il vaut mieux avoir cette vue en vue de coupe pour montrer les détails de la clavette, rainures…

➤ Tournez l'ensemble et choisir la vue de face suivante.
➤ Cliquez bouton gauche puis bouton droite et cliquez Ok.

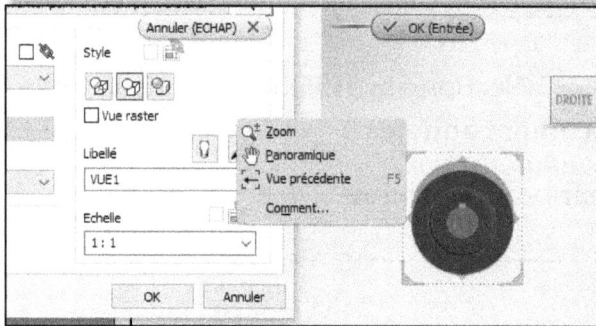

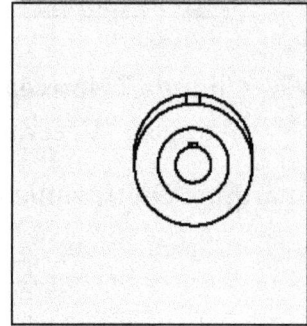

> Cliquez "**Coupe**" et créez la vue de coupe ci-dessous.

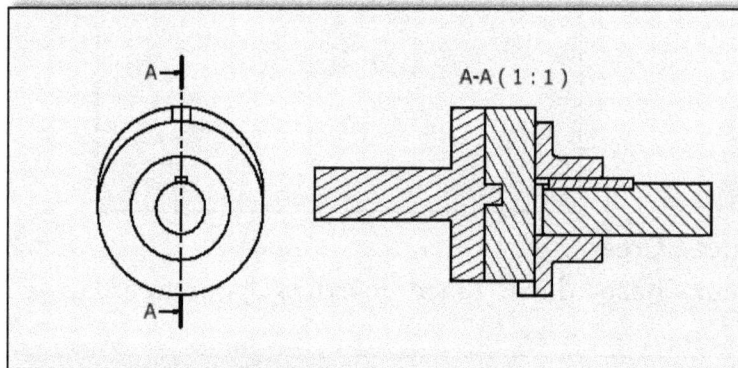

> Cliquez deux fois sur chaque vue puis sélectionnez "**Avec lignes masquées**" pour afficher les lignes cachées.

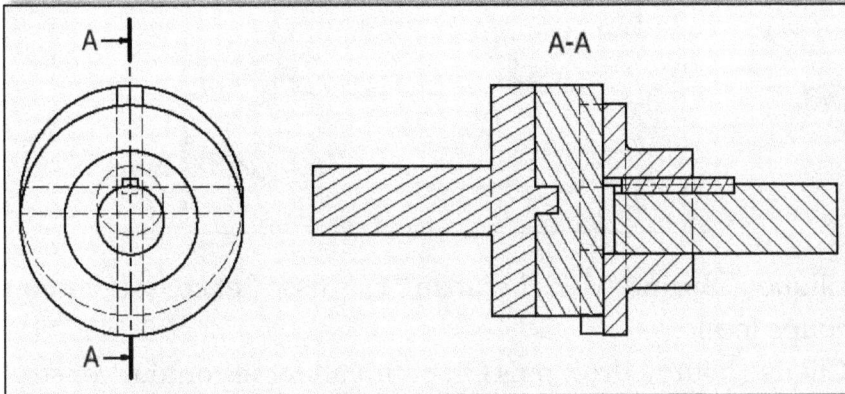

Dans les règles du dessin technique, les arbres présentés en vue de coupe ne sont pas hachurés.

➤ Masquez toutes les hachures sauf celles du plateau droit.

Rappel :

Pour masquer des hachures : cliquez bouton droit sur les hachures concernées puis cliquez "**Masquer**".

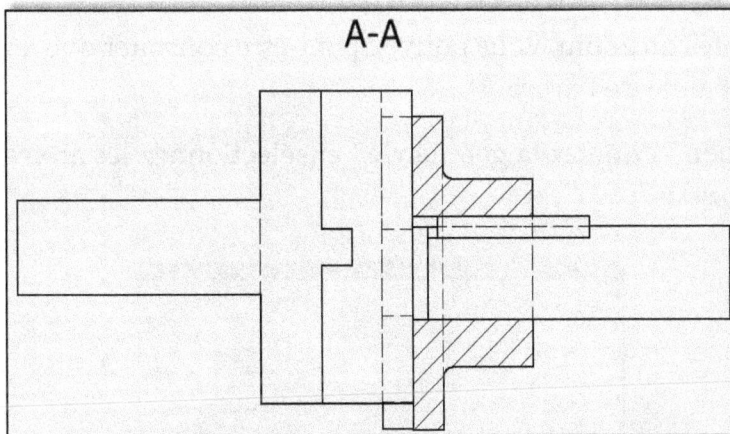

Généralement, on présente le montage clavette+ arbre dans un dessin technique par une coupe locale.

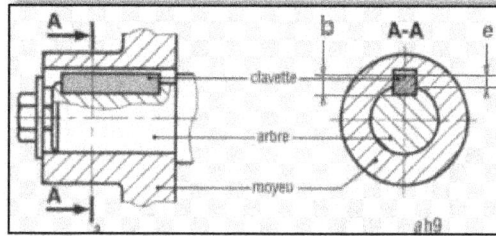

> Cliquez "**Spline**" dans le ruban "**Esquisse**" et créez le contour de la coupe locale.
> Cliquez bouton droit puis Ok pour valider le contour construit.

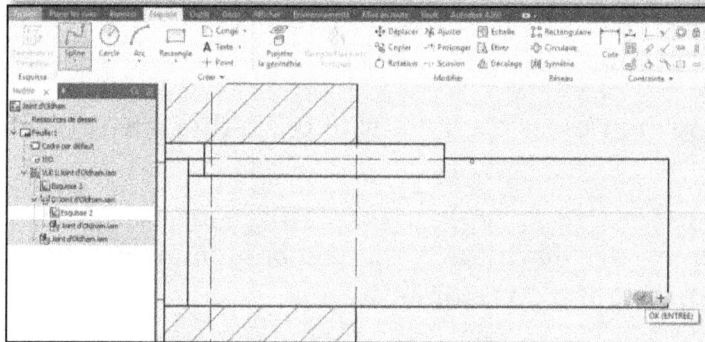

Si vous faites un zoom, vous pouvez peut-être constater que le contour ne touche pas l'arête de l'arbre.

> Cliquez "**Projeter la géométrie**" et sélectionnez les arêtes indiquées ci-dessous.

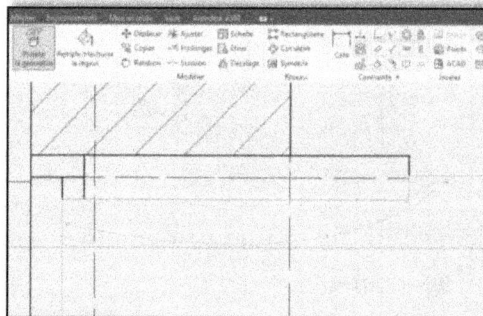

- ➢ Cliquez ''**Prolonger**'' puis sélectionnez les extrémités du profil créé.
- ➢ Cliquez ''**Ajuster**'' et sélectionnez les parties du profil qui dépassent les arêtes projetées.

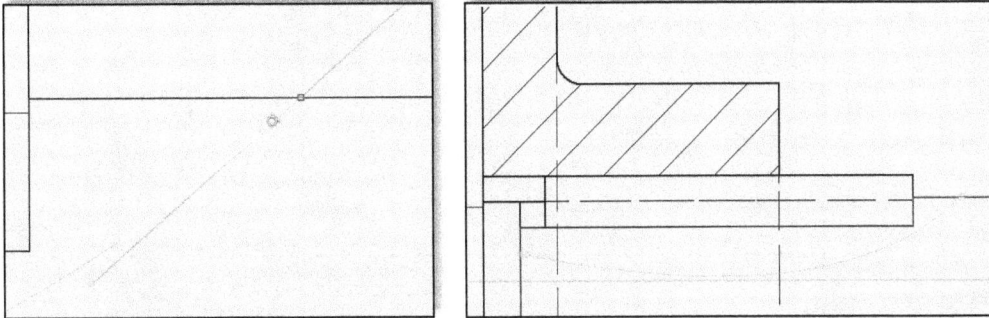

- ➢ Cliquez ''**Terminer l'esquisse**''.

Autodesk Inventor a développé une commande qui permet de créer une vue en coupe locale à partir d'une esquisse.

- ➢ Cliquez ''**Vue en coupe locale**'' dans le ruban ''**Placer les vues**''.

- ➢ Sélectionnez le contour. Inventor détecte automatiquement le contour créé.

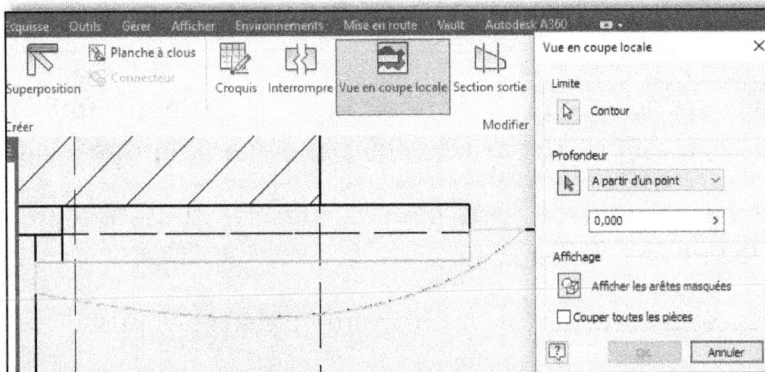

- ➢ Sélectionnez l'arête de l'arbre encastré au premier plateau pour définir la profondeur de la coupe locale.

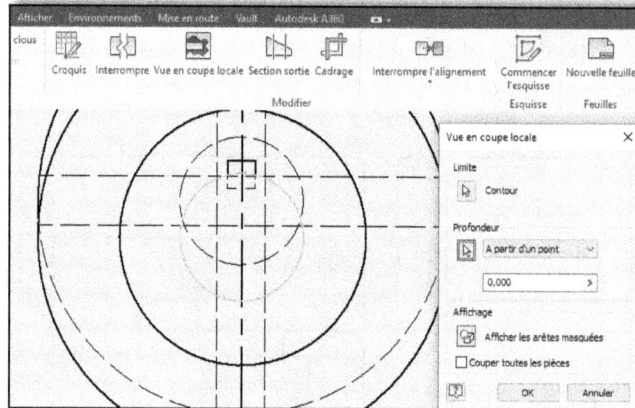

> Cliquez Ok.

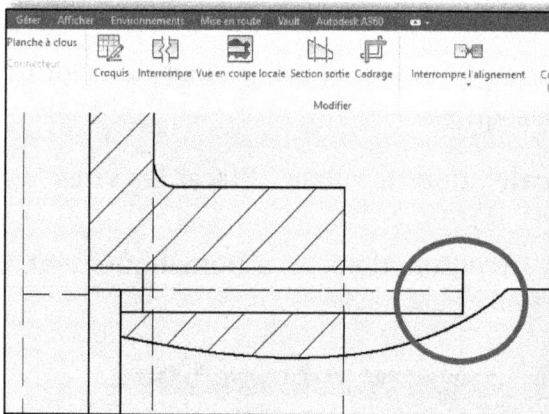

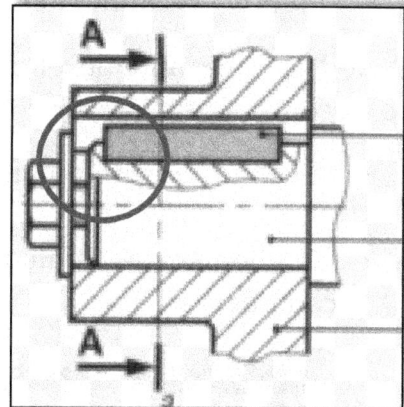

Dans la mesure où on a fait déjà une coupe locale depuis une vue de coupe donc on n'est pas arrivé à dessiner une vue de coupe locale juste.

Dans l'atelier ''**Esquisse**'', on peut ajouter les traits manquants pour compléter la vue en coupe locale.

On peut aussi créer cette coupe entièrement dans l'esquisse.

> Cliquez tout d'abord ''**Annuler**'' (Ctrl+Z).

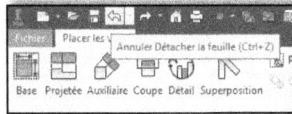

> Cliquez ''**Remplir/Hachurer la région**'' dans le ruban esquisse et sélectionnez le contour.

Remarque :

Vous devez travailler dans l'esquisse dont vous avez créé le profil de la coupe locale.

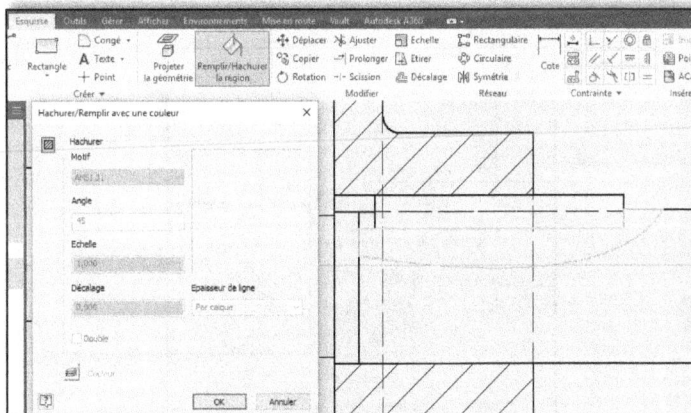

> Cliquez sur l'icône ''**Hachurer**'' et complétez les caractéristiques des hachures.
> Définir un angle de **-45°** pour changer l'orientation des hachures par rapport aux hachures du plateau.

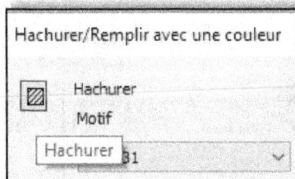

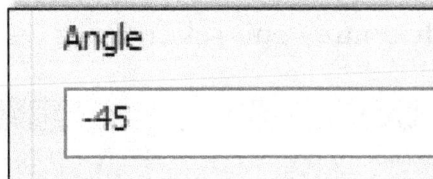

> Cliquez Ok puis ''**Terminer l'esquisse**''.

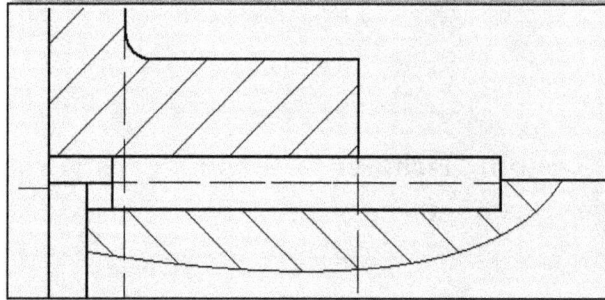

On va masquer les traits cachés au niveau de la clavette.

➢ Cliquez bouton droit sur la ligne puis décochez ''**Visibilité**''.

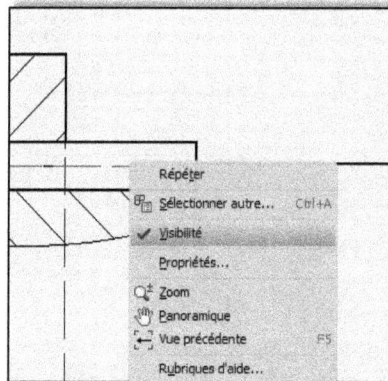

➢ Ajouter les traits d'axe pour les deux vues.

Rappel :

Cliquez sur ''**Annoter**'' ''**Bissectrice**'' puis sélectionnez les deux arêtes de la forme de révolution. Pour les cercles (ainsi arcs de cercle), cliquez ''**Marque de centre**'' puis sélectionnez l'élément géométrique en question.

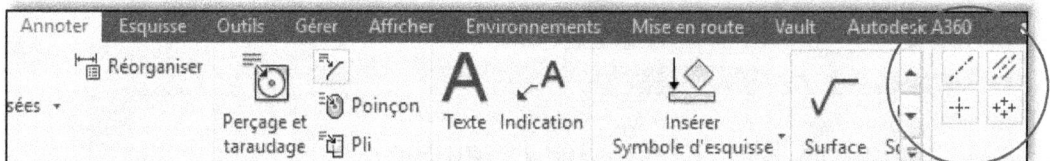

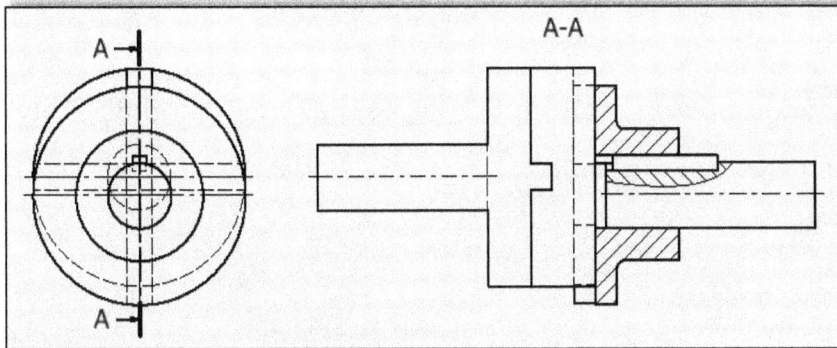

Si vous n'avez pas encore enregistré votre fichier faites-le.

> Cliquez ''**Fichier**'' puis ''**Enregistrer**'' (Ctrl+S).

Remarque :

N'oubliez pas de sauvegarder de temps en temps votre avancement dans le projet, de toute façon Inventor vous le rappelle.

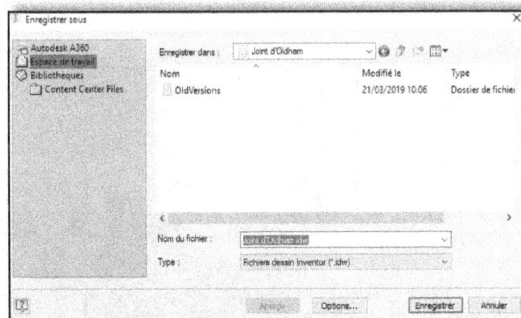

- ▪ Modélisation paramétrique :

On rappelle qu'il s'agit d'une modélisation paramétrique, donc toute modification faite en 3D sera automatiquement mise à jour en 2D.

Généralement, les arbres tournants sont conçus avec un chanfrein à l'extrémité de l'arbre pour faciliter l'insertion dans le moyeu lors du montage.

Donc on va ajouter des éventuelles fonctions aux composants (chanfreins, congés...).

➢ Cliquez bouton droit sur le composant à modifier puis ''**Ouvrir**''.

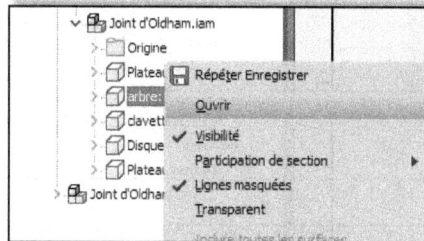

Inventor vous ouvre le fichier dans un autre onglet.

Soit un chanfrein de dimension **2mm x 45°** des deux côtés.

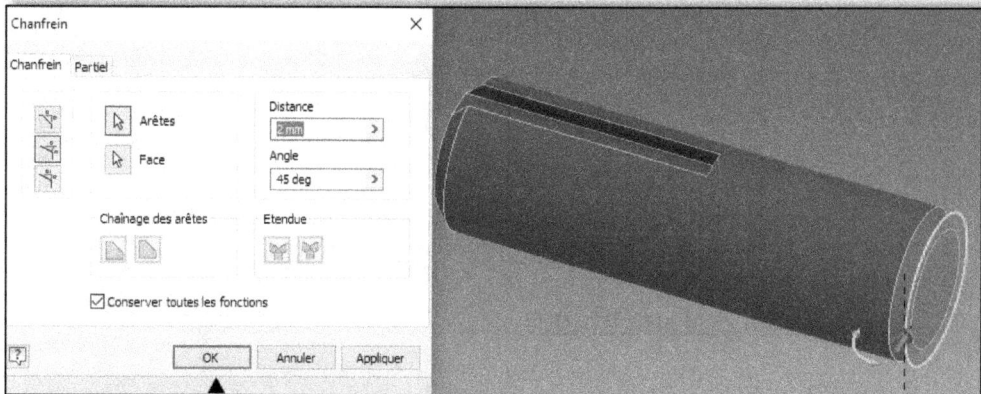

➢ Sauvegardez (Ctrl+S).

Revenons à notre fichier 2D.

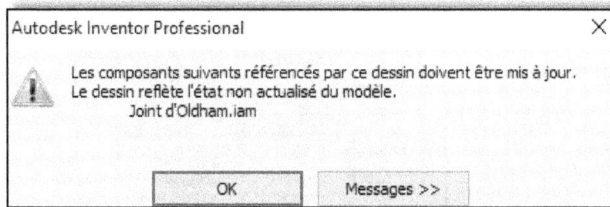

Donc Inventor a détecté des modifications ont été faites sur les composants de l'ensemble.

➤ Cliquez Ok.

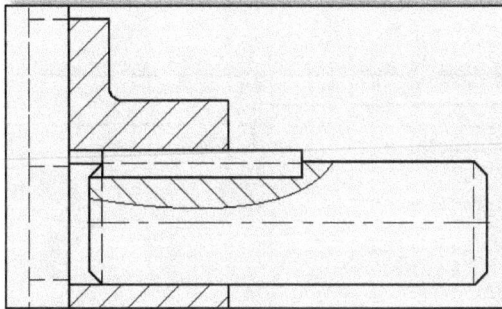

Comme on avait dit que dans les règles du dessin industriel, les arbres ne sont pas présentés en vue de coupe.

➤ Changez les lignes masquées des chanfreins par des lignes continues.

Vous avez deux possibilités :

- Cliquez bouton droit sur la ligne puis décochez la visibilité, après créez une ligne continue dans l'esquisse.
- La deuxième méthode est plus pratique :

➤ Cliquez bouton droit sur la ligne puis ''**Propriétés**''.
➤ Sélectionnez le type de ligne désiré (ligne continue pour notre cas).

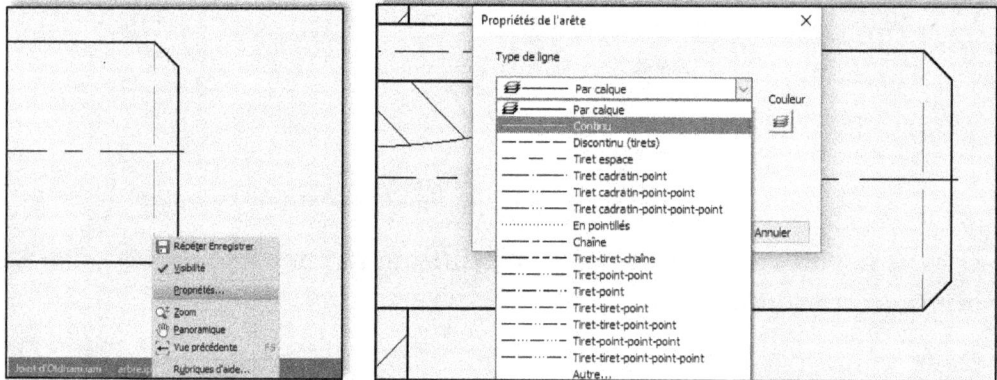

> Cliquez Ok.

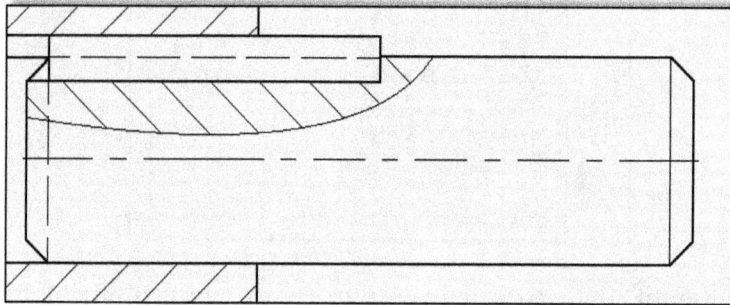

On remarque que l'épaisseur de la ligne modifiée n'est pas la même que les autres lignes continues.

Inventor prend par défaut l'épaisseur de la ligne originale, c'est-à-dire l'épaisseur de la ligne masquée qui est plus fine que la ligne continue et cela entre dans les règles du dessin industriel pour différencier les différents types de lignes.

> Recliquez bouton droit sur la ligne puis ''**Propriétés**''.

Soit une épaisseur de **0,7mm**.

> Cliquez Ok.

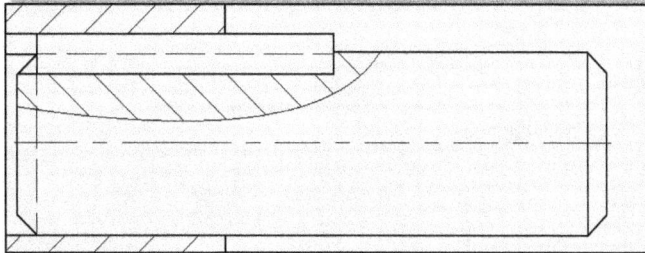

> ➤ Refaites la même chose de l'autre côté de l'arbre.

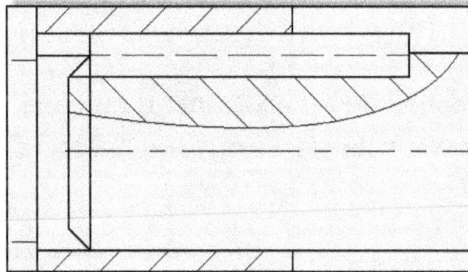

On constate que l'arête du chanfrein dépasse la zone de la coupe locale.

> ➤ Décochez la visibilité de la ligne et la redessinez dans l'esquisse.

Remarque :

Créez la ligne dans la même esquisse dont vous avez créé le profil de la coupe locale.

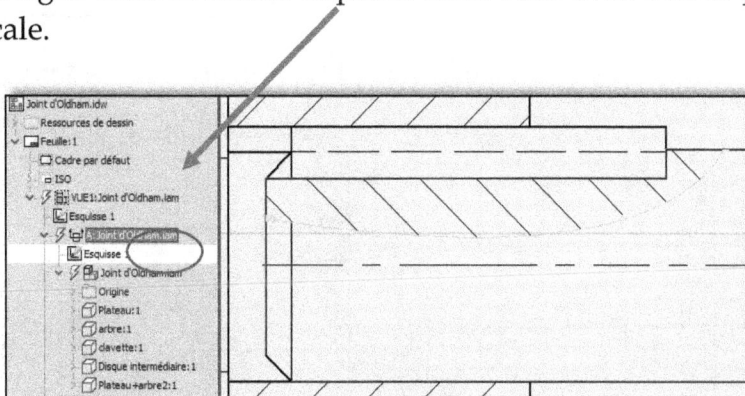

Soit une épaisseur de **0,7mm**.

➢ Cliquez ''**Terminer l'esquisse**''.

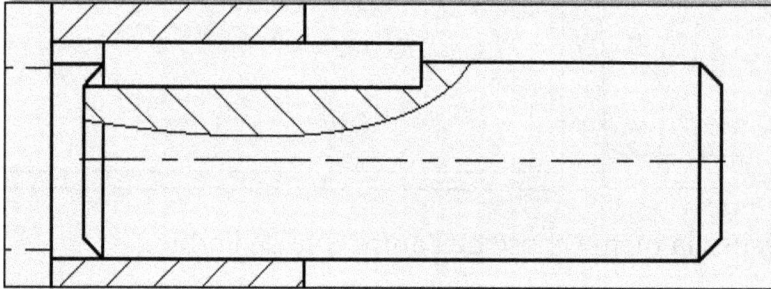

On va modifier le bloc (arbre2+ plateau2).

➢ Appliquez un congé de rayon **2mm** au niveau de l'épaulement et un chanfrein à l'extrémité de l'arbre de même dimension de l'autre arbre.

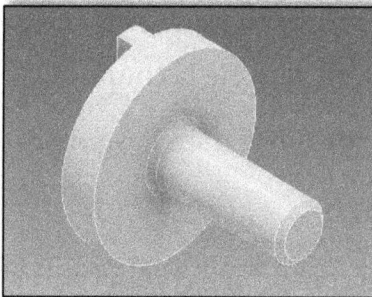

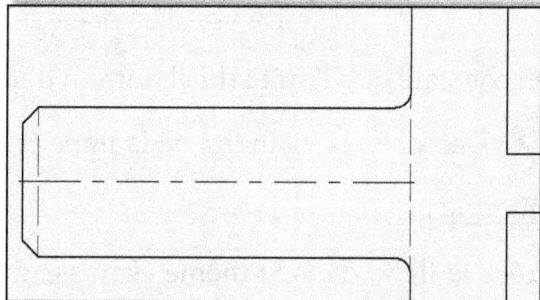

➢ Changez le type des lignes masquées ainsi leur épaisseur (0,**7mm**).

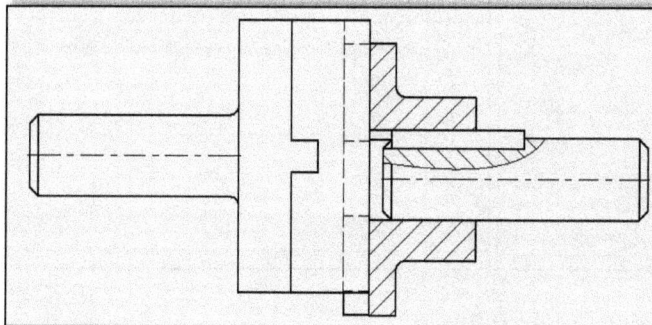

- ➤ Sauvegardez.
- ▪ <u>Cotation</u> :

Généralement, les cotations ne sont pas présentées dans l'ensemble car elles sont déjà définies dans le dessin 2D de chaque composant.

Cependant, le décalage entre les deux axes parallèles doit être présenté dans le dessin d'ensemble pour qu'il soit pris en considération dans l'assemblage.

Le décalage a été défini par **5mm**.

- ➤ Cliquez ''**Cote**'' dans le ruban ''**Annoter**'' et créez la cote de décalage entre les deux axes.

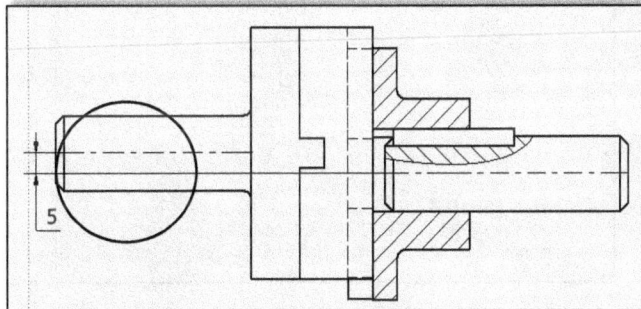

- ▪ <u>Vue isométrique en éclatée</u> :
- ➤ Cliquez ''**Base**'' dans le ruban ''**Placer les vues**''.
- ➤ Cliquez ''**Ouvrir un fichier existant**''.

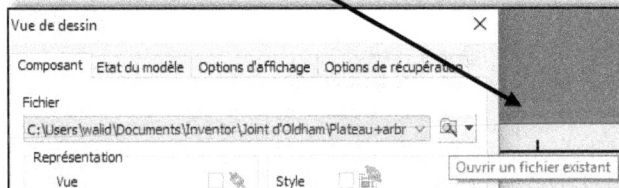

- ➤ Sélectionnez le fichier de la projection en éclaté de l'ensemble ''**Joint d'Oldham.ipn**''.

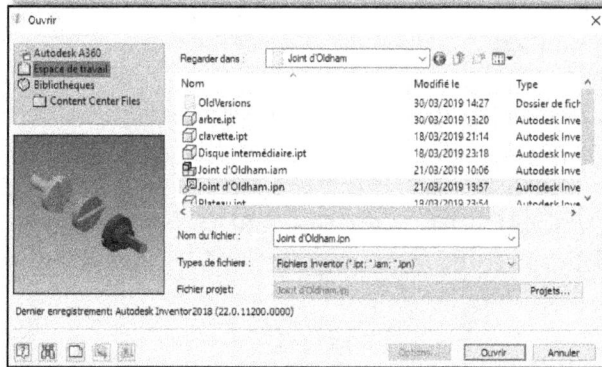

> Cliquez "**Ouvrir**" puis Ok.

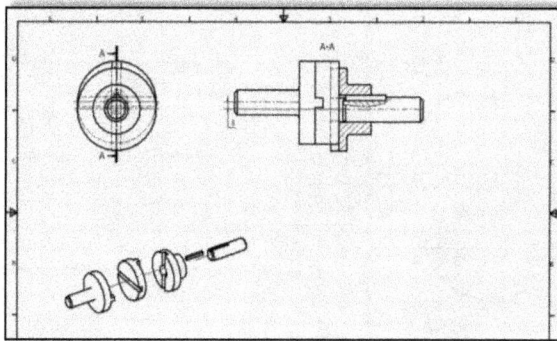

- Liste de pièces :

> Cliquez "**Editeur de styles**" dans le ruban "**Gérer**".

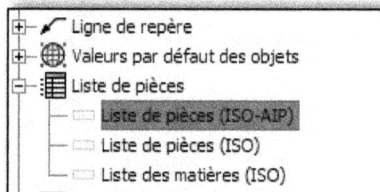

Soit la norme **ISO-AIP** pour présenter la liste de pièces.

On peut de toutes les manières personnaliser cette liste.

> Cliquez ''**Sélecteur de colonne**''.

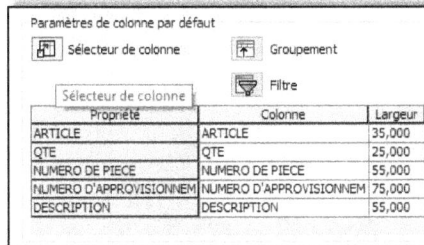

> Personnalisez votre liste en ajoutant les propriétés désirées à présenter dans le dessin d'ensemble.

> Sélectionnez la propriété depuis la liste proposée par Inventor puis cliquez ''**Ajouter**''.

Soit la liste de propriétés suivante :

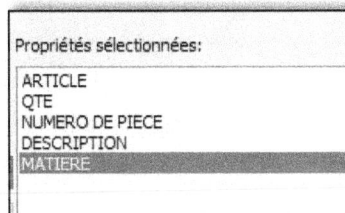

> Cliquez Ok puis ''**Enregistrer et fermer**''.

On va maintenant créer la table de pièce dans le dessin.

➢ Cliquez "**Liste de pièces**" dans le ruban "**Annoter**".

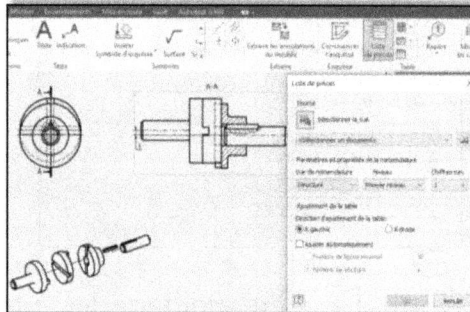

➢ Sélectionnez une vue puis cliquez Ok.

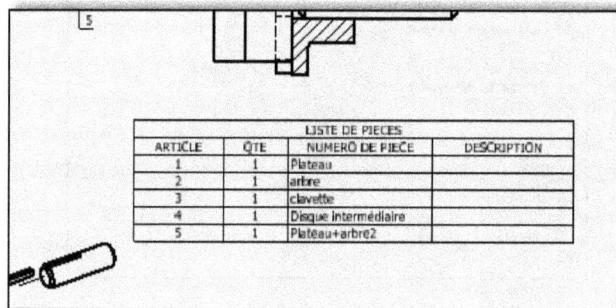

On constate que la colonne "**Matière**" n'existe pas dans la table.

➢ Cliquez deux fois sur le tableau puis recliquez sur "**Sélecteur de colonne**".

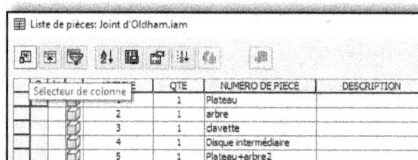

➢ Sélectionnez "**Matière**" depuis la liste puis cliquez "**Ajouter**".
➢ Repositionnez le tableau en dessus de la cartouche.

LISTE DE PIÈCES				
ARTICLE	QTE	NUMERO DE PIECE	DESCRIPTION	MATIERE
1	1	Plateau		Générique
2	1	arbre		Générique
3	1	clavette		Générique
4	1	Disque intermédiaire		Générique
5	1	Plateau+arbre2		Générique

Joint d'Oldham — 1 / 1

- <u>Repérage</u> :

Il est possible de générer des repères automatiquement.

> Cliquez ''**Repère automatique**'' dans ''**Annoter**''.

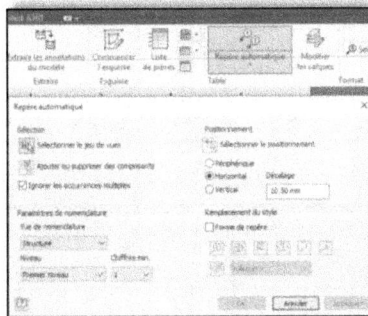

> Sélectionnez la vue où vous voulez repérer les composants.

Soit la vue de coupe A-A.

> Sélectionnez les composants dans la vue choisie.

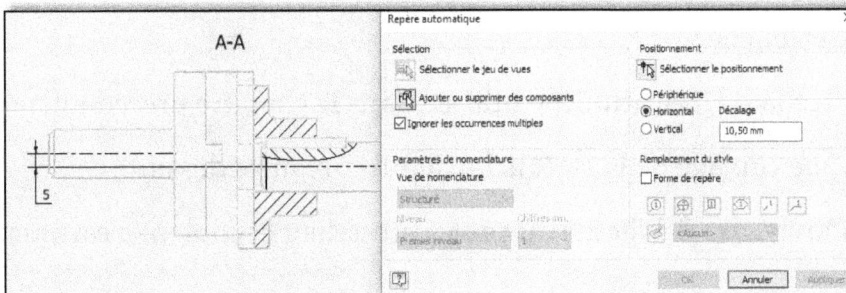

> Cliquez "**Sélectionner le positionnement**" dans la boite de dialogue "**Positionnement**" puis positionnez les repères autour de la vue.

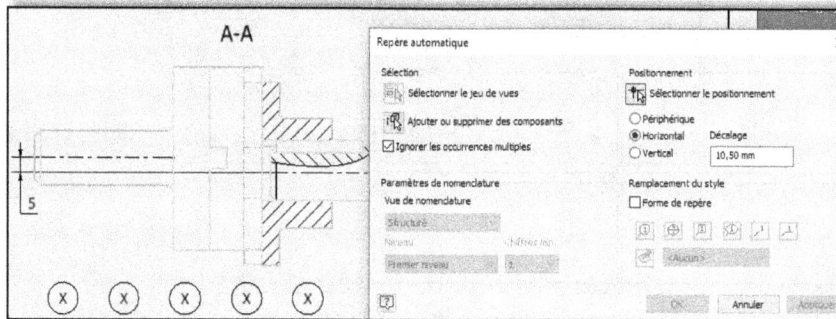

> Cliquez bouton gauche sur la vue après avoir choisi le positionnement des repères.
> Cliquez Ok.
> Sélectionnez le numéro et déplacez la souris pour repositionner le repère.

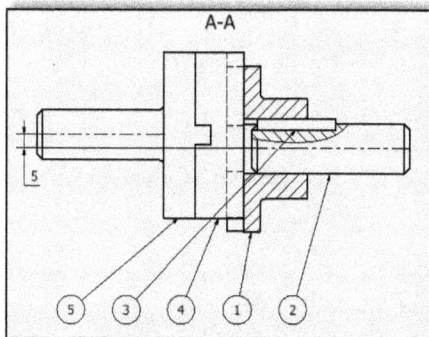

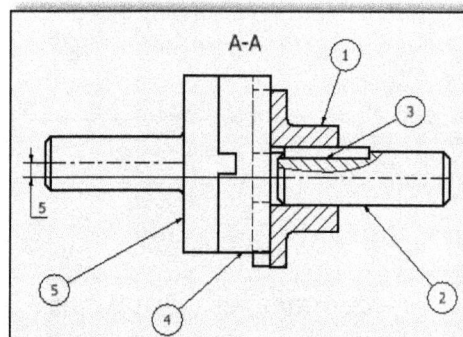

- Cartouche :

Importez la même cartouche utilisée dans le chapitre précédent.

Rappel : Le copiage de la cartouche depuis un autre dessin :

> Ouvrez un fichier 2D du projet précédent et copiez sa cartouche.

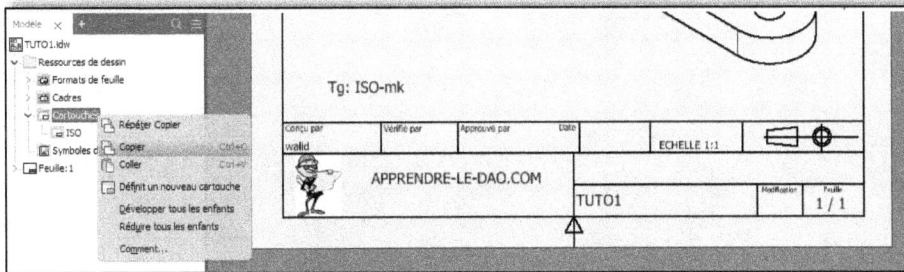

➢ Cliquez bouton droit dans ''**Cartouches**'' du dessin d'ensemble puis ''**Coller**''.

➢ Sélectionnez ''**Remplacer**'' puis cliquez Ok.

➢ Alignez la liste de pièces avec la cartouche.

Remarque : Vous pouvez changer le format ainsi l'échelle pour avoir une bonne lecture du dessin.

➢ Exportez le dessin d'ensemble en format PDF.

A-A

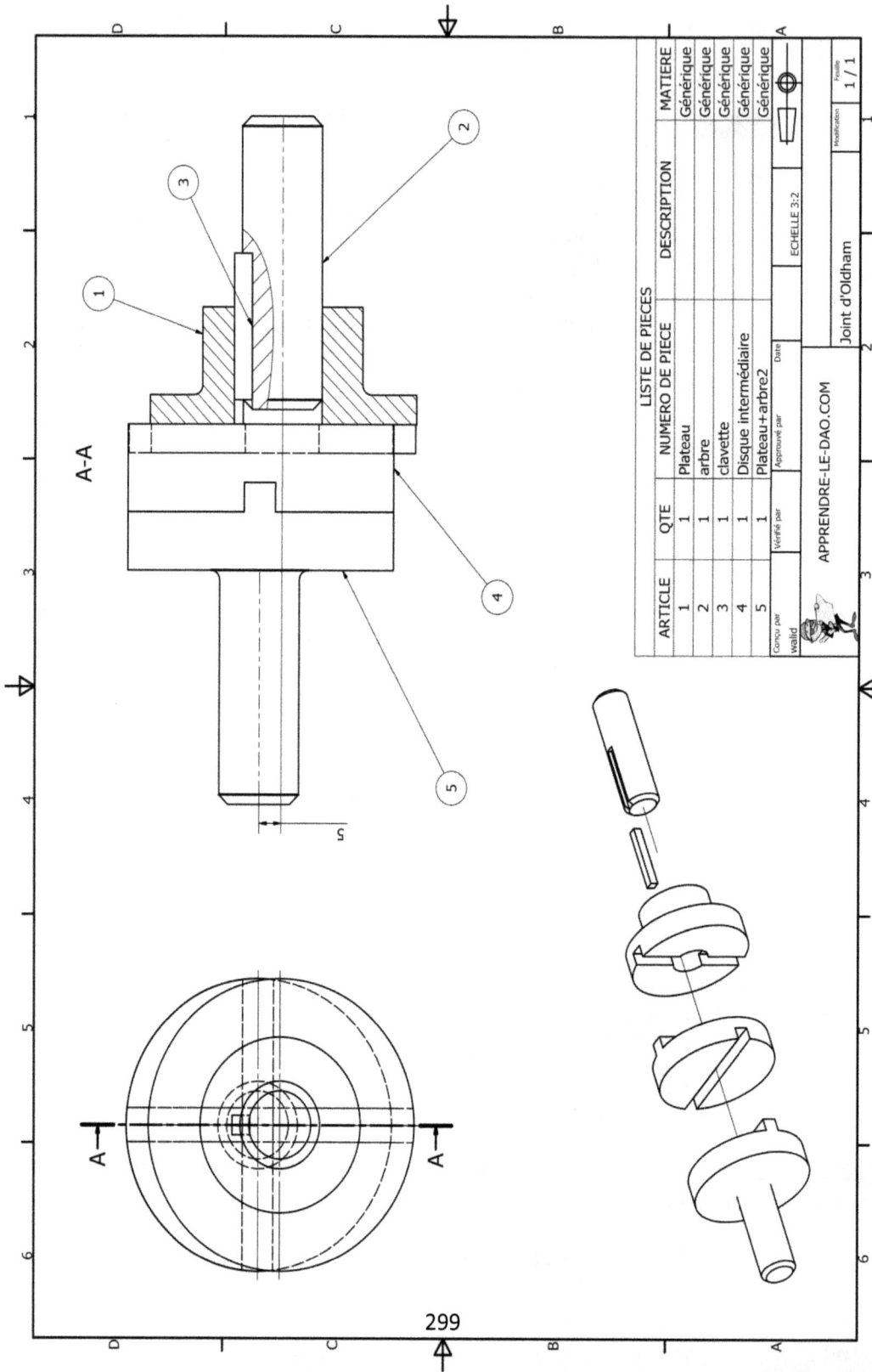

LISTE DE PIECES

ARTICLE	QTE	NUMERO DE PIECE	DESCRIPTION	MATIERE
1	1	Plateau		Générique
2	1	arbre		Générique
3	1	clavette		Générique
4	1	Disque intermédiaire		Générique
5	1	Plateau+arbre2		Générique

Conçu par	Vérifié par	Approuvé par	Date	
walid				

APPRENDRE-LE-DAO.COM

ECHELLE 3:2

Joint d'Oldham

Modification

Feuille 1 / 1

Chapitre.5 Modélisation des pièces en tôles (Tôlerie)

1. Introduction :

Dans ce chapitre, on va apprendre à modéliser des pièces en tôles. En pratique, une pièce en tôle est à la base un morceau de tôle plat sur laquelle ont été appliqué différents procédés de fabrication mécanique(façonnage) tels que le pliage, découpage, cintrage…etc.

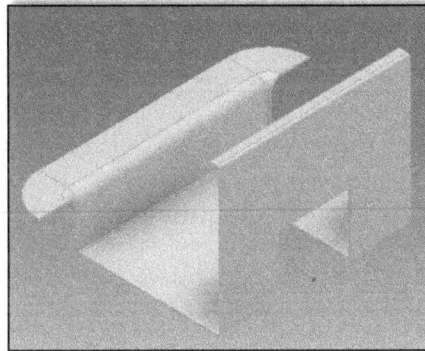

2. Application :

Autodesk Inventor a développé un atelier spécial de tôlerie.

Remarque : On peut modéliser une pièce en tôle à partir d'un modèle solide 3D, c'est-à-dire dans un gabarit standard 3D puis la convertir en tôle.

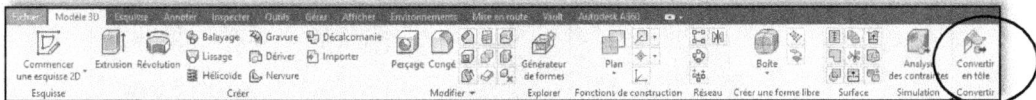

➢ Créez un nouveau projet ''**Tôlerie**''.

➤ Créez un nouveau fichier ''**Tôle(mm). ipt**''.

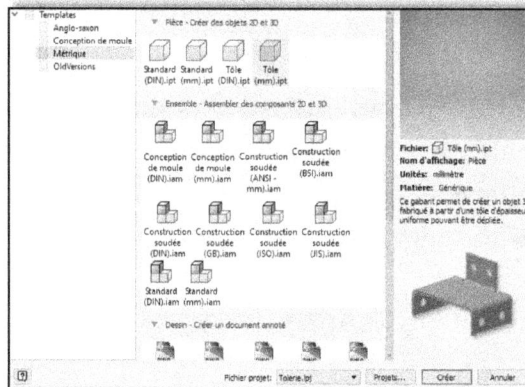

➤ Cliquez ''**Créer**''.

Vous vous trouvez dans l'interface initiale de l'atelier ''**Tôlerie**''.

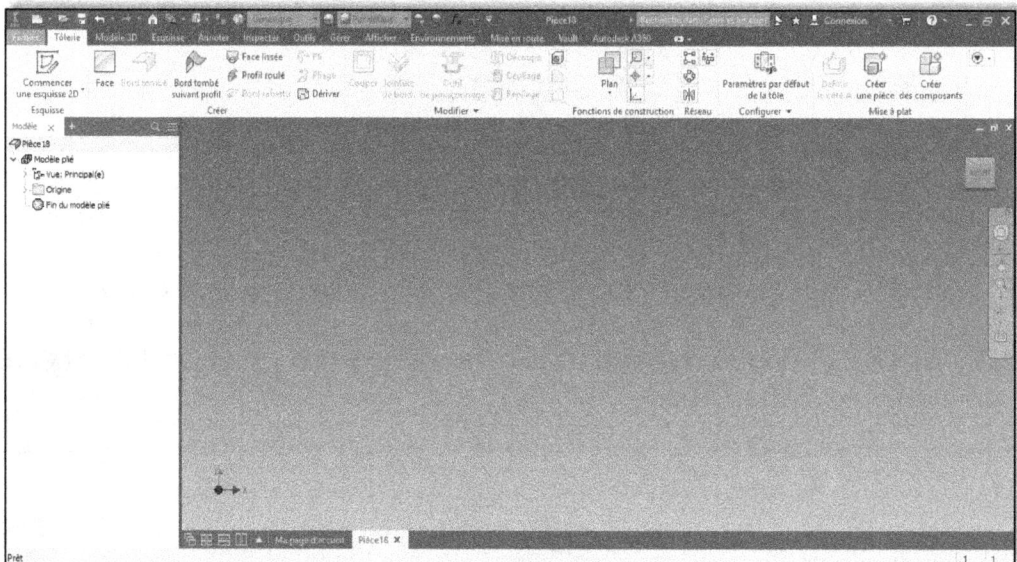

Avant de commencer la modélisation, on va tout d'abord régler les paramètres de la tôle.

➤ Cliquez ''**Paramètres par défaut de la tôle**''.

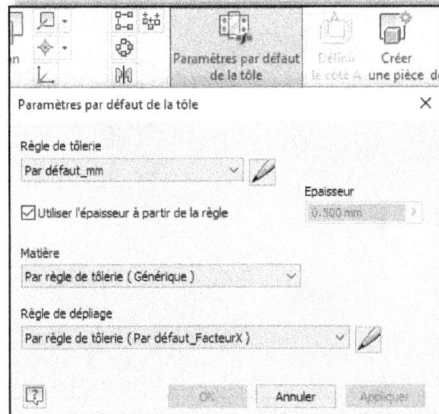

> ➤ Décochez ''**Utiliser l'épaisseur à partir de la règle**'' et entrez une valeur de l'épaisseur de la tôle.

Soit une épaisseur de **3mm**.

> ➤ Définir un matériau pour la tôle.

Soit le matériau ''**Aluminium 6061**''.

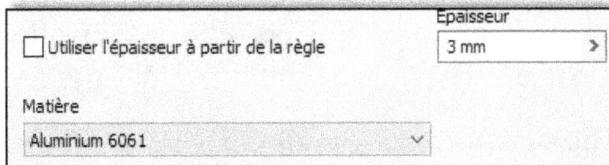

> ➤ Laissez par défaut les paramètres ''**Règle de tôlerie**'' et ''**Règle de dépliage**''.

Si vous cliquez par exemple dans ''**Modifier la règle de la tôlerie**'',

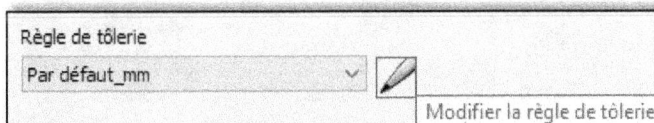

vous vous trouvez dans cette boite de dialogue :

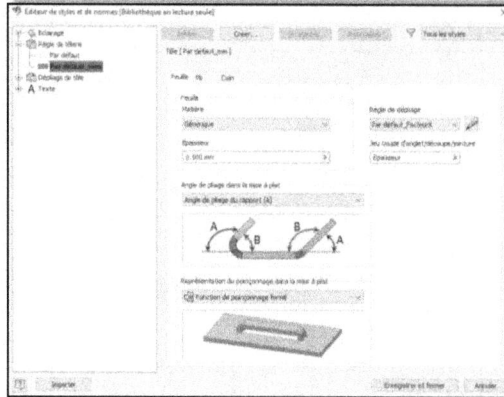

Ainsi, pour modifier ces paramètres, il faut avoir des connaissances avancées en pliage, poinçonnage…etc. Donc, si vous n'avez pas suivi des cours sur ces procédés de façonnage, ne vous inquiétez pas. De toutes les manières, le but de ce livre est d'apprendre les bases de modélisation avec Autodesk Inventor.

➢ Cliquez ''**Annuler**'' puis Ok.

✓ Face :

Comme dans la modélisation des objets solides, la création d'un objet 3D à base d'une tôle commence par la définition d'une esquisse.

➢ Cliquez ''**Commencer une esquisse 2D**''.
➢ Cliquez ''**Rectangle**'' (centre à deux points).

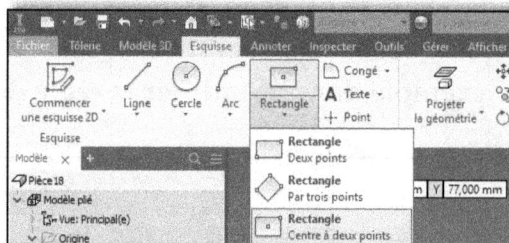

➢ Sélectionnez le premier point qui est confondu à l'origine du référentiel.

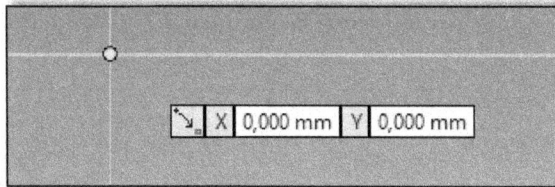

> ➤ Sélectionnez le deuxième point de façon aléatoire.

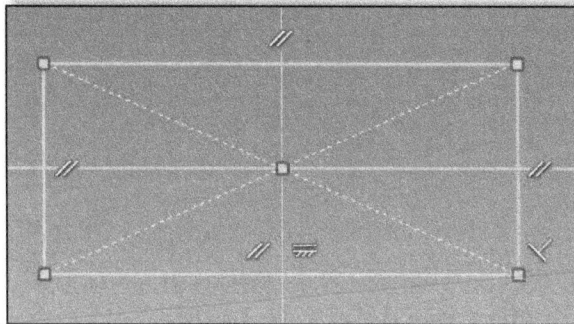

On constate que les contraintes de type géométrique sont définies automatiquement en utilisant cette commande de rectangle.

> ➤ Cliquez ''**Cote**'' et définissez les dimensions du rectangle.

Soit un rectangle de dimensions **600x400mm**.

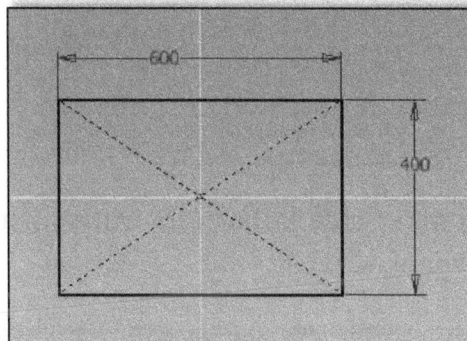

> ➤ Cliquez ''**Terminer l'esquisse**''.
> ➤ Cliquez ''**Face**'' pour extruder l'esquisse.

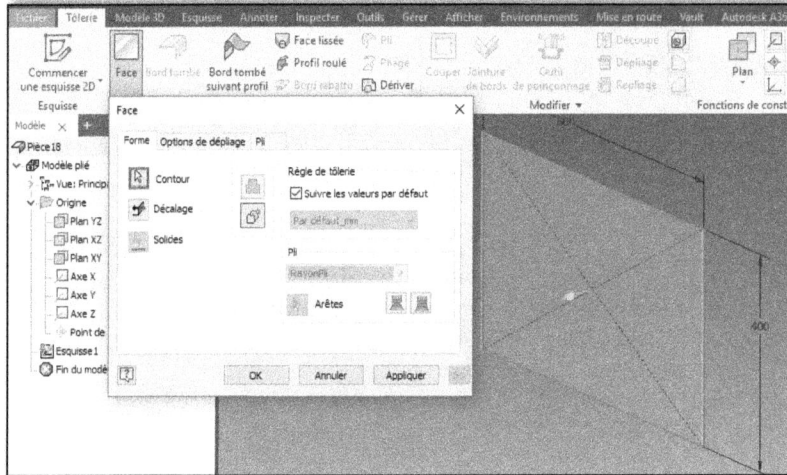

Comme vous voyez dans la boite de dialogue ''**Face**'', on ne peut pas définir la distance de l'extrusion car l'épaisseur de la tôle (**3mm**) a été déjà défini dans ''**Paramètres par défaut de la tôle**'' et cette épaisseur restera constante pour toutes les opérations appliquées au modèle.

➢ Cliquez Ok.

Voilà la tôle est créée.

On remarque après avoir créé la face, les autres commandes du ruban ''**Tôlerie**'' sont maintenant activées.

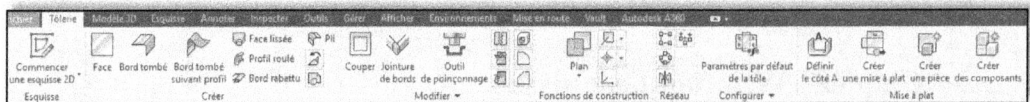

✓ Bord tombé :

Cette fonction permet d'ajouter un morceau de tôle relativement petit par rapport à la face et au pli.

➤ Cliquez "**Bord tombé**" et sélectionnez l'arête qui présente la largeur de la face.

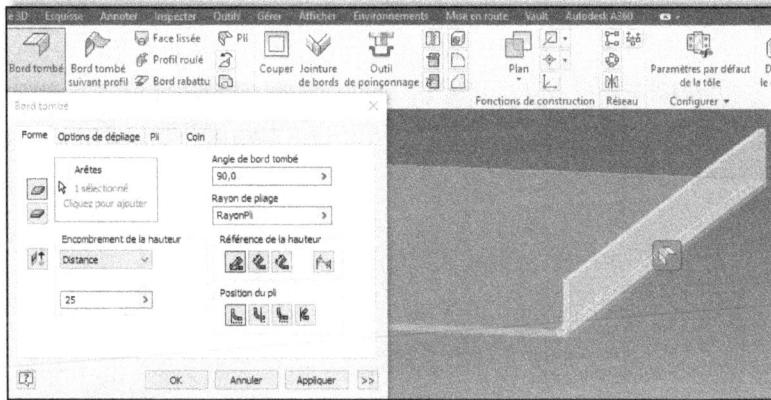

• Encombrement de la hauteur :

➤ Choisir l'option "**Distance**" et entrer une valeur.

Soit une hauteur de **25mm** (valeur par défaut).

➤ Cliquez "**Inverser la direction**" pour inverser le sens du collet.

• Angle de bord tombé :
➤ Essayez différents angles de bord tombé (45°, -45°).

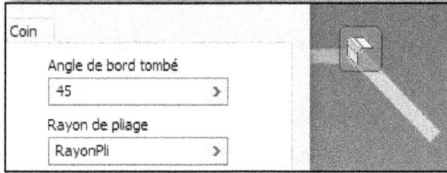

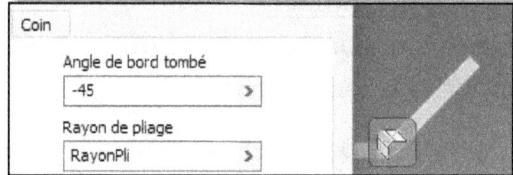

> ➢ Inverser de nouveau le collet et retourner à la valeur par défaut de l'angle de bord tombé (90°).

- • Référence de la hauteur :

Il s'agit, tout simplement, de définir les extrémités de la hauteur du collet.

- A partir de l'intersection des deux faces externes.

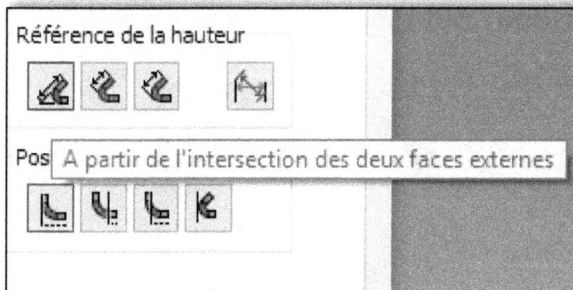

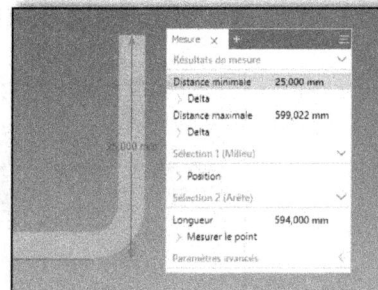

- A partir de l'intersection des deux faces internes.

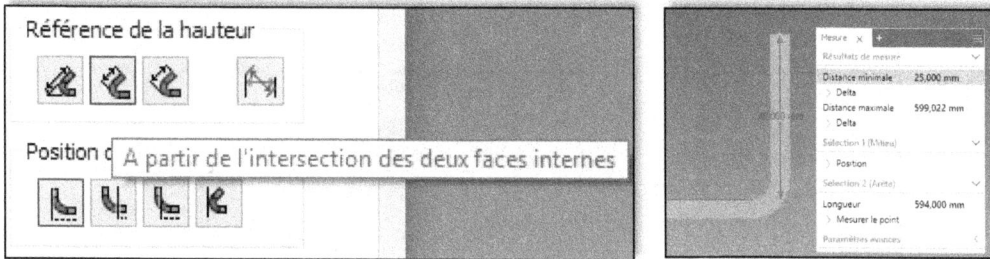

Remarque :

Pour mesurer un élément géométrique, cliquez ''**Mesure**'' dans le ruban ''**Inspecter**''.

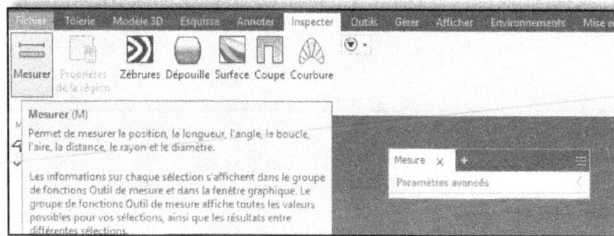

Revenons à la référence de la hauteur. On ne va pas détailler plus.

- ➢ Choisir l'option par défaut ''**A partir de l'intersection des deux faces externes**''.
- • Position du pli :

Cette option permet au dessinateur d'identifier le début de pliage par rapport à l'arête sélectionnée.

-   A l'intérieur de la face de base :

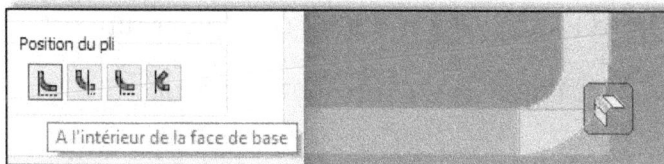

- Pli partant du bord de la face :

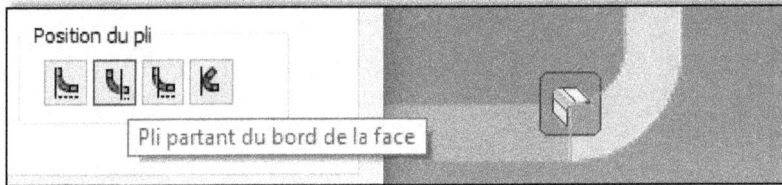

> Sélectionnez la position du pli par défaut "**A l'intérieur de la face de base**".

• <u>Encombrement de la largeur</u> :

> Cliquez "**Autres**" en bas à droite de la boite de dialogue "**Bord tombé**".

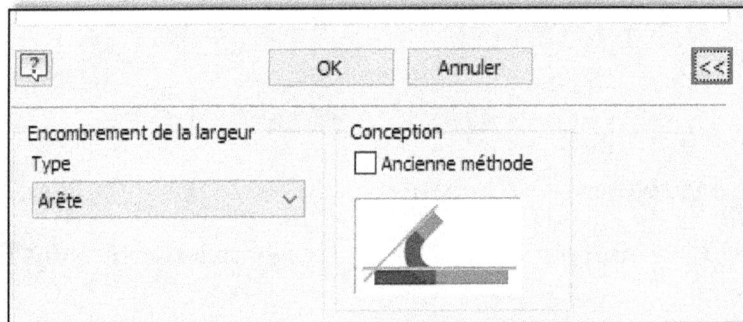

On constate que par défaut le type d'encombrement de la largeur est "**Arête**", c'est-à-dire le collet est créé sur toute la longueur de l'arête sélectionnée.

> Sélectionnez "**Largeur**" dans type et entrez une valeur de **100mm**.

<u>Remarque</u> : le bord tombé est par défaut centré par rapport à l'arête.

> Cliquez "**Décalage**" si vous voulez le décaler.

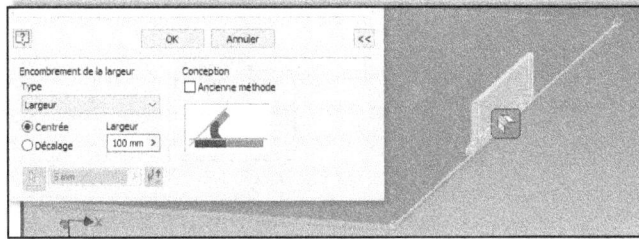

> ➤ Resélectionnez le type ''**Arête**''.

- Arêtes :

On va revenir aux arêtes sélectionnées. Il est possible de sélectionner tout le contour de la face pour créer un bord tombé sur toute la longueur du périmètre.

> ➤ Sélectionnez l'option ''**Mode de sélection de boucle**'' et sélectionnez une arête.

Remarque : Si vous sélectionnez l'arête qui présente le contour inférieur de la face vous aurez le collet en bas et vice versa.

Bien sûr, vous pouvez de toute façon inverser la direction du collet en cliquant ''**Inverser la direction**''.

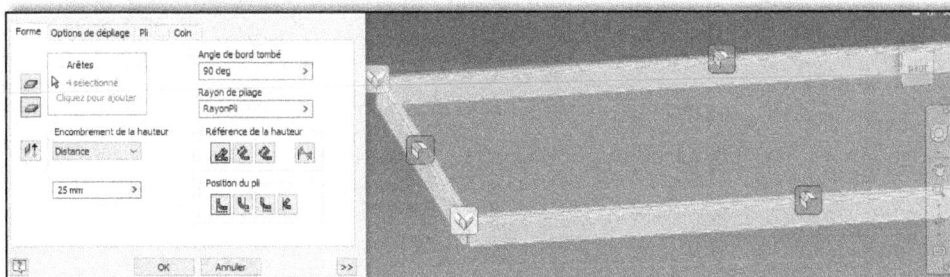

- <u>Rayon de pliage</u> :

On va revenir aussi au rayon de pliage qui est défini par défaut par ''**RayonPli**''. La valeur de rayon de pliage a été déjà défini dans les paramètres de la tôle par **3mm**.

Vous pouvez le mesurer directement par la commande ''**Mesurer**''.

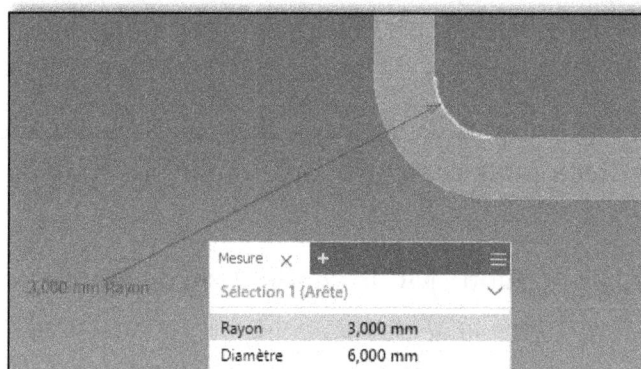

➢ Entrez une autre valeur du rayon de pliage et observez la différence.

Soit un rayon de pliage de **20mm**.

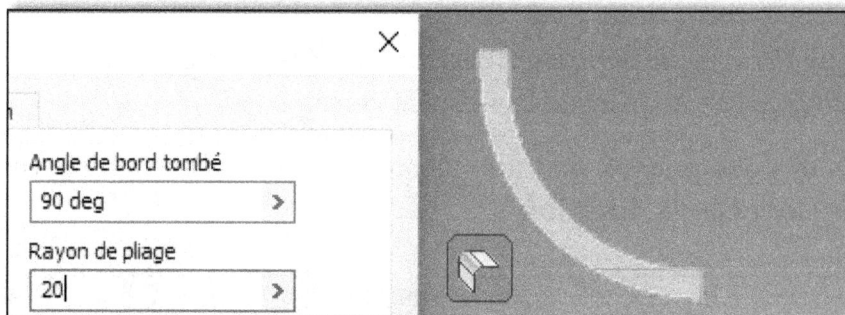

Finalement, on va créer un bord tombé d'un seul côté de la tôle avec les paramètres présentés ci-dessous dans la boite de dialogue.

> Cliquez Ok.
> Enregistrez votre pièce.

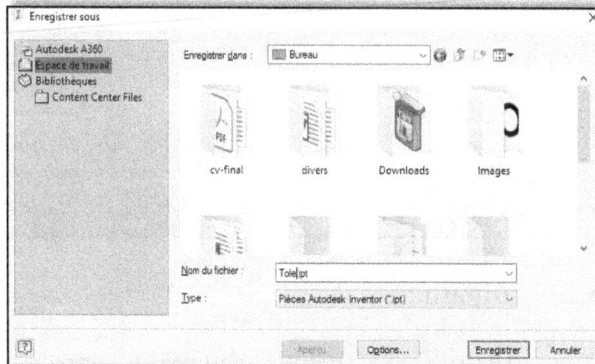

Il faut toujours de sauvegarder une fois que vous avez eu ce message d'Inventor.

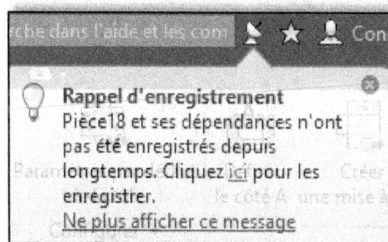

✓ Bord tombé suivant profil :

Cette fonction permet de créer un bord tombé suivant un profil.

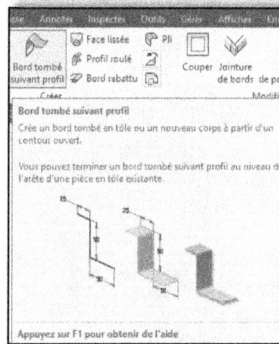

➢ Cliquez "**Créer une esquisse 2D**" et sélectionnez la face ci-dessous.

➢ Créez le profil suivant :

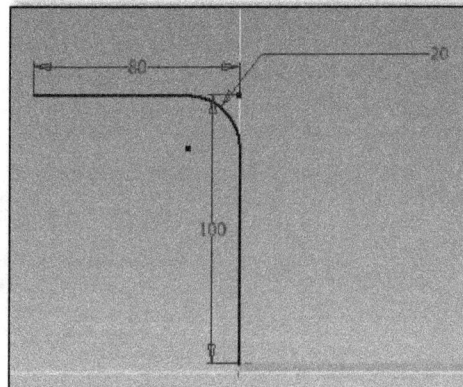

- ➢ Cliquez ''**Terminer l'esquisse**''.
- ➢ Cliquez ''**Bord tombé suivant profil**''.

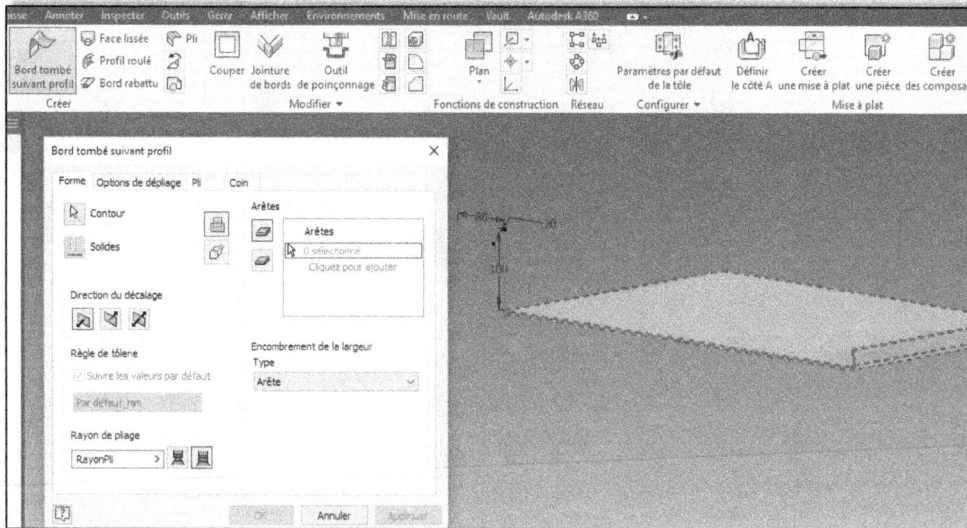

- • <u>Contour</u> :

Inventor a pris par défaut le contour ouvert créé comme profil de base du bord tombé.

- • <u>Arêtes</u> :

C'est pratiquement le même principe de la commande ''**Bord tombé**''.

- ➢ Sélectionnez l'arête normale au plan de l'esquisse.

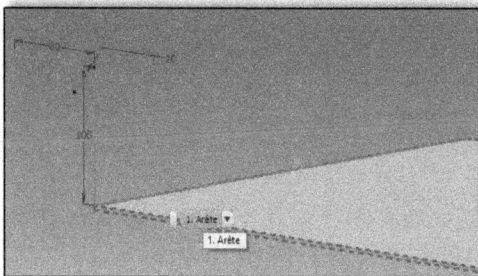

Vous pouvez ajouter d'autres collets en sélectionnant les autres arêtes.

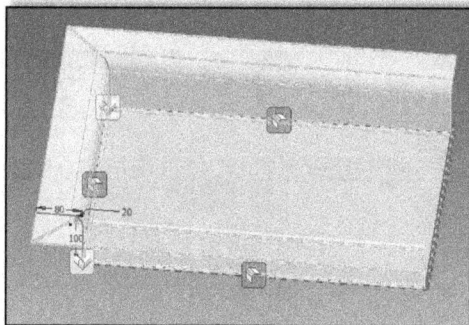

Remarque :

Si vous cliquez sur la boite de dialogue ''**Coin**''. Vous constaterez que l'option ''**Jeu de la coupe d'onglet**'' est définie par défaut dans les paramètres de la tôle.

> Cliquez OK dans la boite de dialogue ''**Bord tombé suivant profil**''
> Cliquez ''**Mesurer**'' dans le ruban ''**Inspecter**'' pour mesurer ce jeu.

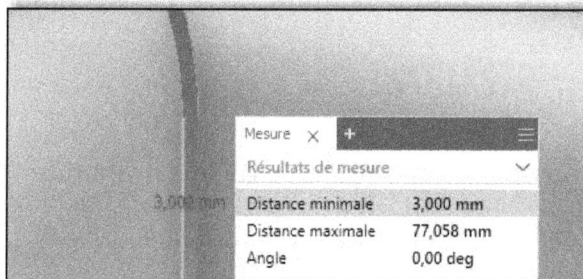

Comme vous voyez, ce jeu égale à **3mm** présente l'épaisseur de la tôle qu'on avait déjà défini au début.

Dans tous les cas, vous pouvez le changer.

> Cliquez deux fois dans l'arborescence sur la fonction créée ''**Bord tombé suivant profil**'' pour rouvrir la boite de dialogue.

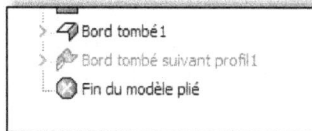

> Entrez une valeur de **0.1mm** dans ''**Jeu de la coupe d'onglet**'' et observez.

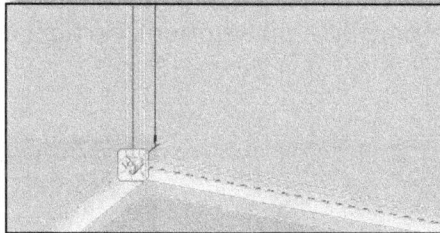

Soit finalement une valeur de jeu de **0.5mm.**

> Cliquez ''**3 sélectionné**'' dans ''**Arêtes**'' puis tapez ''**Supprimer**'' sur votre clavier.

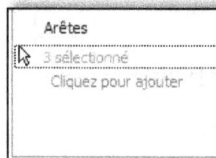

> Resélectionnez l'arête normale au plan de l'esquisse.
> Cliquez Ok.

✓ Profil roulé :

Cette fonction permet de pivoter un bord tombé suivant un axe de rotation. Concrètement, il s'agit d'ajout de matière par révolution d'un contour.

> Cliquez ''**Commencer une esquisse 2D**'' puis sélectionnez la même face de l'esquisse précédente, ensuite créez le profil ci-dessous en utilisant la commande ''**Projeter la géométrie**''.
> Créez une ligne parallèle au segment vertical du profil et distant de **3mm**.

> Cliquez ''**Terminer l'esquisse**''.
> Cliquez ''**Profil roulé**''.

➤ Cliquez "**Contour**" et sélectionnez le profil.
➤ Cliquez "**Axe**" et sélectionnez la ligne.

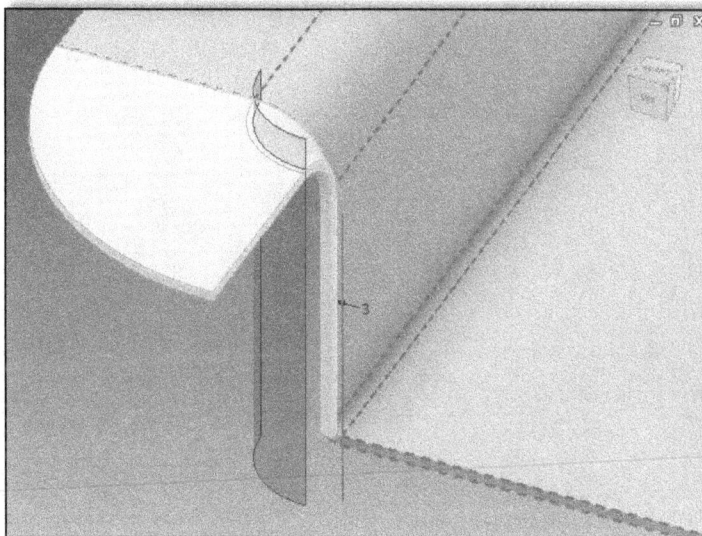

Vous constatez que le profil a été pivoté de **45°** comme indiqué par défaut dans l'option "**Angle de roulis**".

➤ Essayez d'autres angles et observez les différents résultats.
➤ Cliquez Ok.

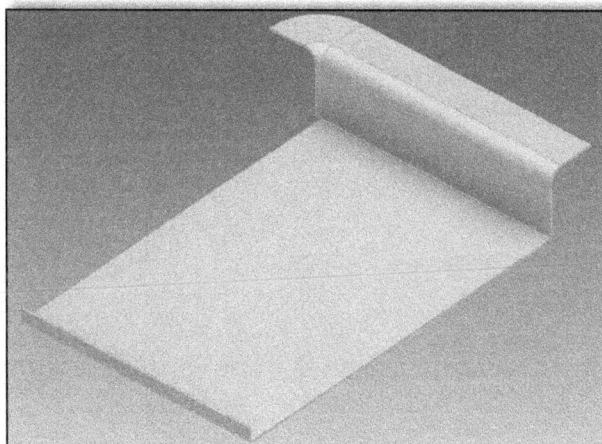

On va créer la symétrie du profil roulis.

➤ Cliquez "**Symétrie**" puis sélectionnez "**Profil roulis**" dans "**Fonctions**", ensuite sélectionnez le plan (X, Z) dans "**Plan de symétrie**".

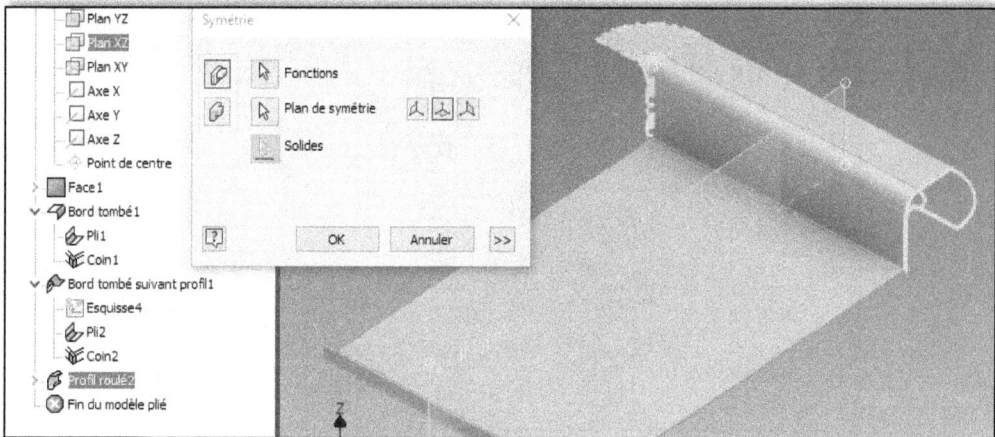

➤ Cliquez Ok.

✓ Bord rabattu :

Cette fonction a pour objectif généralement d'arrondir un bord externe d'une pièce en tôle.

➤ Cliquez "**Bord rabattu**" puis sélectionnez l'arête du bord tombé créé au début.

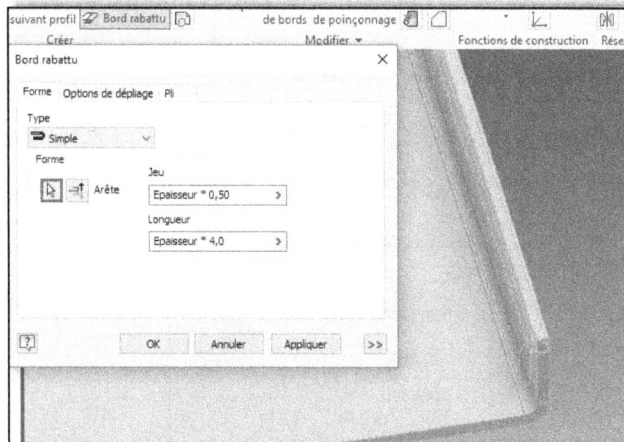

On constate qu'il y a quatre types de bord rabattu :

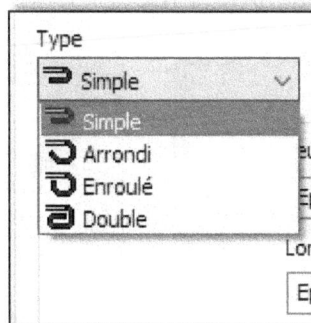

➢ Essayez les différents types et observez les résultats.

Vous pouvez aussi inverser la direction du bord en cliquant sur ''**Inverser la direction**''

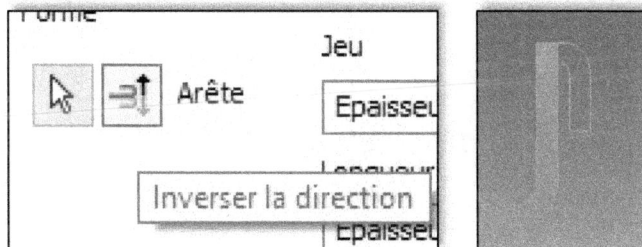

- <u>Jeu et longueur</u> :

Comme Indiqué dans la boite de dialogue :

- **Jeu=** épaisseur x 0.5 = 3x 0.5 = **1.5mm**
- **Longueur=** épaisseur x 0.4 = 3x 4 = **12mm**

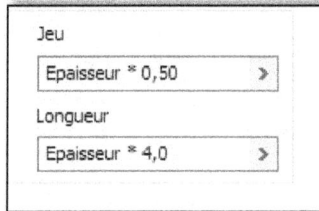

> Mesurez à l'aide de la commande ''**Mesurer**'' le jeu et la longueur.
> Cliquez d'abord Ok avant de mesurer.

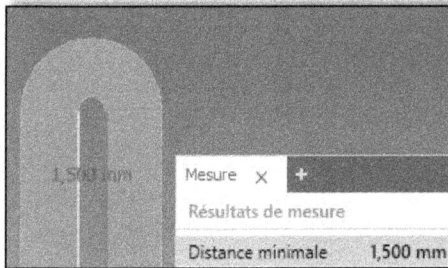

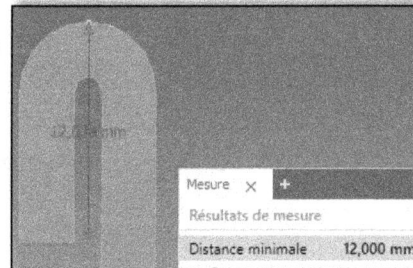

> Quittez le ruban ''**Inspecter**'' et tournez à ''**Tôlerie**''.

✓ Pliage :

On suppose que tout le monde connait l'opération de pliage. Même si vous n'avez pas suivi des cours en pliage, vous avez dû plier vos billets d'argent avant de les mettre dans votre portefeuille.

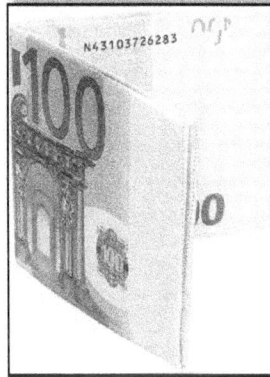

En tôlerie, le pliage se fait pratiquement avec le même principe : il faut principalement une ligne de cintrage et un angle de pliage.

➢ Cliquez "**Commencer une esquisse 2D**" puis sélectionnez la face principale de la tôle pour créer la ligne de cintrage.
➢ Cliquez "Ligne" et créez une ligne centrée par rapport à la fac

➢ Cliquez ''**Terminer l'esquisse**''.
➢ Cliquez ''**Pliage**''.

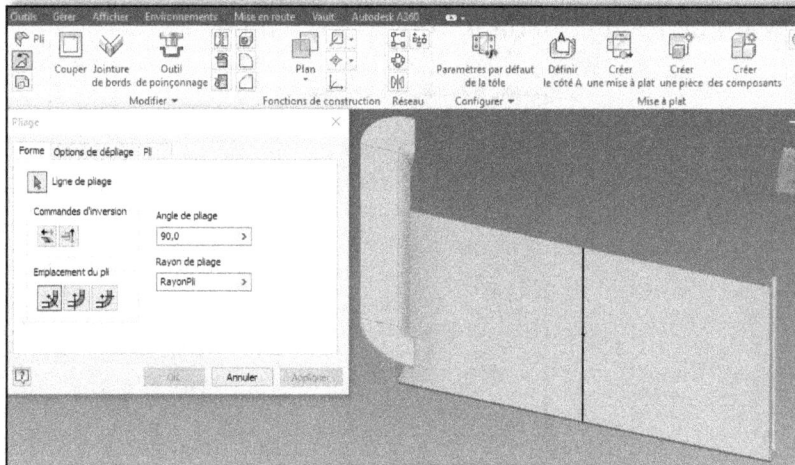

➢ Cliquez ''**Ligne de pliage**'' et sélectionnez la ligne créée.
➢ Entrez une valeur de l'angle de pliage.

Soit la valeur par défaut **90°**.

Pour l'emplacement du pli, laissez l'option par défaut '' **Trait d'axe du pli**''.

➢ Cliquez ''**Appliquer**'' et observez.

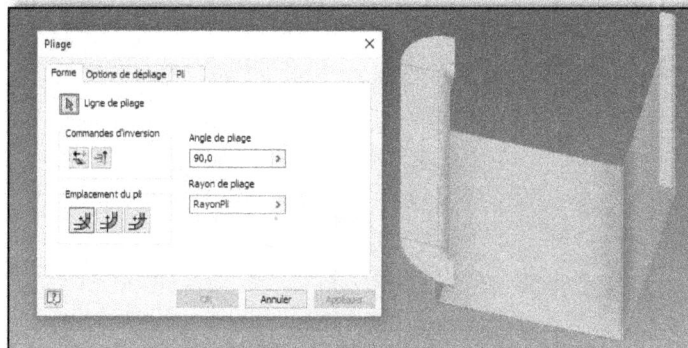

Dans ''**Commandes d'inversion**'', vous pouvez inverser le côté et la direction de pliage.

On va laisser toutes les options par défaut pour ce pliage.

✓ Découpage :

On va réaliser des ouvertures sur la tôle suivant des contours.

➢ Cliquez ''**Coupe**''.

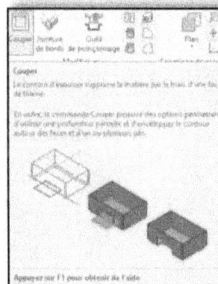

Inventor vous affichera un message d'erreur car il n'a pas détecté des esquisses sur la pièce.

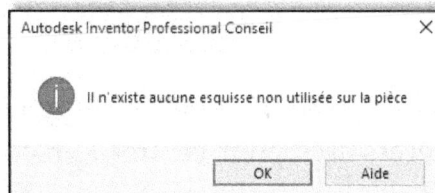

Donc, tout d'abord, il faut créer une esquisse. Ensuite, appliquez le découpage.

➢ Cliquez '' **Commencer une esquisse 2D**'' et sélectionnez la surface suivante :

➢ Cliquez ''**Rectangle**'' et créez un rectangle qui dépasse la face sélectionnée comme indiqué ci-dessous.

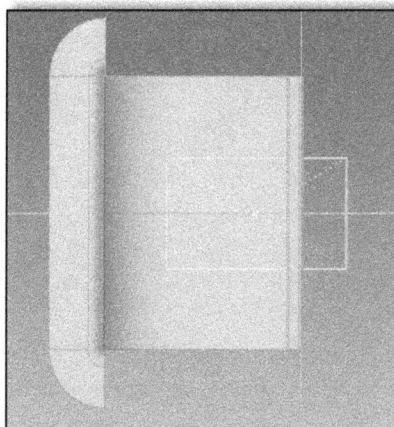

➢ Cotez le rectangle (**250x150mm**) et appliquez les contraintes géométriques nécessaires pour centrer le rectangle par rapport au référentiel.

Rappel :

- ➢ Cliquez ''**Projeter la géométrie**'' et sélectionnez les deux plans normaux au plan de l'esquisse ((YZ), (XZ)).
- ➢ Cliquez ''**Contrainte de coïncidence**'' puis sélectionnez le centre du rectangle et l'axe (YZ).
- ➢ Recliquez ''**Contrainte de coïncidence**'' puis sélectionnez l'axe (XZ) et le centre du rectangle.

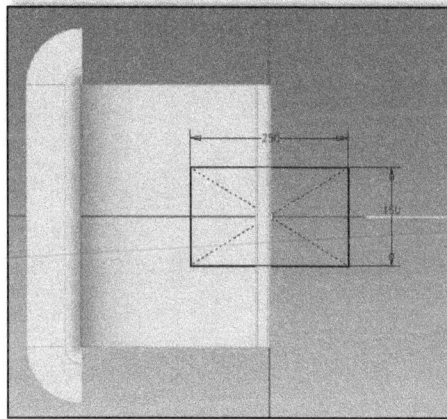

- ➢ Cliquez ''**Terminer l'esquisse**''.
- ➢ Cliquez ''**Coupe**''.

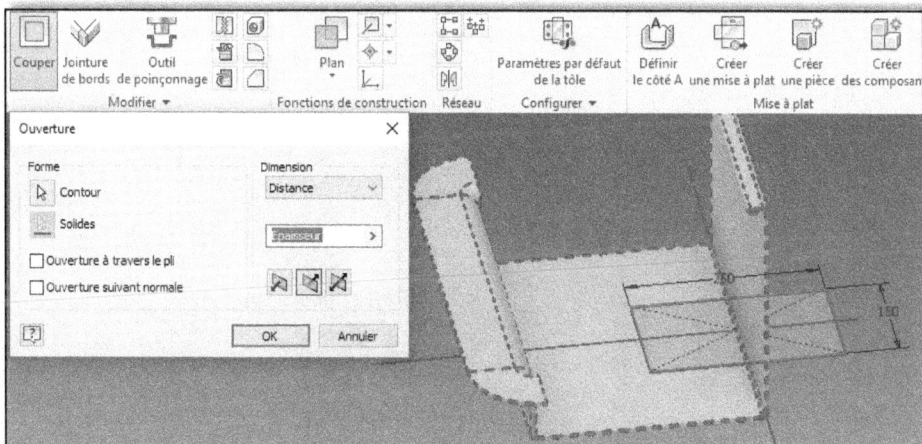

On constate que le contour de l'esquisse a été détecté automatiquement comme contour d'ouverture à créer.

Dans la boite de dialogue "**Dimension**", la distance de l'extrusion par enlèvement de matière est égale par défaut à l'épaisseur de la tôle(3**mm**).

➢ Cliquez Ok et observez.

On constate que la coupe est faite seulement sur la face qui appartient au plan de l'esquisse.

➢ Cliquez deux fois sur la fonction "**Couper**" depuis l'arborescence et cochez l'option "**Ouverture à travers le pli**".

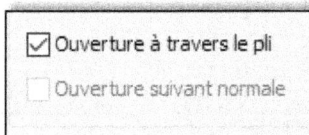

➢ Cliquez Ok.

On constate maintenant que l'enlèvement de matière a suivi le pliage.

Remarque : On pouvait créer cette ouverture en appliquant la fonction ''**Dépliage**'' après ''**Repliage**''.

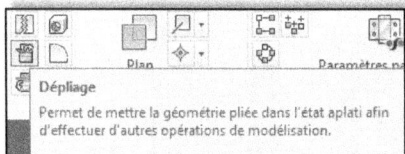

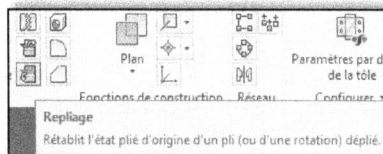

On applique le repliage après la création de l'ouverture.

✓ Autres fonctions de tôlerie :

En tôlerie, quelques fonctions sont quasiment identiques dans leur application que dans l'atelier de modélisation 3D comme ''**Perçage**'', ''**Arrondi de coin**'' et ''**Chanfrein de coin**''.

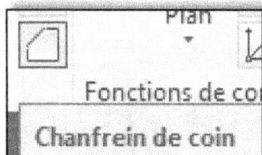

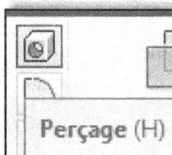

✓ Mise à plat :
Cette fonction permet de déplier la pièce en tôle créée.

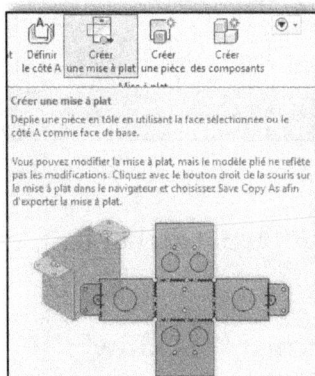

➢ Cliquez "**Créer une mise à plat**".

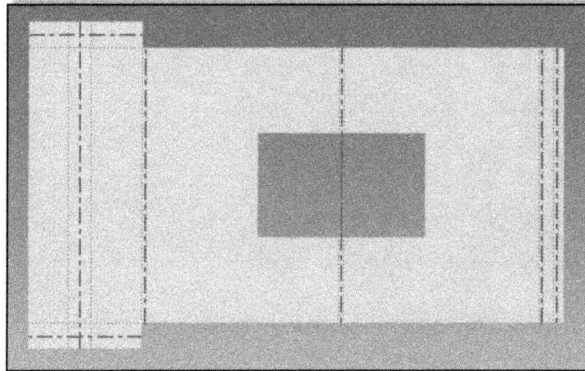

➢ Cliquez "**Annotation de l'ordre de pliage**" pour définir la séquence de plis.

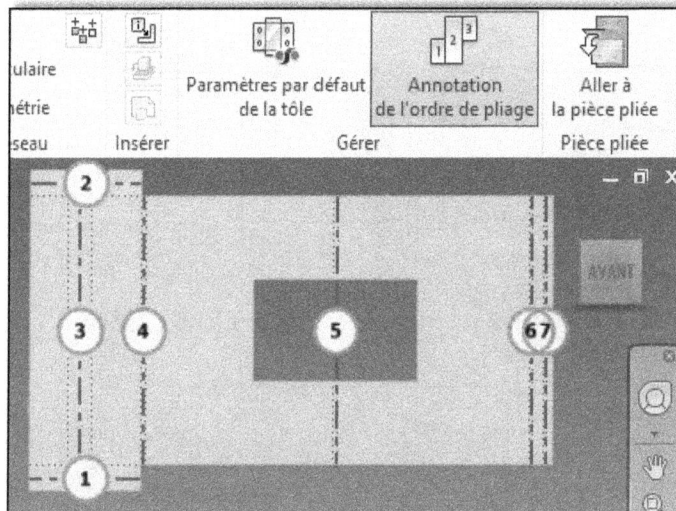

✓ <u>Mise en plan :</u>

Après avoir fini la conception 3D de la pièce, on va créer la mise en plan pour lancer sa réalisation.

➢ Créez un nouveau fichier "**ISO.idw**".

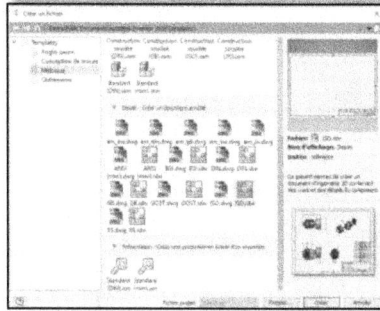

> Cliquez ''**Créer**''.
> Cliquez ''**Base**'' pour créer la vue de face.

On constate que dans la boite de dialogue ''**Vue de tôlerie**'', il est possible créer une vue de base à partir la mise à plat.

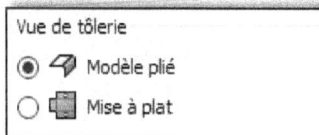

> Créez les trois vues présentées ci-dessous.

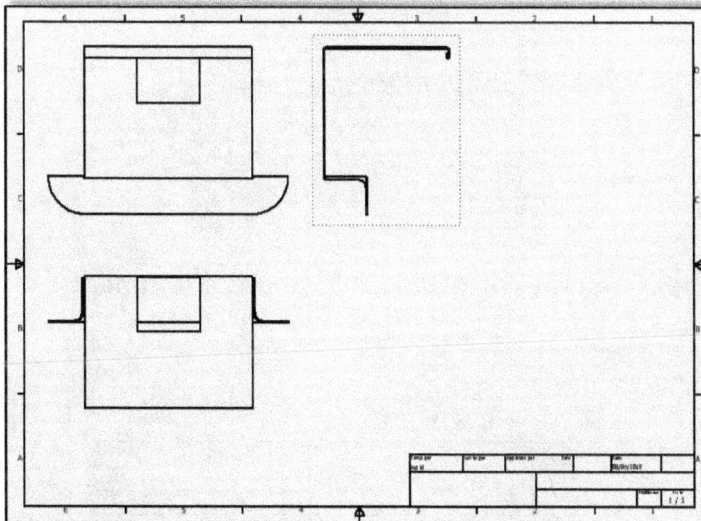

➤ Recliquez "**Base**" et sélectionnez l'option "**Mise à plat**".

➤ Créez une vue isométrique.

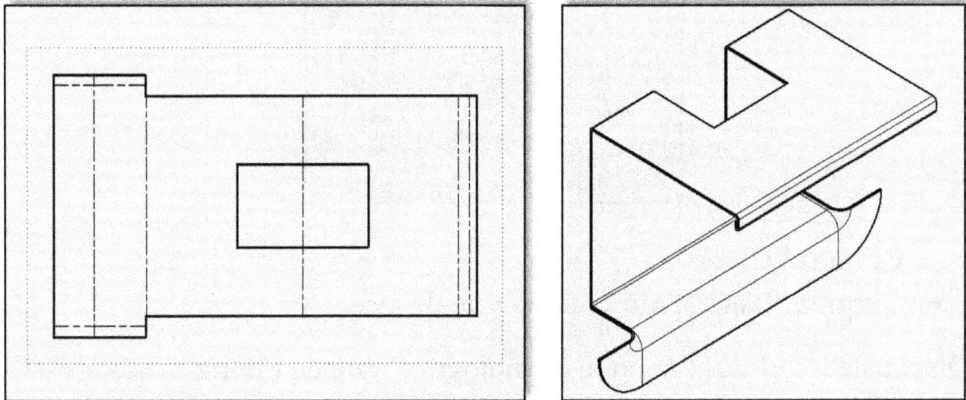

➤ Cotez le dessin.

Vous pouvez utiliser l'option "**Extraire les annotations du modèle**" pour coter le dessin.

➤ Cliquez bouton droit sur la vue puis cliquez "**Extraire les annotations du modèle**".

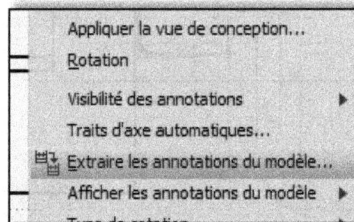

➤ Importez la même cartouche utilisée précédemment.

APPRENDRE-LE-DAO.COM

- ➢ Enregistrez les deux fichiers (fichier tôlerie et le dessin)
- ➢ Exportez le dessin en format PDF.

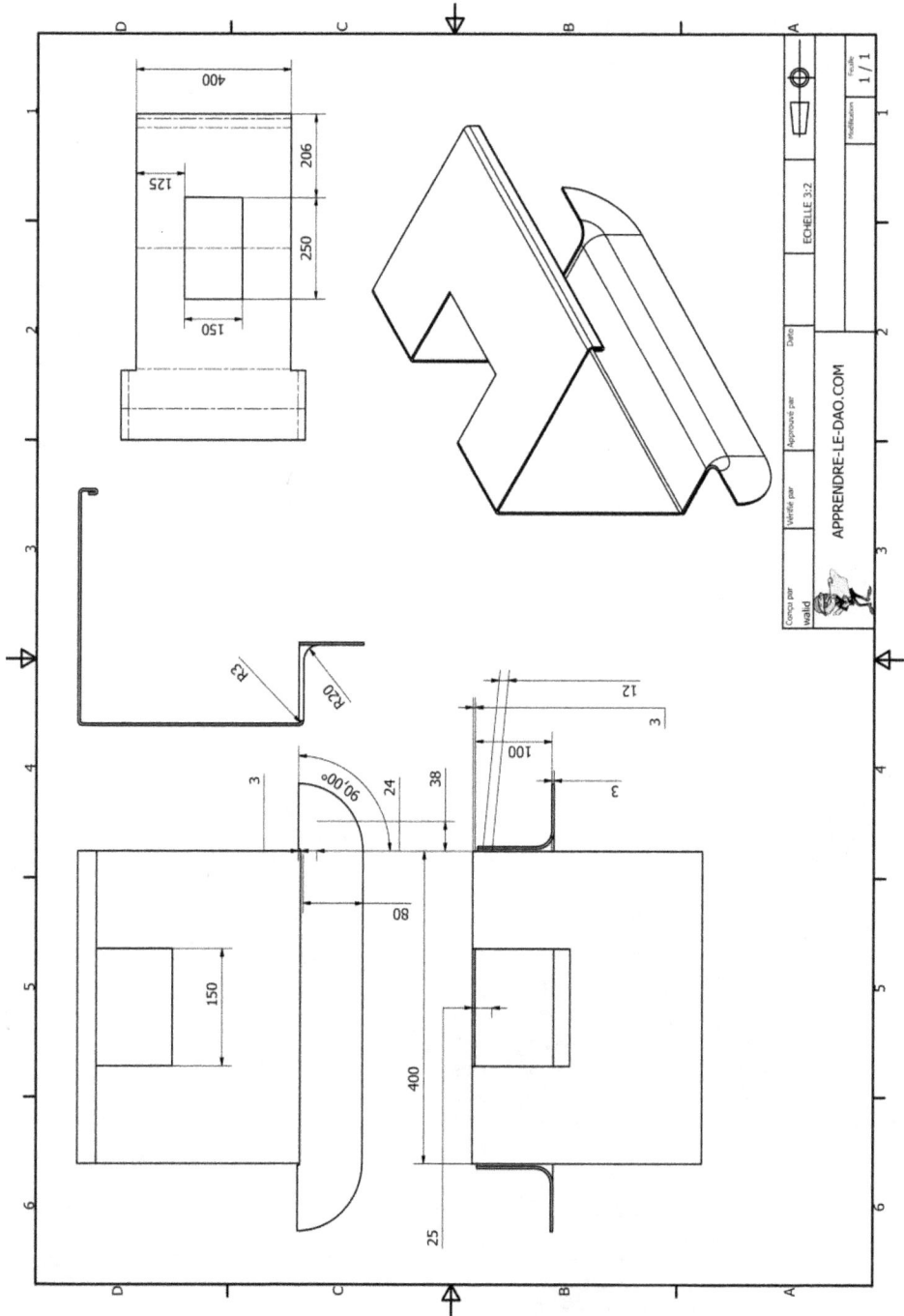

400

206

125

250

150

R3

R20

12

3

100

3

90.00°

24

38

3

80

150

400

25

ECHELLE 3:2

1 / 1

Date

Approuvé par

Vérifié par

Conçu par
walid

Modification

Feuille

333

Chapitre.6 Modélisation et calculs d'une structure à ossature

1. Introduction :

Dans ce chapitre, on va modéliser une table à base de profilés à partir d'une esquisse. Ensuite, on va faire une analyse des contraintes suite à un chargement appliqué à la table à ossature.

2. Modélisation de la table :

➤ Créez un nouveau projet "**Table**".
➤ Créez un nouveau fichier "**Ensemble**" (Standard(mm). iam).
➤ Cliquez "**Créer**" pour créer un nouveau composant.

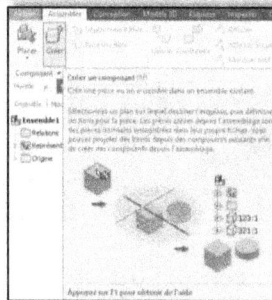

C'est la méthode descendante d'assemblage (création des composants à partir d'un fichier d'ensemble).

➤ Nommez le composant et choisissez le type de gabarit (Standard.ipt).

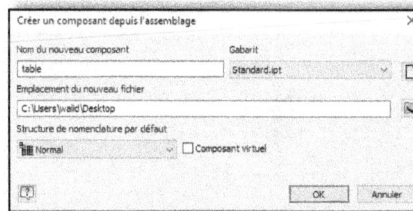

➢ Cliquez Ok.

Vous vous trouvez dans l'atelier de modélisation des objets.

✓ Esquisse 3D :
➢ Cliquez "**commencer une esquisse 3D**".

On va créer le squelette de la table.

➢ Cliquez "**Ligne**" et créez l'esquisse suivante.

Soit une table de **longueur 1000mm, largeur 700mm** et **hauteur 1000mm**.

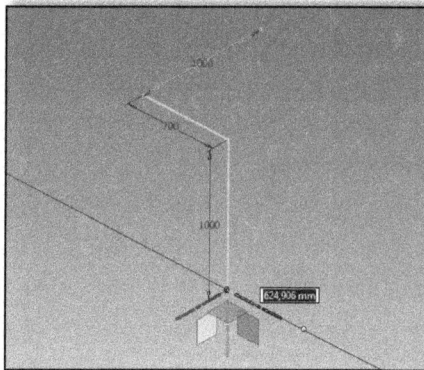

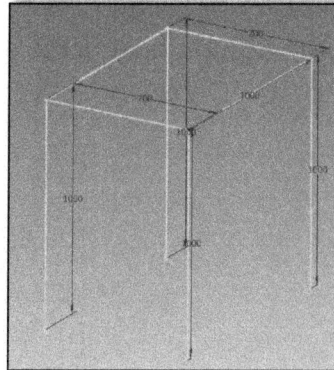

On va rajouter des lignes de renfort au niveau des pieds de la table d'une hauteur de **200mm**.

➤ Cliquez ''**Terminer l'esquisse**''.

✓ Modélisation des profilés de la table :
➤ Cliquez ''**Retour**'' pour revenir à l'ensemble.

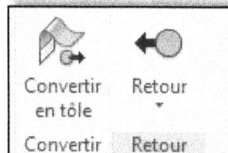

➤ Cliquez ''**Insérer une ossature**'' dans le ruban ''**Conception**''.

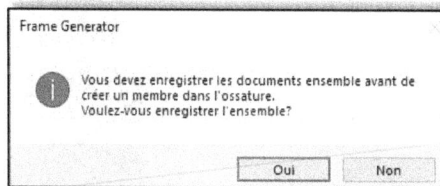

➤ Enregistrez le fichier de l'ensemble si vous ne l'avez pas encore fait.

Une fois fait l'enregistrement, vous aurez la boite de dialogue ''**Insérer une ossature**''.

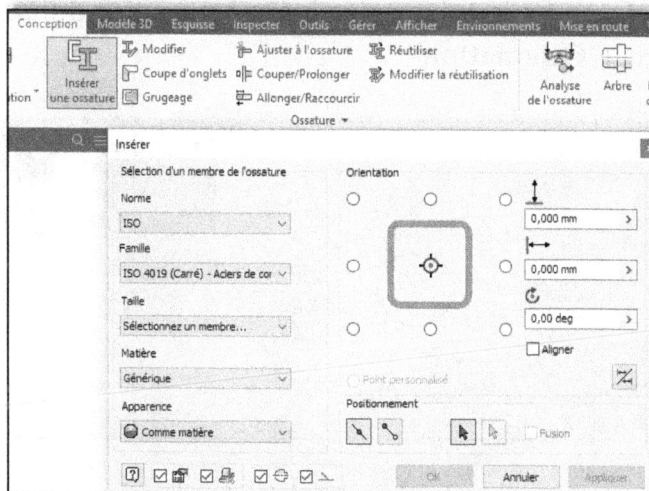

- **Caractérisation du profilé :**

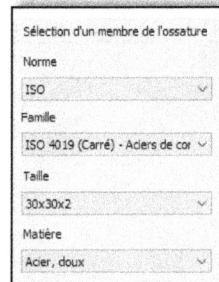

- Norme : ISO.
- Famille : Carré.
- Taille : 30x30x2.
- Matière : Acier doux.

➤ Sélectionnez une arête de l'esquisse 3D créée et observez.

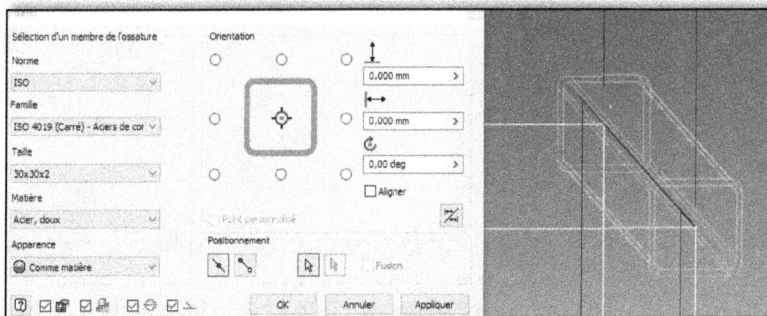

On constate que la ligne ou l'arête sélectionnée est centrée dans le tube. Si vous voulez délocaliser le tube, sélectionnez un point d'insertion dans la boite de dialogue ''**Orientation**''.

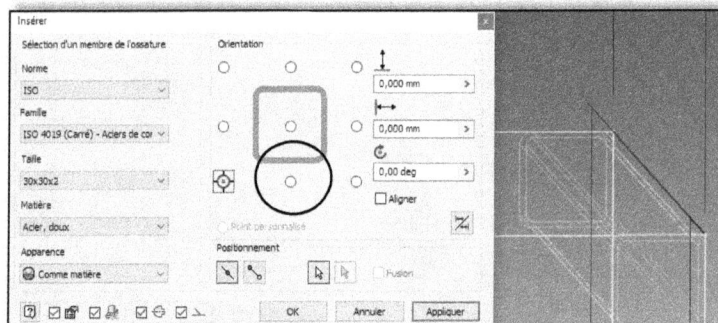

Il est possible aussi de décaler le tube dans le plan normal à l'arête.

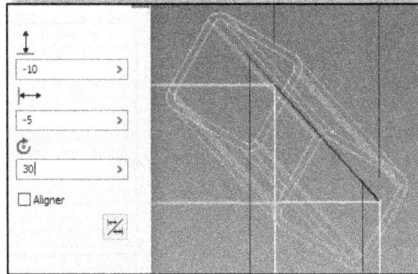

Soit des profilés centrés par rapport aux arêtes.

- ➤ Sélectionnez toutes les arêtes pour compléter la table.
- ➤ Cliquez Ok.

On va changer l'apparence de l'ossature et le style d'affichage pour bien observer la connexion entre les tubes.

- ➤ Cliquez ''**Ajuster**'' pour modifier l'apparence.

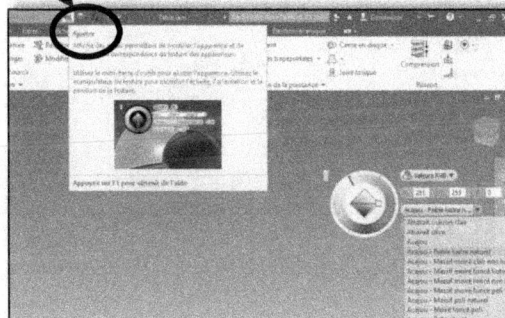

> Sélectionnez les membres de l'ossature dans l'arborescence.

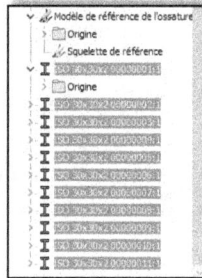

> Choisir l'apparence par défaut.

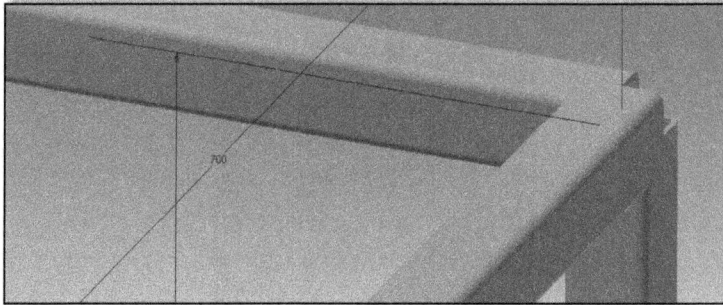

> Choisir ''**Ombré avec arêtes**'' pour le style visuel.

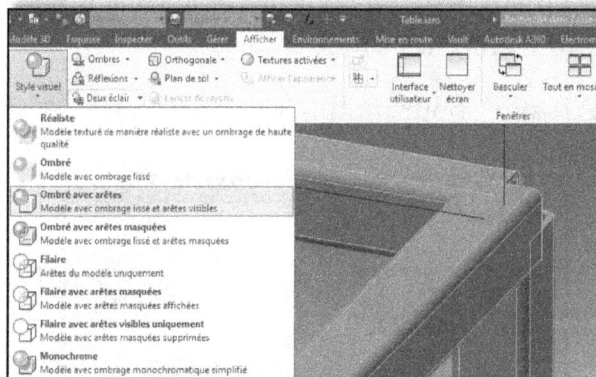

> Cliquez ''**Coupe d'onglets**'' pour définir la connexion entre les membres de l'ossature.

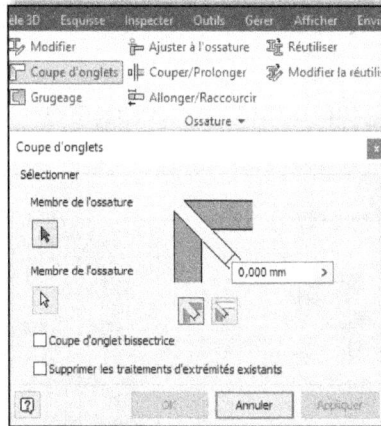

> Sélectionnez ''**Coupe d'onglet des deux côtés**'' dans la boite de dialogue ''**Coupe d'onglets**''.

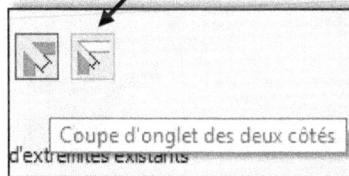

Coupe d'onglet des deux côtés

> Sélectionnez le premier membre puis le deuxième.
> Cliquez Ok.

On va refaire la même connexion entre les profilés du cadre supérieur de la table.

➢ Sélectionnez les éléments à connecter puis cliquez droit et ''**Appliquer**''.

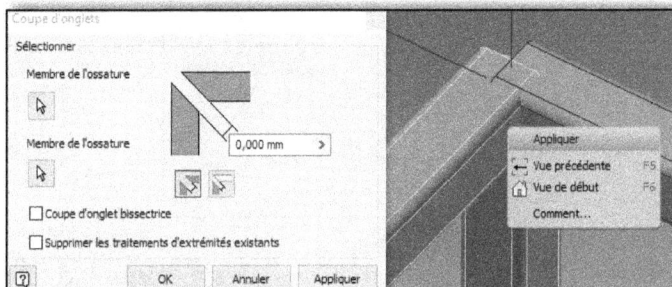

➢ Cliquez bouton droit sur l'esquisse 3D créé puis décochez la visibilité pour masquer les cotes.

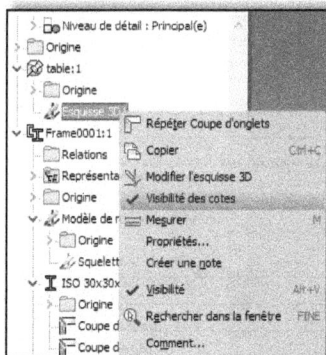

Maintenant, on va ajuster les pieds de la table par rapport au cadre supérieur pour éviter d'éventuelles interférences.

➢ Cliquez ''**Couper/Prolonger**''.
➢ Sélectionnez les pieds de la table (les éléments à couper).
➢ Cliquez ''**Face**'' puis sélectionnez la face à couper.
➢ Cliquez Ok.

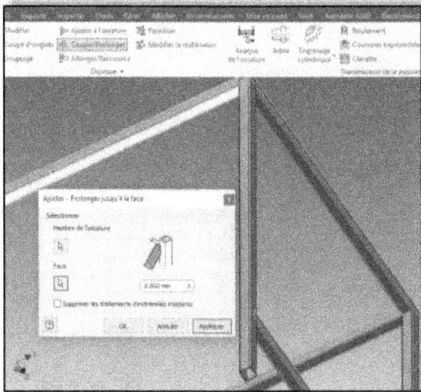

> ➤ Faites la même chose pour ajuster le cadre inférieur avec les pieds de la table.

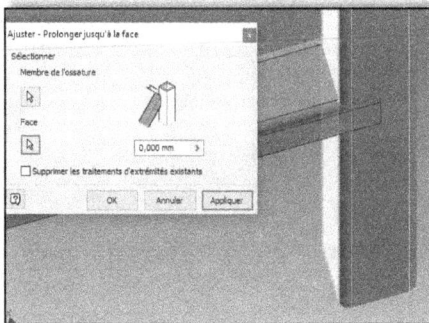
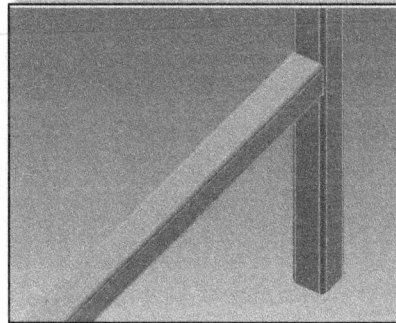

- **Modélisation du plateau :**

➤ Créez un nouveau composant.
➤ Nommez le composant et choisissez l'emplacement du fichier.

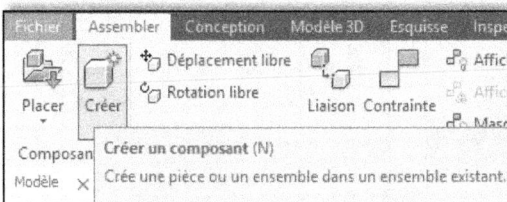
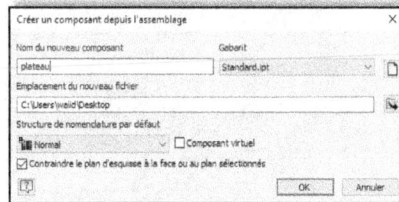

> Cliquez Ok.

> Cliquez ''**Visibilité de l'objet**'' dans le ruban ''**Afficher**'' puis décochez l'esquisse 3D.

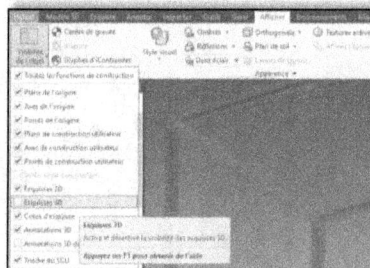

> Cliquez ''**Commencer une esquisse 2D**'' dans ''**Modèle 3D**''.
> Sélectionnez la face supérieure de l'ossature.

➤ Cliquez ''**Visibilité de l'objet**'' et décochez ''**Plans de construction utilisateur**''.

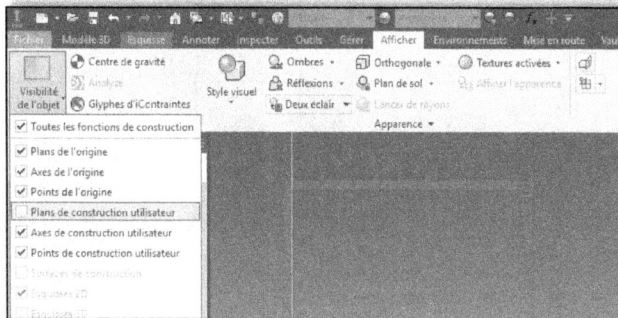

➤ Revenir au ruban ''**Esquisse**'' et cliquez ''**Projeter la géométrie**''.
➤ Sélectionnez les arêtes extérieures du cadre supérieur.

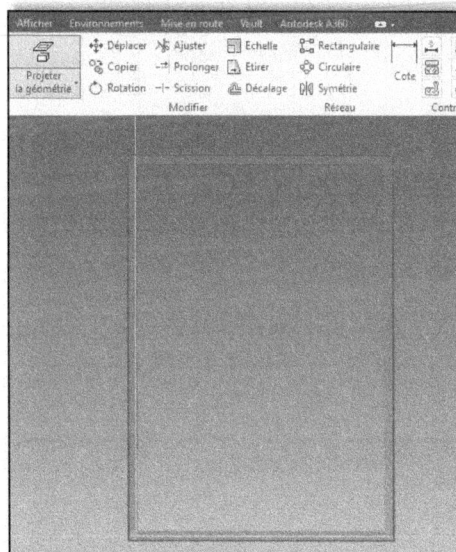

➤ Cliquez ''**Terminer l'esquisse**''.
➤ Extrudez l'esquisse de **5mm**.
➤ Cliquez Ok.
➤ Ajoutez un matériau.

Soit le matériau "**Acier doux**" et l'apparence "**Par défaut**".

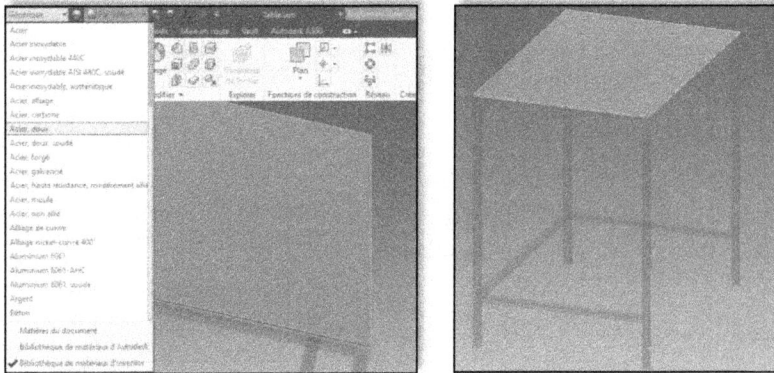

➤ Cliquez "**Retour**" pour revenir au ruban "**Assembler**".

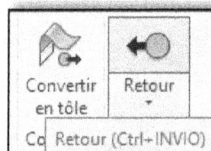

✓ Résistance des matériaux (**RDM**) :

Dans cette partie, on va appliquer un chargement à la table et puis on va analyser les déformations subies.

➤ Cliquez "**Analyse de contraintes**" dans le ruban "**Environnement**".

Un ruban ''**Analyse**'' est activé.

> Cliquez ''**Créer une étude**''.

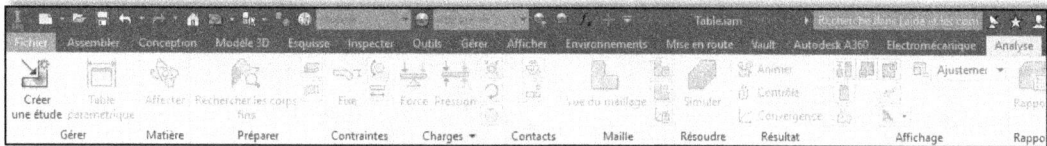

> Ne changez rien dans les paramètres soit dans la boite de dialogue ''**Type d'étude**'' soit dans ''**Etat du modèle**''.

Il s'agit d'analyse statique.

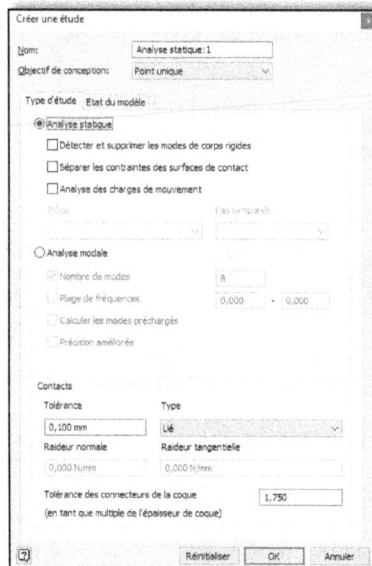

> Cliquez Ok.

Les commandes du ruban ''**Analyse**'' sont maintenant activées.

❖ Chargement :

On va fixer tout d'abord les pieds de la table. Mécaniquement parlant, on va appliquer une liaison d'encastrement.

> Cliquez ''**Fixe**'' dans ''**Contraintes**''

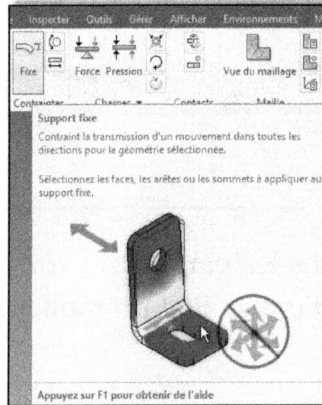

> Sélectionnez les faces des pieds inférieures.

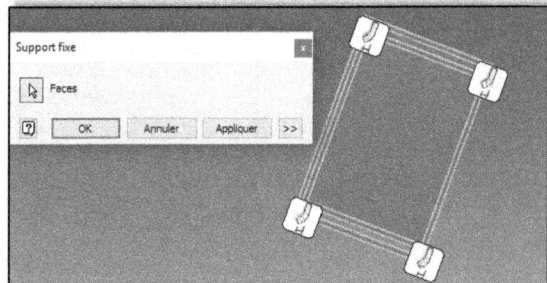

Vous pouvez directement de l'arborescence appliquer une contrainte.

> Cliquez bouton droit sur ''**Contraintes**''.
> Cliquez ''**Support fixe**'' puis sélectionnez les faces à encastrer.

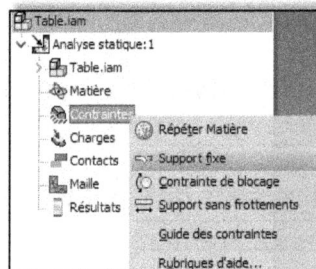

➢ Cliquez Ok.

Ensuite, on va appliquer une pression sur le plateau.

➢ Cliquez ''**Pression**'' dans ''**Charges**'' puis sélectionnez la face supérieur de la table.
Soit une pression de 400 **MPa**.

On va expliquer l'équivalent de **400 MPa(Mégapascal)** en **Kilogramme-force** pour ceux qui n'ont pas fait des études appronfondies dans la résistance des matériaux.

400 **MPa** = $4{\times}10^5$ kN/m²

Etant donné que l'air de la surface de la table est égal à 1x0,7.

S= **0,7m²**

Vu que la pression est égale à la force par la surface($P = \dfrac{F}{S}$) , on peut donc déduire que la force appliquée sur la table égale PxS

F= $4x10^5$ x 0,7= 2,8 x 10^5 KN

Un kilogramme-force représente la force due à la gravité subie par une masse de 1 kilogramme dans un champ gravitationnel de 9,806 65 m/s²

1 kg$_f$ = 9,806 65 N (soit 10N)

C'est-à-dire que **F= 2,8 x 10^7 kg$_f$**

Vous pouvez maintenant imaginer l'importance de la pression appliquée à la table.

➢ Cliquez Ok.
➢ Cliquez ''**Simuler**'' pour exécuter l'analyse des contraintes.

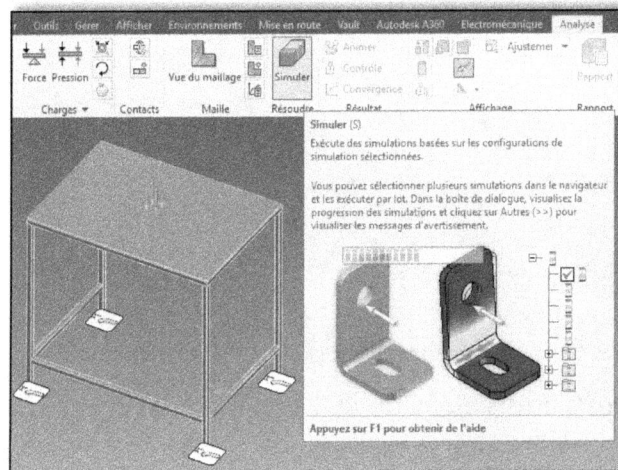

➢ Cliquez ''**Exécuter**'' et attendez l'analyse.

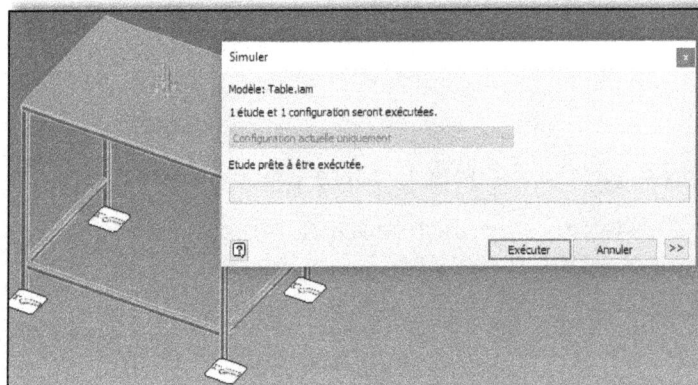

❖ <u>Analyse :</u>

Voici en dessous les résultats :

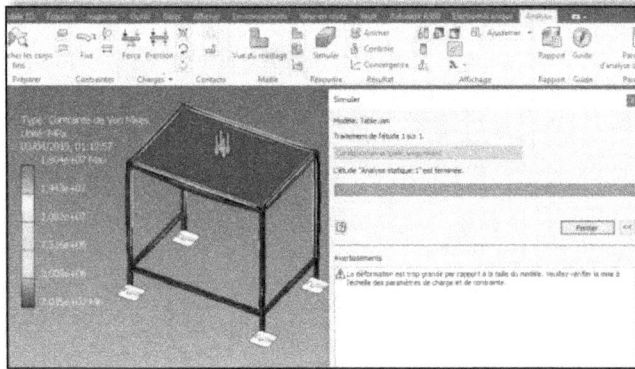

Inventor a détecté que la déformation est très élevée car tout simplement la table a été sollicité à une pression énorme. De plus, la résistance de l'acier doux est faible.

➢ Cliquez "**Valeur maximale**" et "**Valeur minimale**" dans "**Affichage**" pour afficher les valeurs min et max de la contrainte équivalente.

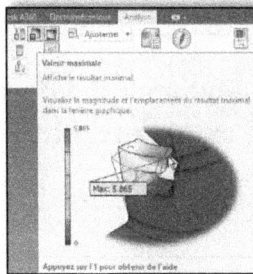

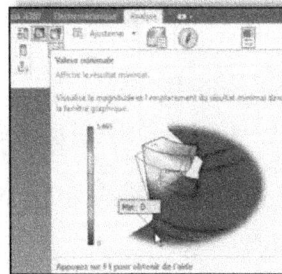

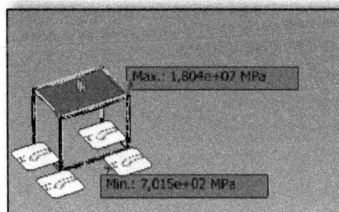

➢ Cliquez bouton droit sur "**Matière**" puis cliquez "**Répéter Matière**"

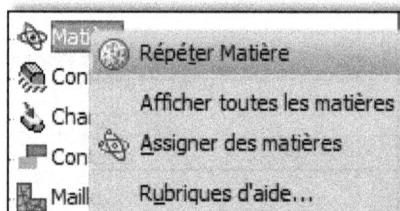

➢ Cliquez deux fois sur la matière associée (Acier doux).

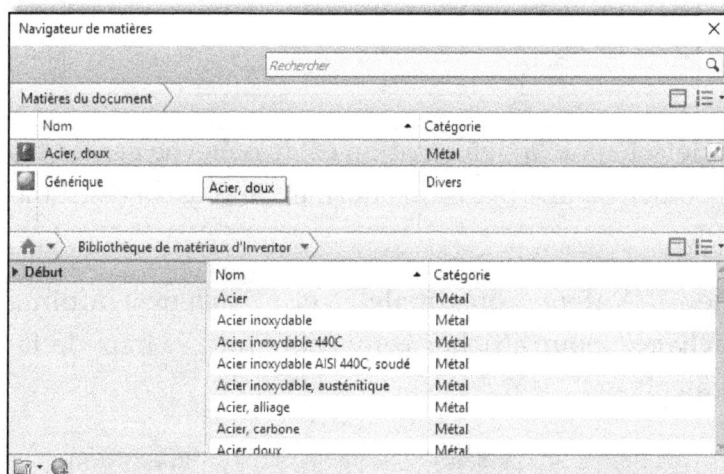

Si vous n'avez pas le matériau dans "**Matières du document**", vous pouvez le chercher dans "**Bibliothèque de matériaux d'Inventor**".

Dans la boite de dialogue "**Physique**", on peut tirer les propriétés de résistance du matériau.

On constate que la résistance à la traction égale **345 MPa**.

C'est pour cela on a eu le message d'erreur d'Inventor après l'exécution de l'analyse.

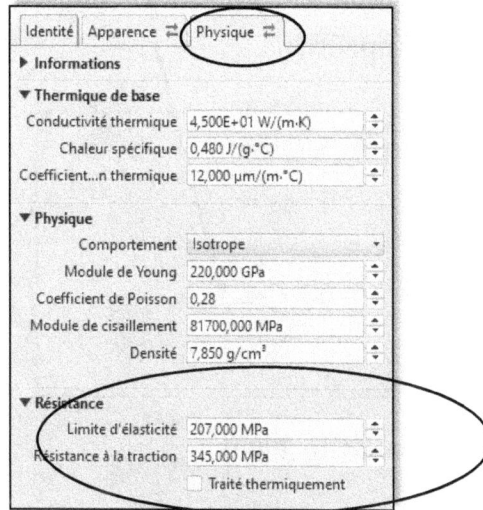

➤ Changez le chargement appliqué et refaites l'analyse.

Vous pouvez aussi changer le matériau.

➤ Cliquez ''**Affecter**'' puis sélectionnez le matériau dans la colonne ''**Matière de remplacement**''.

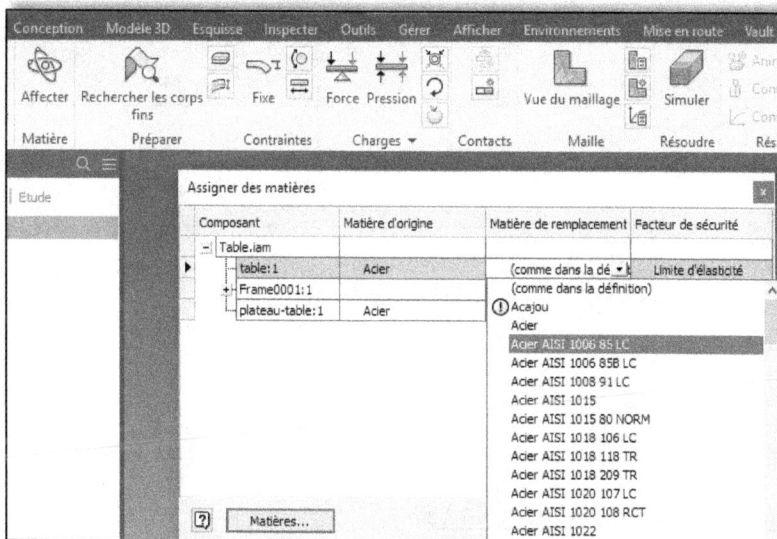

➤ Cliquez bouton droit sur ''**Pression**'' dans l'arborescence ''**Charges**'' puis cliquez ''**Supprimer**''.

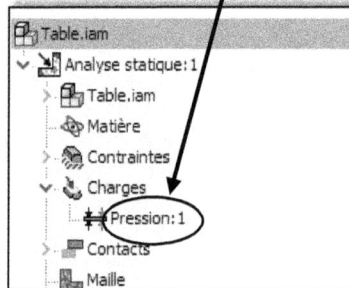

➤ Appliquez une force de **300N**.

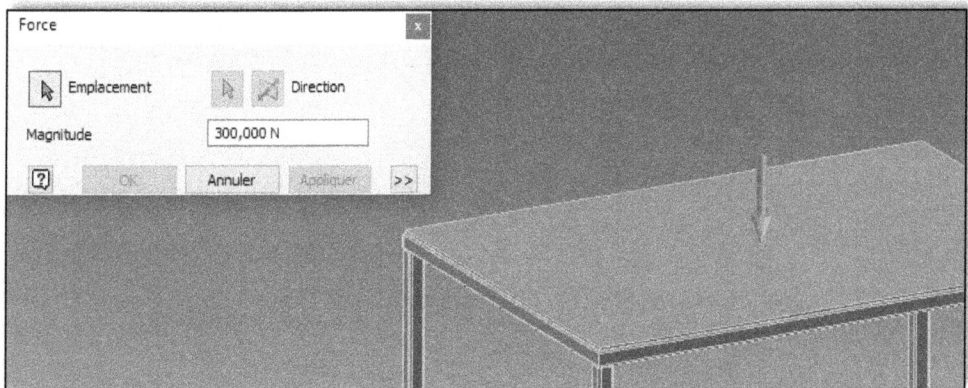

➤ Cliquez ''**Simuler**'' puis ''**Exécuter**''.

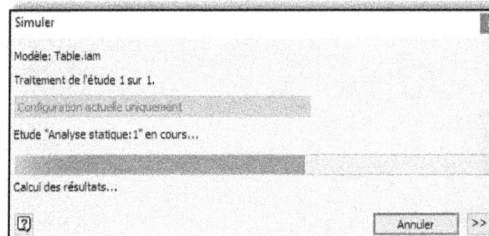

▪ <u>Résultats en vue de maillage :</u>

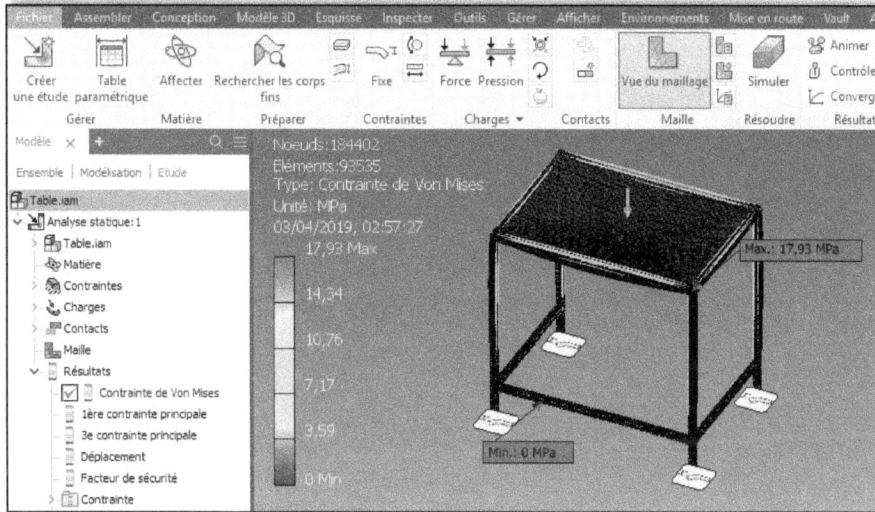

On constate que la valeur de la contrainte maximale se situe au niveau de la connexion des membres de l'ossature supérieurs et la contrainte minimale au niveau des membres du renfort au pieds de la table.

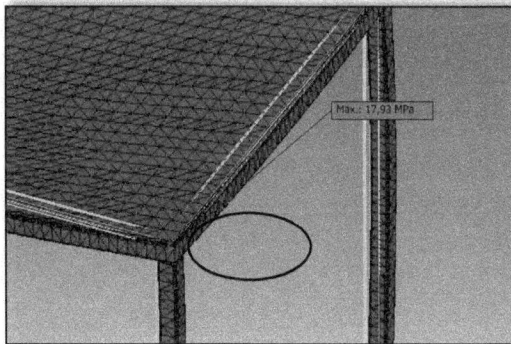

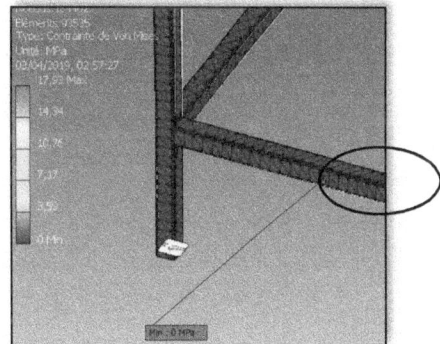

❖ Interprétations :

On remarque que la valeur de la contrainte équivalente maximale (**17,93MPa**) est négligeable par rapport à limite d'élasticité (**207MPa**).

Donc, le modèle conçu est validé.

Pour optimiser en vue gain de matière, on peut choisir des profilés de section plus petite et refaire le calcul.

❖ <u>Animation :</u>

➤ Cliquez ''**Animer**'' pour faire une animation de la déformation de la table.

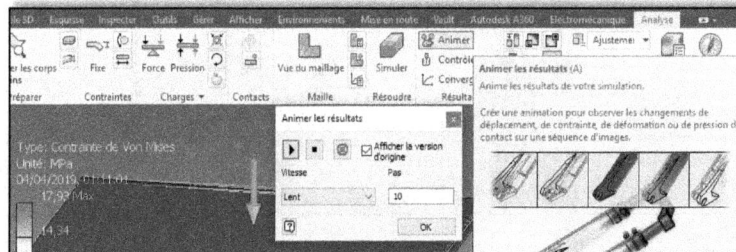

➤ Cliquez ''**Play**'' pour commencer l'animation.

❖ <u>Rapport d'analyse des contraintes :</u>

➤ Cliquez ''**Rapport**'' pour générer un rapport sur les résultats.

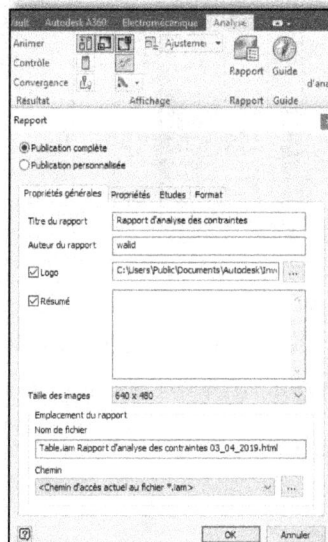

➤ Choisir l'emplacement du fichier et cliquez Ok.

Le format du fichier est **html**.

Ce rapport comporte toutes les informations sur le modèle (propriétés du matériau, résultats de calcul…etc.)

Rapport d'analyse des contraintes

Fichier analysé:	Table.iam
Version d'Autodesk Inventor:	2018 (Build 220112000, 112)
Date de création:	03/04/2019, 03:15
Créateur de l'étude:	walid
Résumé:	

⊟ **Informations sur le projet (iPropriétés)**

⊟ **Résumé**

Auteur	walid

⊟ **Projet**

Numéro de pièce	Table
Concepteur	walid
Coût	0,00 €
Date de création	01/04/2019

⊟ **Etat**

Etat de la conception	En cours

⊟ **Propriétés physiques**

Masse	45,1502 kg

⊟ **Matière(s)**

Nom	Acier	
Propriétés générales	Densité de la masse	7,85 g/cm^
	Limite d'élasticité	207 MPa
	Résistance à la traction	345 MPa
Contrainte	Module de Young	210 GPa
	Coefficient de Poisson	0,3 nd
	Module de cisaillement	80,7692 GPa
Nom(s) de pièce	table.ipt Skeleton0001.ipt ISO 30x30x2 00000001.ipt ISO 30x30x2 00000002.ipt ISO 30x30x2 00000003.ipt ISO 30x30x2 00000004.ipt ISO 30x30x2 00000005.ipt ISO 30x30x2 00000006.ipt ISO 30x30x2 00000007.ipt ISO 30x30x2 00000008.ipt ISO 30x30x2 00000009.ipt ISO 30x30x2 00000010.ipt ISO 30x30x2 00000011.ipt plateau-table.ipt	

⊟ **Conditions de fonctionnement**

⊟ **Force:1**

Type de charge	Force
Magnitude	300,000 N
Vecteur X	0,000 N
Vecteur Y	300,000 N
Vecteur Z	0,000 N

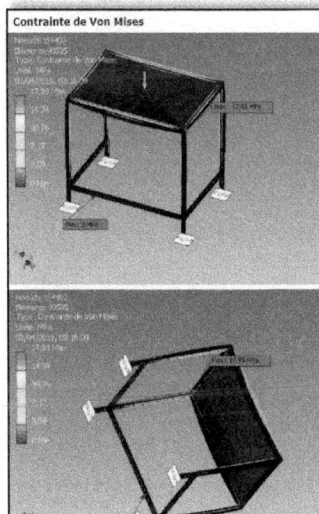

Contrainte de Von Mises

1. Introduction :

Les pièces qui ont été conçues dans le deuxième chapitre se sont des pièces métalliques qui seront fabriquées avec des machines conventionnelles (Tours, fraises...) ou non conventionnelles (CNC...). Donc, il s'agit d'un usinage par enlèvement de matière.

Par contre, la pièce 5 est une pièce plastique dont la procédure de fabrication est différente par rapport aux autres pièces. Les bouteilles plastiques sont généralement fabriquées par des machines à injection plastique. Donc, à base de moules.

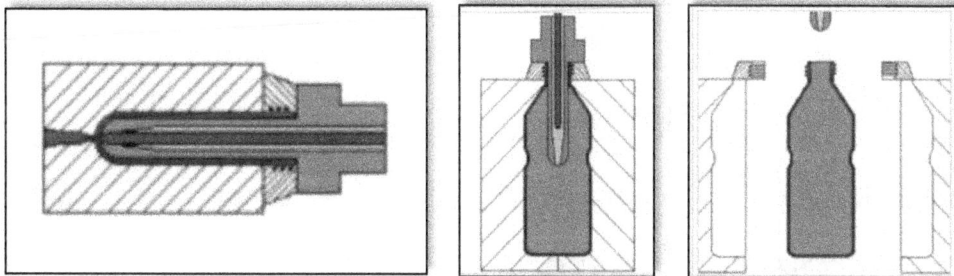

Injection   Soufflage

2. Application (conception de moule de la bouteille) :

Autodesk Inventor a développé un atelier spécial pour la conception de moule.

➤ Cliquez "**Nouveau**" puis sélectionnez "**Conception de moule(mm).iam**" dans "Ensemble". On va toujours travailler en "Métrique".

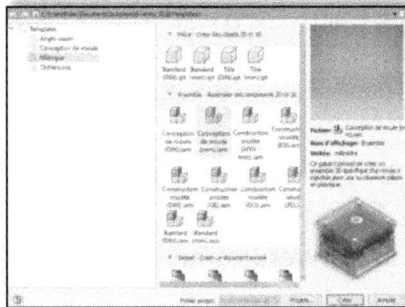

> Cliquez ''**Créer**''.
> Nommez votre fichier puis cliquez Ok.

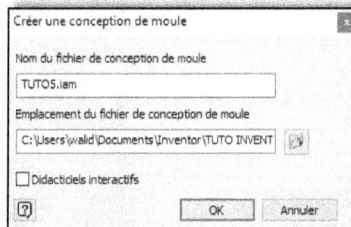

Et voilà, on est à l'interface principal de l'atelier conception de moule.

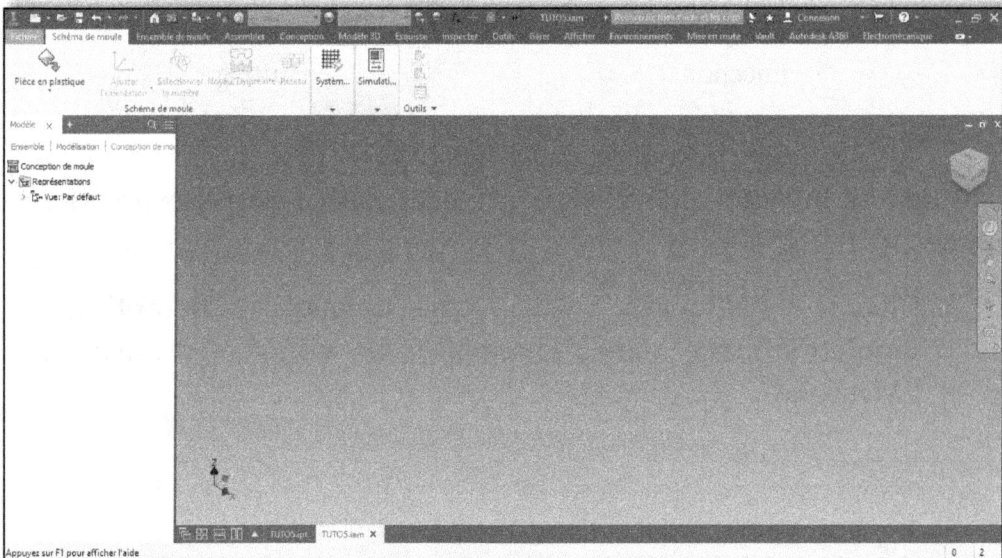

EXERCICE N°5 :

On va modéliser une moule de la bouteille réalisée dans l'exercice n°5 du chapitre2.

➤ Cliquez ''**Pièce en plastique**'' puis importer le fichier 3D du modèle.

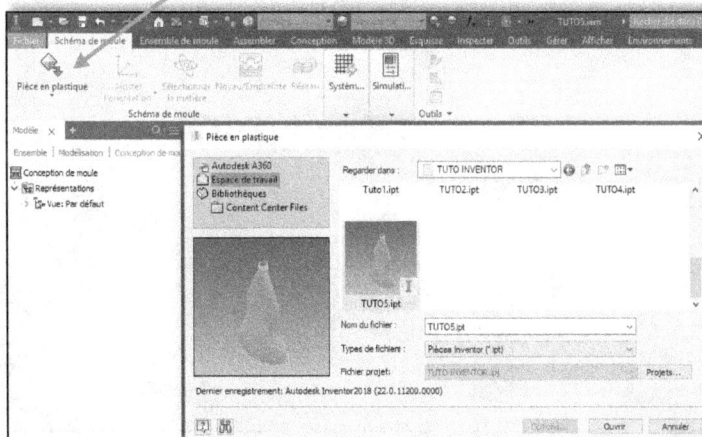

➤ Cliquez ''**Ouvrir**''.
➤ Cliquez bouton droit.

On constate que par défaut un repère local est associé au modèle dont le centre est confondu avec le centre de gravité du modèle.

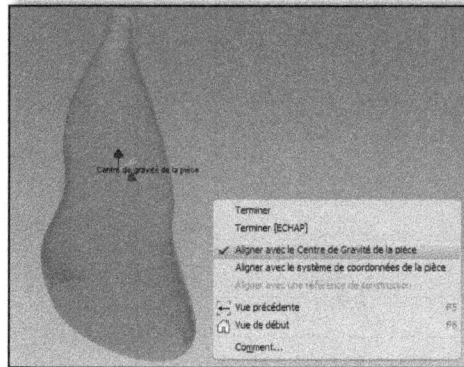

✓ Ajustement de l'orientation du modèle :
➤ Cliquez ''**Ajuster l'orientation**'' comme indiqué ci-dessous.

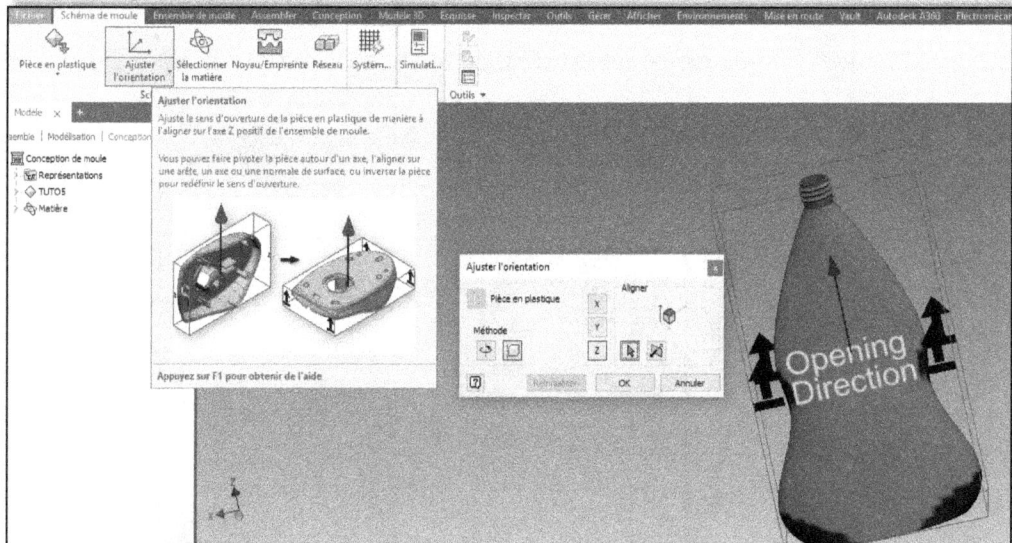

➤ Cliquez sur la flèche dans la boite de dialogue ''**Aligner**'' et sélectionnez la surface de base de la bouteille pour changer la direction d'ouverture.

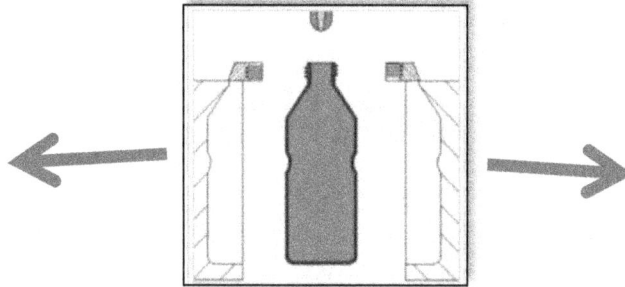

> Sélectionnez dans ''**Méthode**'' le mode d'orientation.
- Pivoter autour de l'axe.
- Aligner sur l'axe : déplacer la pièce plastique suivant un axe (l'axe Z pour notre cas).

Laissez le mode ''**Aligner sur l'axe**'' qui est activé par défaut.

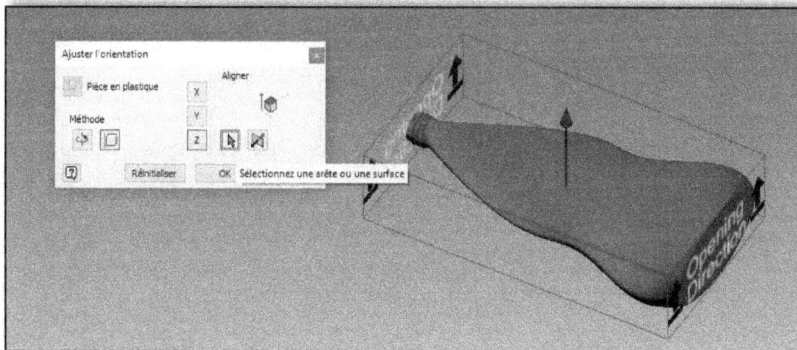

> Cliquez Ok pour finir.

✓ Ajustement de la position du modèle :
> Cliquez ''**Ajuster la position**'' pour positionner la pièce dans l'ensemble de moule.

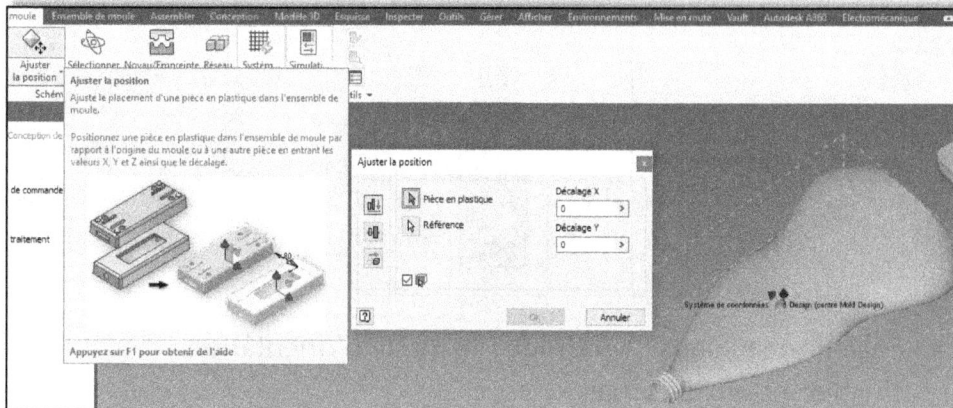

Vous avez trois options pour ajuster la position du modèle :

1 . Aligner le plan XY sur la référence :

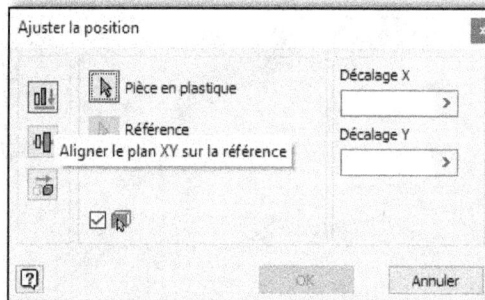

> Décochez ''**Face/plan en tant que sélection supplémentaire**''.

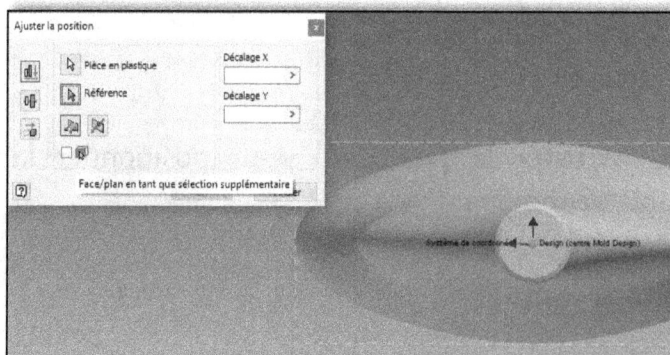

➢ Cliquez ''**Pièce en plastique**'' puis sélectionnez la pièce.

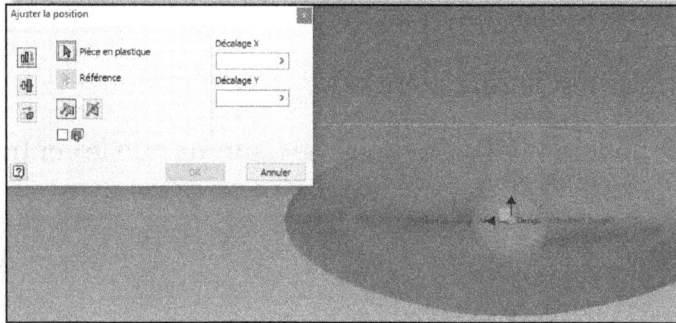

➢ Cliquez ''**Référence**'' puis sélectionnez le système de coordonnées de la moule.

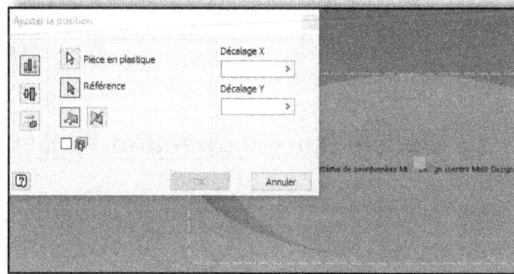

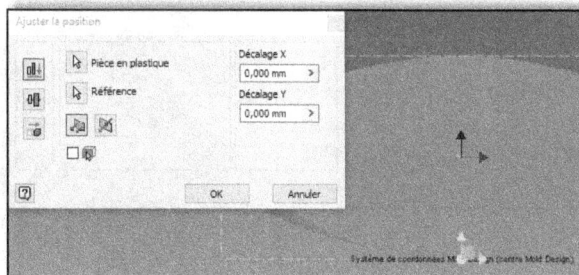

- Décalage :

Décalage X

Distance entre le plan de construction YZ de la pièce à ajuster et le système de coordonnées de la conception de moule.

Décalage Y

Distance entre le plan de construction XZ de la pièce à ajuster et le système de coordonnées de la conception de moule.

2. Aligner le centre sur la direction X/Y :

Le centre du modèle se place à la même hauteur que le centre du moule.

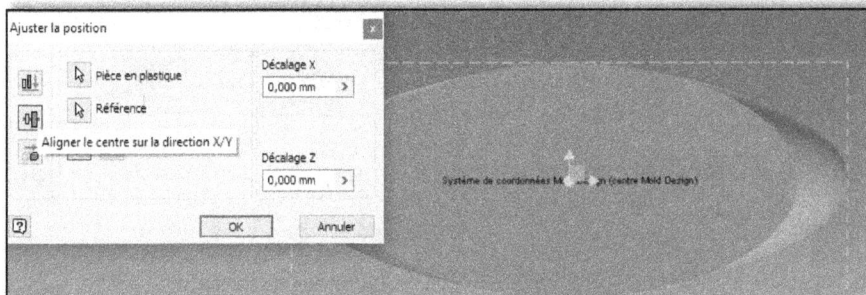

3.Transformation libre :

Ajustez la position du modèle dans la direction X, Y et Z.

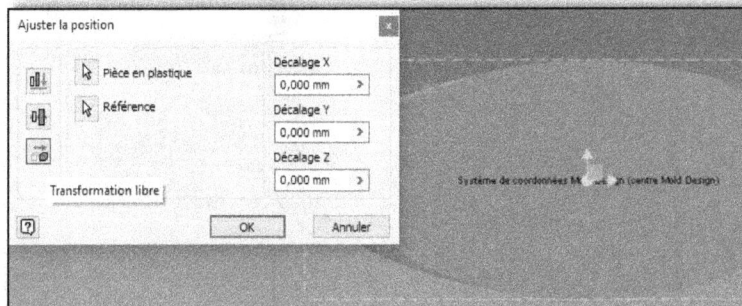

On va positionner le modèle en transformation libre.

  ➤ Cliquez "**Pièce en plastique**" puis sélectionnez la pièce.
  ➤ Cliquez "**Référence**" puis sélectionnez le système de coordonnées du moule.
  ➤ Laissez par défaut les cases de décalage (**0mm** selon tous les directions).

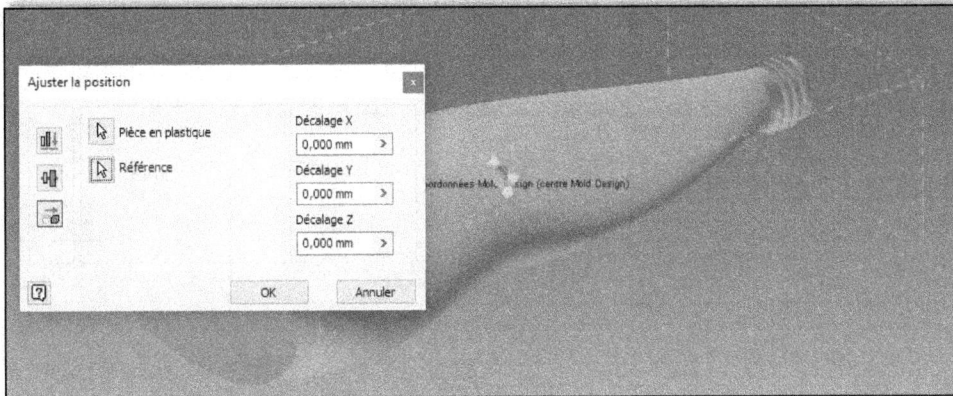

> ➤ Cliquez Ok pour finir.

> ✓ Sélection du matériau :
> ➤ Cliquez ''**Sélectionner la matière**'' pour associer un matériau au modèle.

Vous pouvez choisir un matériau d'usage courant ou un matériau spécifique.

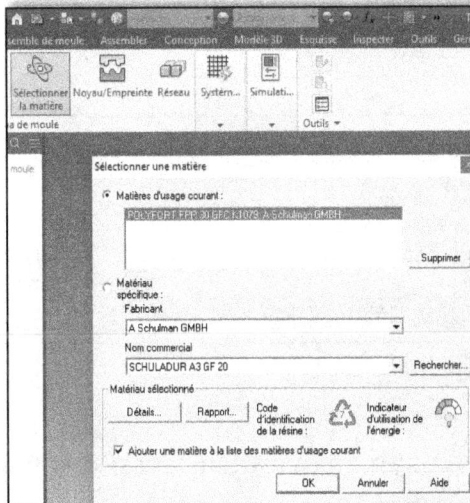

➤ Cliquez "**Rechercher**" et sélectionnez "**Fabricant**" dans le champ de recherche puis cliquez "**Rechercher**".

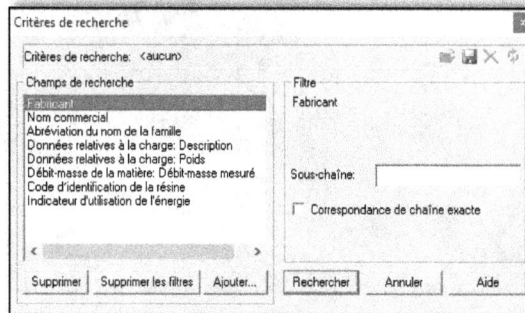

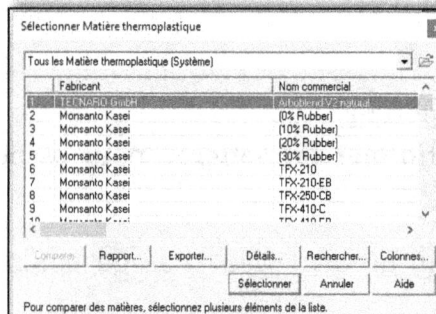

➤ Sélectionnez de la liste des matériaux thermoplastiques par exemple le premier matériau :

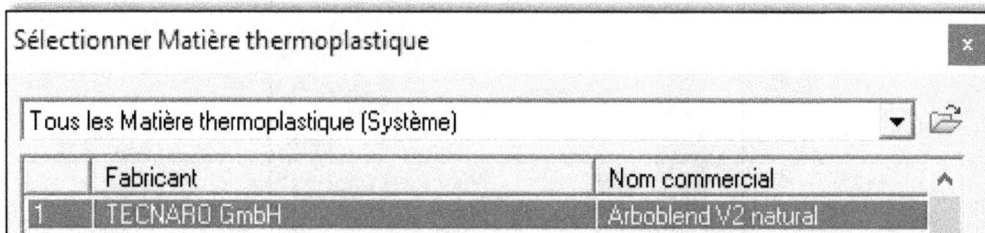

Remarque :

La bibliothèque des matériaux contient aussi des matériaux composites (ex : résine+ fibre de Carbon).

➤ Cliquez ''**Détails**'' pour lire la description du matériau.

Vous pouvez aussi consulter d'autres informations du matériau : propriétés mécaniques, thermiques…

➤ Cliquez ''**Rapport**'' pour avoir tout un rapport sur le matériau sélectionné.

➤ Cliquez "**Sélectionner**" une fois choisi un matériau puis Ok.

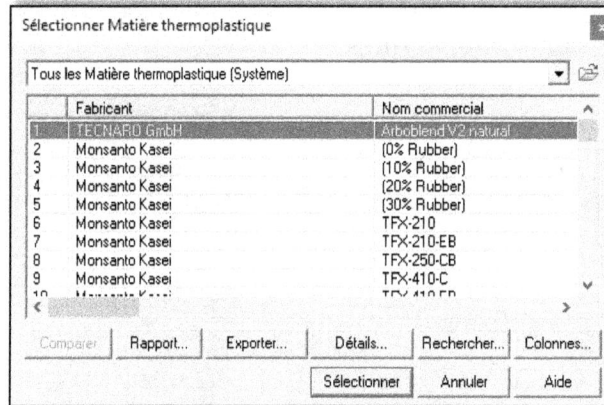

✓ Création du noyau et de l'empreinte du modèle :
➤ Cliquez "**Noyau/Empreinte**".

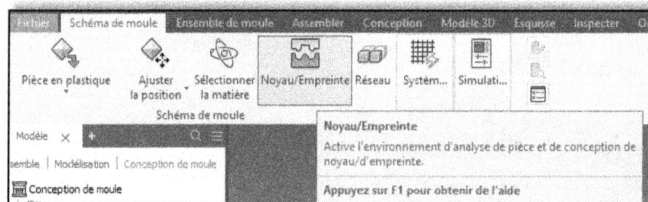

Un ruban sera activé qui contient des outils définissant les paramètres du moule.

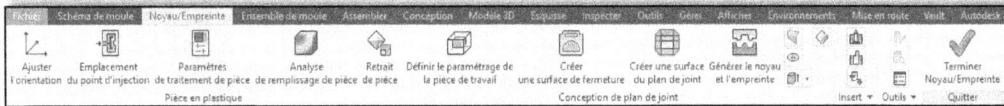

- **Emplacement du point d'injection :**

C'est un point qui se définit sur la surface du modèle. Ce point présente la localisation d'injection du plastique fondu.

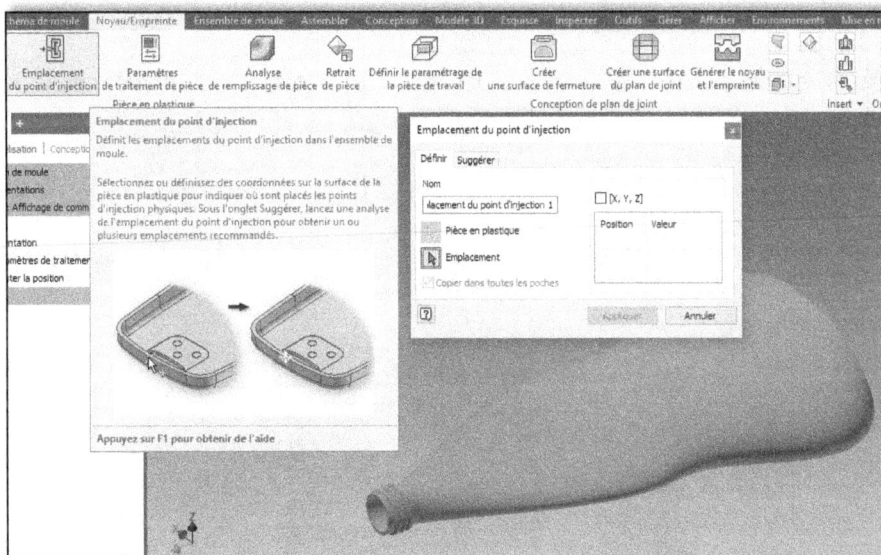

La boite de dialogue présente deux options pour définir le point d'injection :

- <u>Méthode manuelle</u> :

Par défaut, on définit depuis le curseur de la souris le point d'injection.

➢ Cliquez ''**Emplacement**'' dans ''**Définir**'' puis sélectionnez un point de la surface du modèle.

On a choisi un point qui appartient à l'arête du col de la bouteille.

➢ Cliquez ''**Appliquer**''.

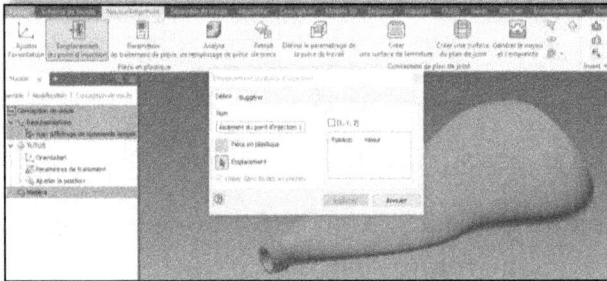

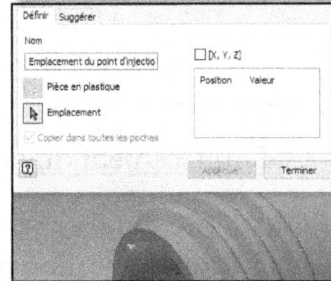

- Méthode automatique :

Inventor peut nous suggérer automatiquement des emplacements de point d'injection.

On va supprimer le point d'injection défini précédemment.

➤ Cliquez bouton droit sur ''**Emplacement du point d'injection**'' puis ''**Supprimer**''.

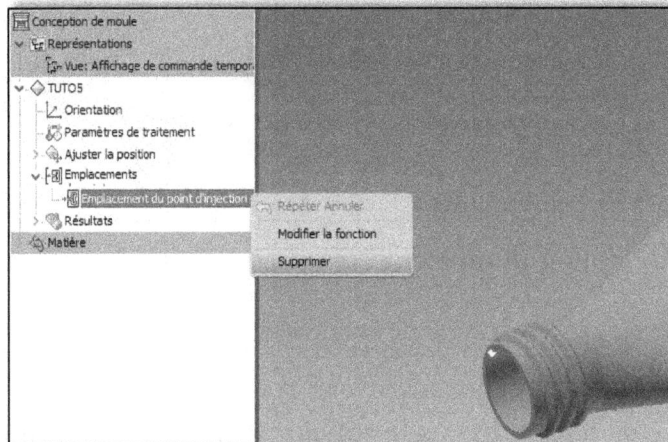

➤ Recliquez sur ''**Emplacement du point d'injection**'' puis sélectionnez ''**Suggérer**''.

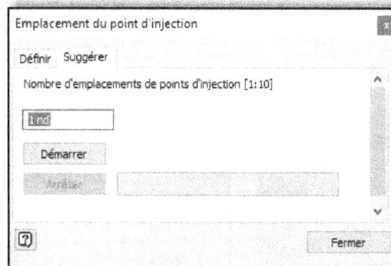

Inventor peut trouver plus qu'un point d'injection.

➢ Cliquez ''**Démarrer**'' pour lancer la recherche.

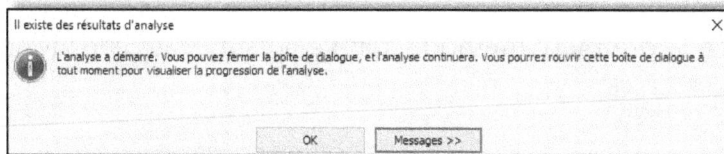

Comme indiqué dans la fenêtre, vous pouvez fermer la boite de dialogue.

➢ Cliquez Ok.

Une fois l'analyse est finie, une fenêtre s'affichera contenant les points d'injection.

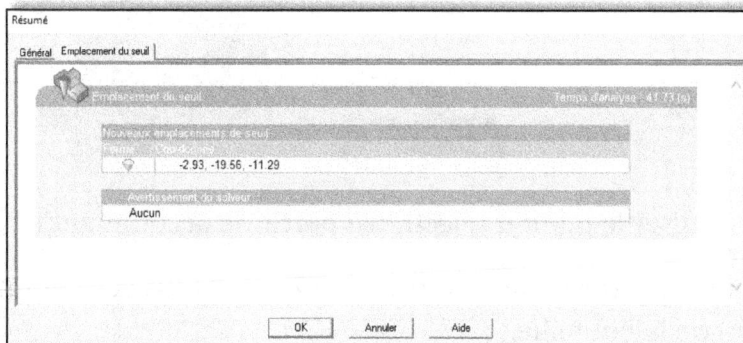

➢ Cliquez Ok pour accepter cette suggestion.

➢ Passez le curseur sur "**Emplacement du point d'injection**" pour faire apparaitre le point.

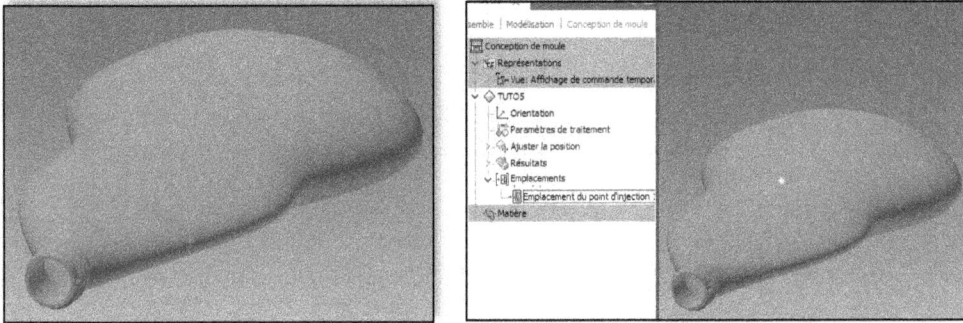

Revenez à la première méthode. On va spécifier les coordonnées du point.

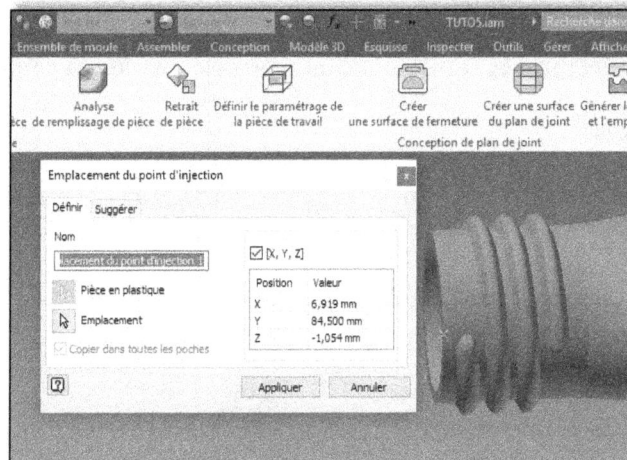

On peut localiser le point d'injection à partir de la commande "**Mesure**".

➢ Cliquez "**Mesure**" dans le ruban "**Outils**" puis sélectionnez l'arête du col de la bouteille.

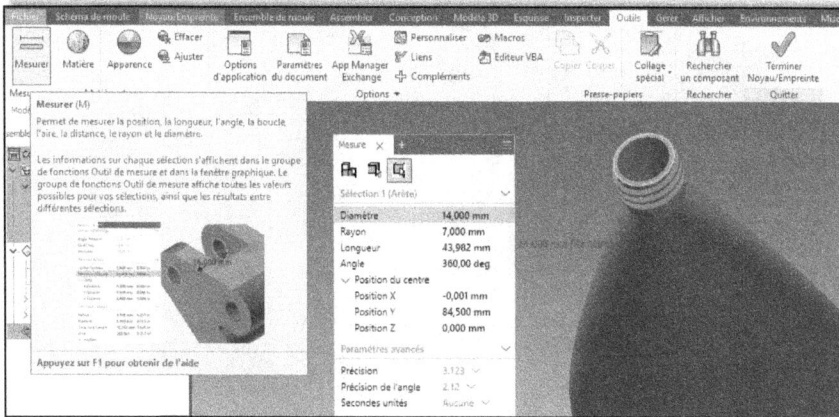

> Recliquez sur ''**Emplacement du point d'injection**'' puis cliquez ''**Emplacement**'' et placez le curseur sur l'arête.

> Saisir les valeurs de la position du point dans le repère (X, Y, Z).

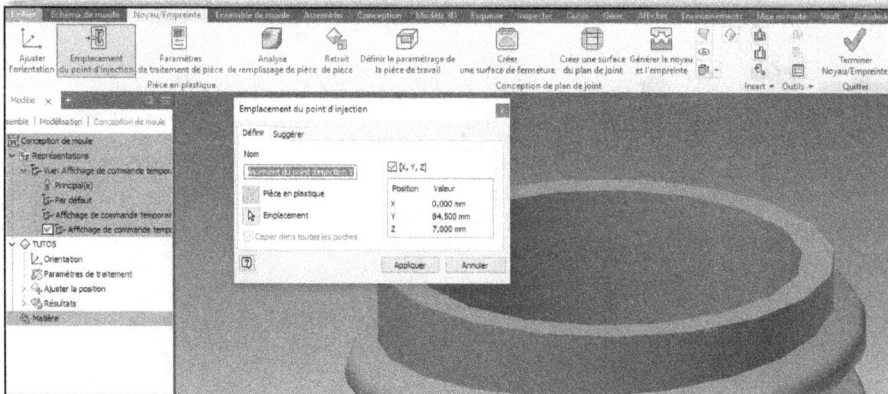

> Cliquez ''**Appliquer**'' puis ''**Terminer**''.

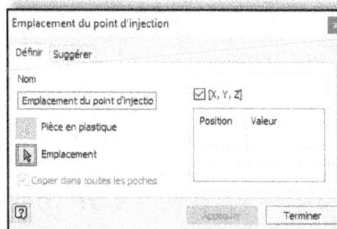

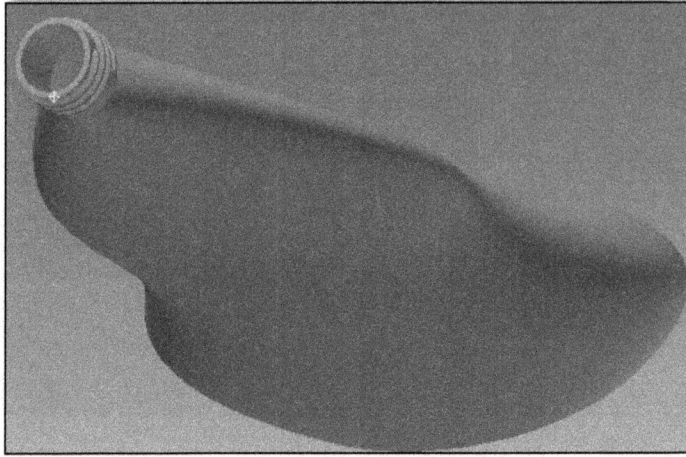

✓ <u>Paramètres de traitement de pièce</u> :

On va spécifier les paramètres du moulage : température de moule, température de fusion de la pièce…

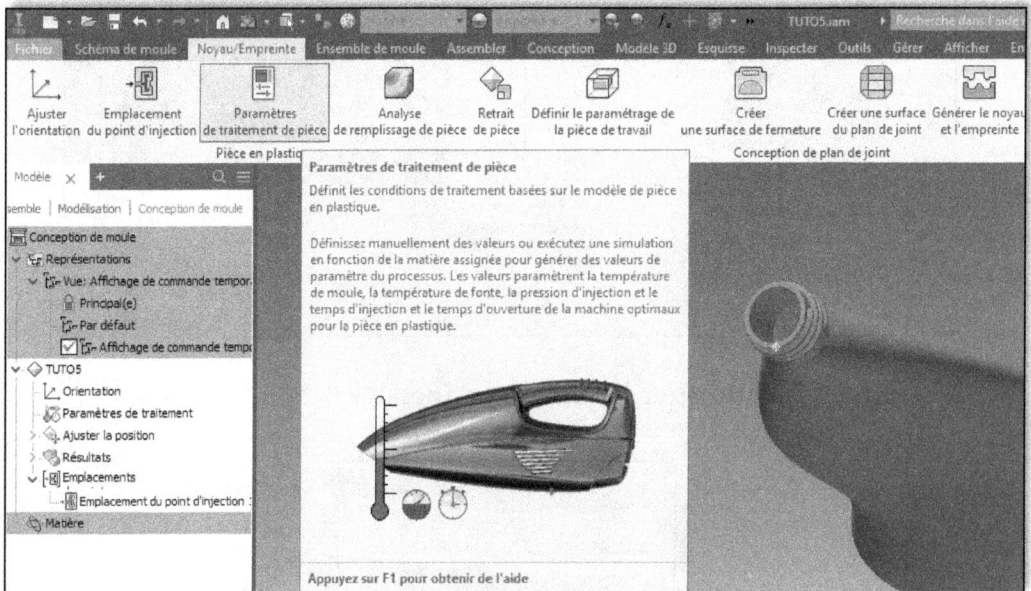

➢ Cliquez ''**Paramètres de traitement de pièce**''.

Paramètres de traitement de pièce

Définir Suggérer

Propriétés de matière

Température du moule [20,00 : 40,00]c   70,00 c   Par défaut

Température de fusion [140,00 : 200,00]c   230,00 c   Par défaut

Pression de limite d'injection maximale

Pression d'injection maximale de la machine [10,00 : 500,00]MPa   180,00 MPa

☑ Point de commutation automatique vitesse/pression

Commutation vitesse/pression en % du volume   99,00

Temps d'injection de la machine   Temps d'ouverture de la machine

☑ Temps d'injection automatique

Temps [s] :   0,00 s   Temps [s] :   5,00 s

[?]   OK   Annuler

Comme dans la définition d'un point d'injection, Inventor suggère des paramètres de traitement de pièce. On va laisser les paramètres par défaut.

➢ Cliquez Ok.

✓ Pièce de travail :

La pièce de travail a pour objectif la création du noyau et de l'empreinte du modèle.

➢ Cliquez ''**Définir le paramétrage de la pièce de travail**''.

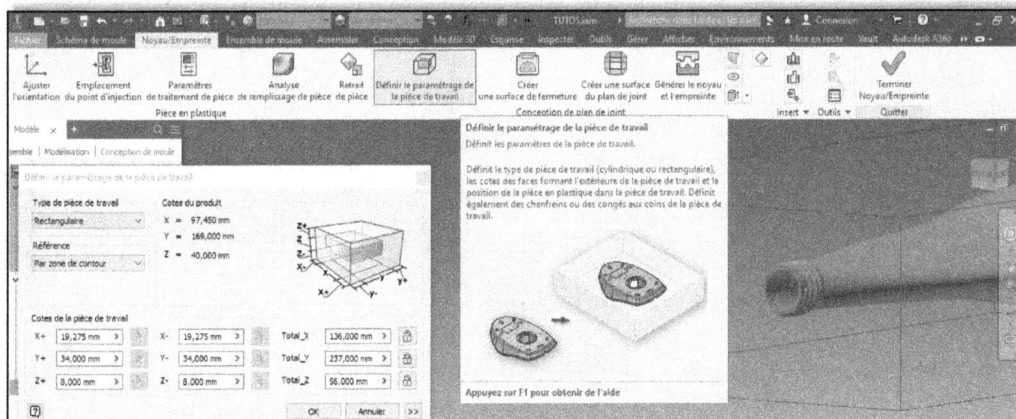

La pièce de travail peut être rectangulaire ou cylindre. On va choisir rectangulaire pour notre modèle.

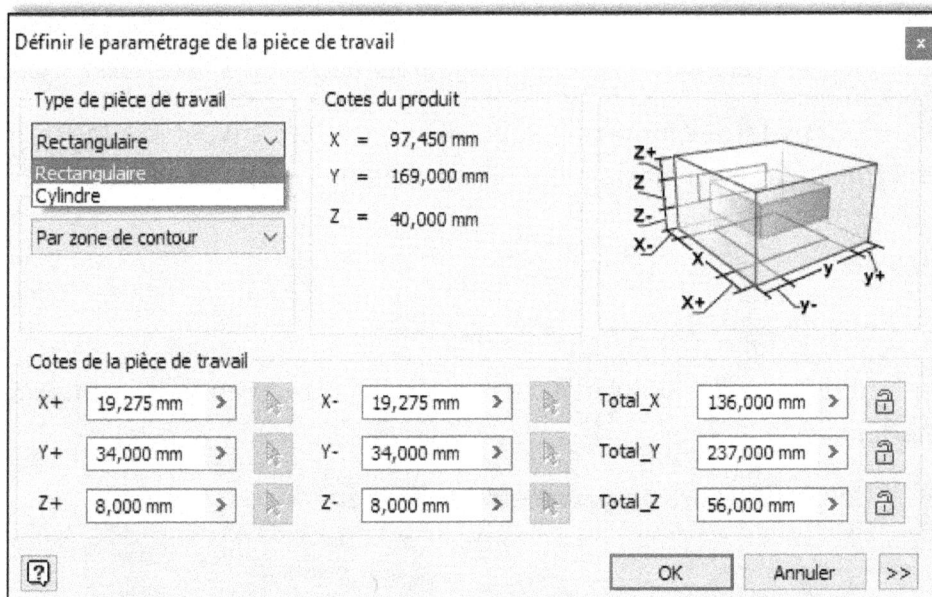

> Sélectionnez ''Par zone de contour'' comme référence.
> Cliquez Ok.

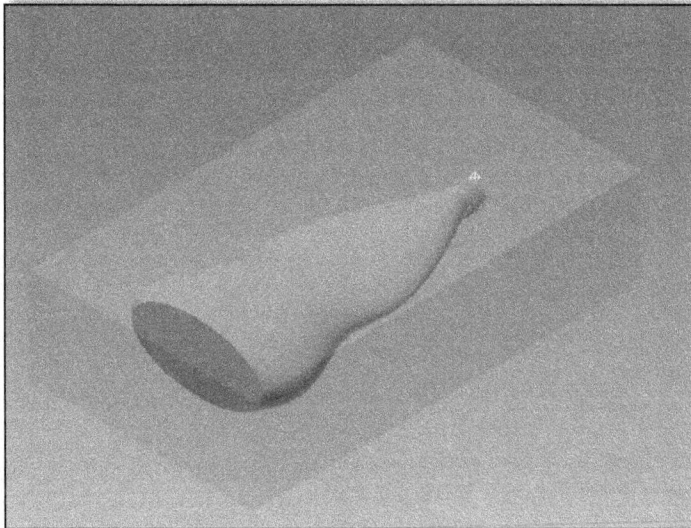

✓ <u>Création d'une surface de fermeture :</u>

La création des surfaces de fermeture sert à limiter l'écoulement de fonte dans les endroits désirés.

➢ Cliquez ''**Créer une surface de fermeture**''.

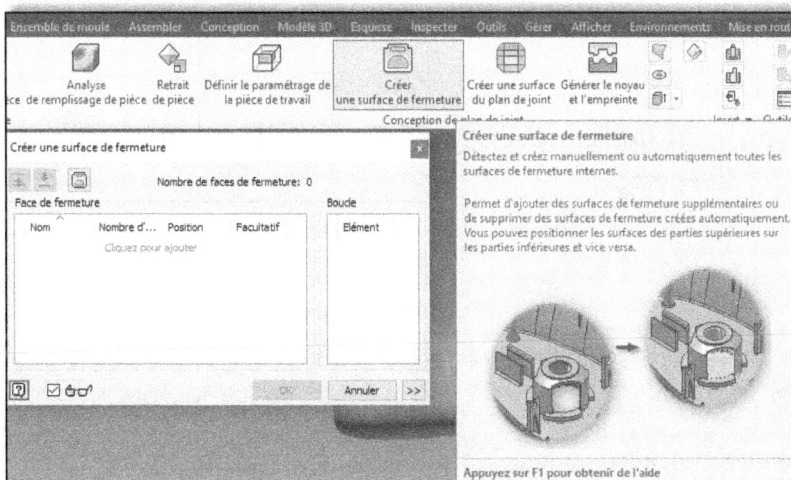

Inventor nous détecte automatiquement les surfaces de fermetures.

> Cliquez "**Détection automatique**" et attendez les analyses.

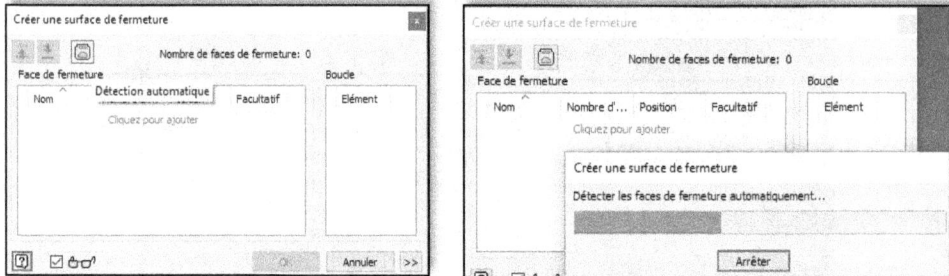

Inventor a détecté une surface.

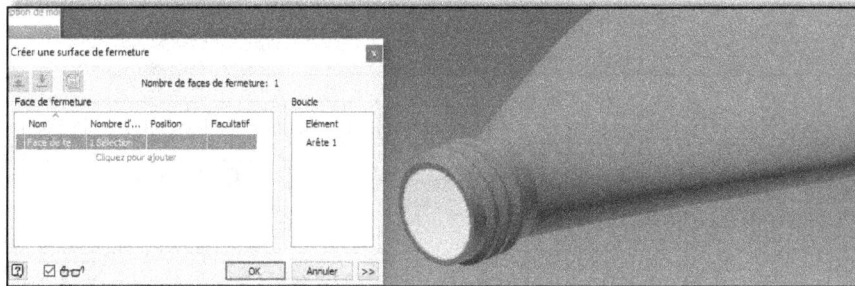

> Sélectionnez la surface dans la boite de dialogue et cliquez Ok.

<u>Remarque</u> :

Comme on avait dit au début de ce chapitre, la bouteille en plastique se fabrique sur deux étapes :

- Injection.
- Soufflage.

Donc, la création des surfaces de fermeture est nécessaire seulement dans la première étape.

De toutes les manières, c'est juste un exemple pour apprendre la logique de conception des moules en générale.

✓ <u>Création d'un plan de joint :</u>

C'est un plan qui délimite les deux parties du moule(noyau/empreinte).

➢ Cliquez ''**Créer une surface du plan de joint**''.

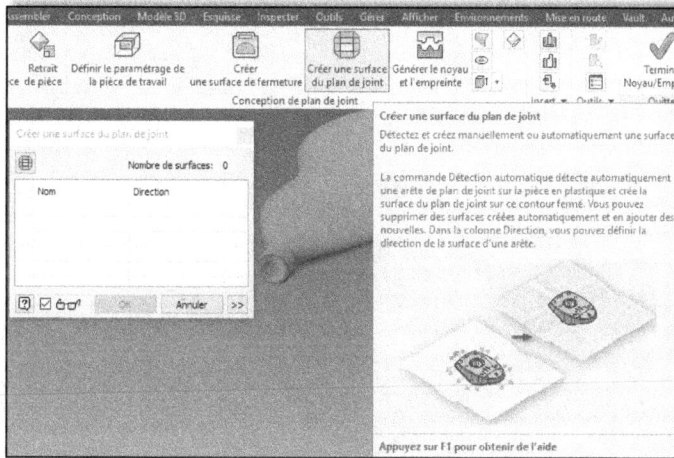

Aussi, pour le plan de joint, Inventor fait une recherche automatique.

➢ Cliquez ''**Détection automatique**'' dans la boite de dialogue.

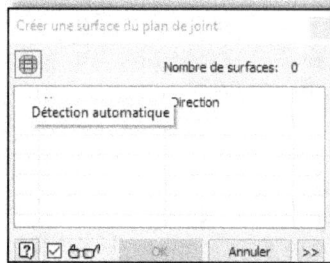

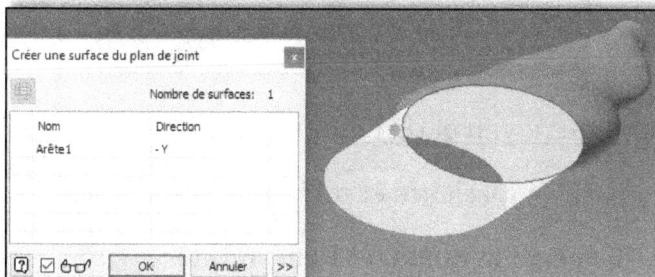

On constate que la surface détectée ne peut pas être réellement un plan de joint.

➤ Sélectionnez les arêtes latérales pour générer le plan de joint.

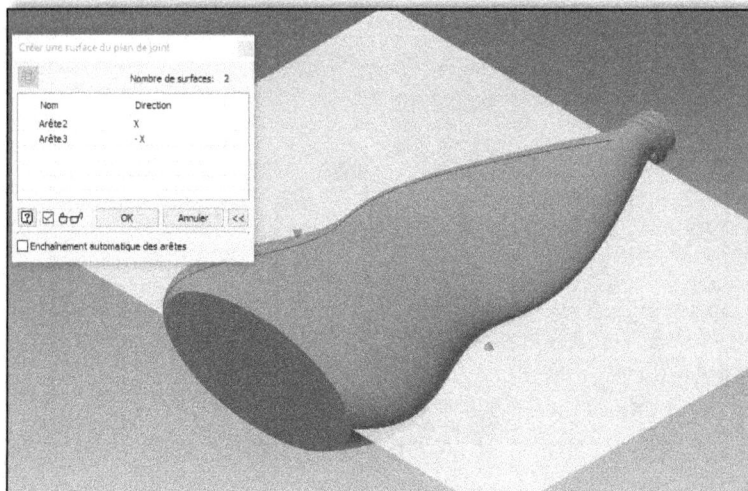

➤ Cliquez Ok pour finir.

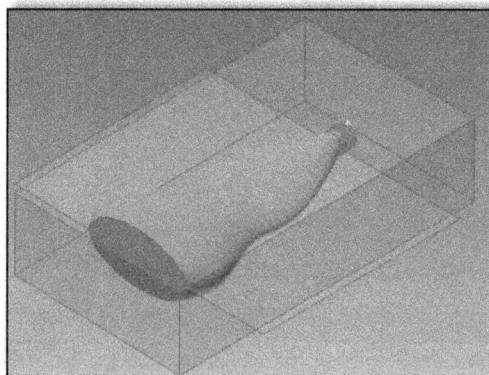

✓ Génération du noyau et de l'empreinte :

On va créer la partie supérieure et inférieure du moule.

➤ Cliquez ''**Générer le noyau et l'empreinte**''.

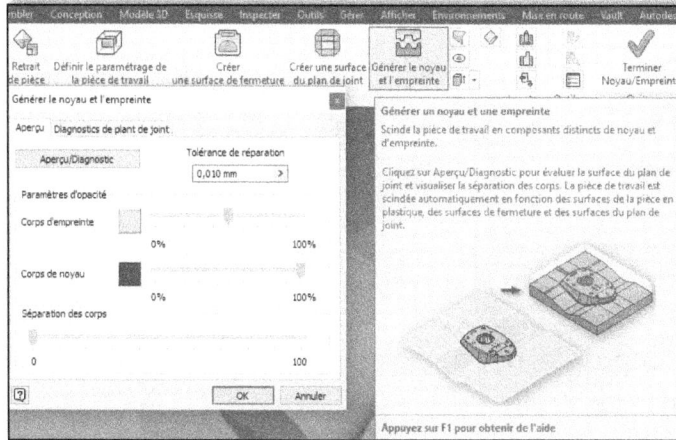

Vous pouvez changer les paramètres d'opacité dans la boite de dialogue pour bien distinguer les éléments du moule.

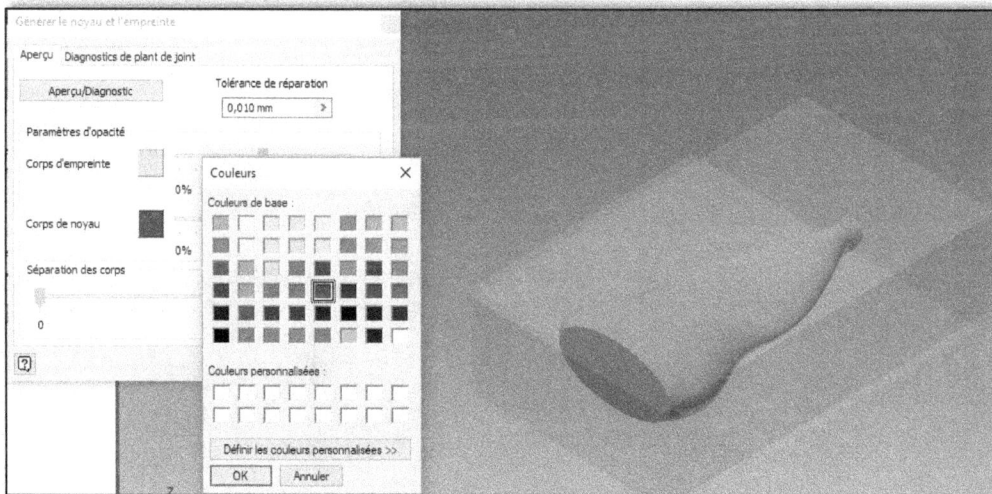

> Cliquez ''**Aperçu/Diagnostic**'' pour avoir un aperçu des éléments.

Inventor détecte une erreur au niveau du plan de joint.

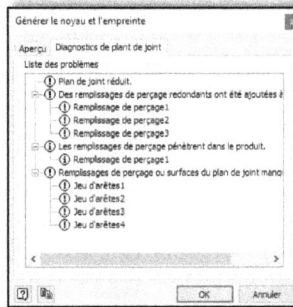

On constate depuis le message d'erreur que le plan de joint est réduit. On va le modifier.

➤ Cliquez "**Délimitation de surface du plan de joint**".

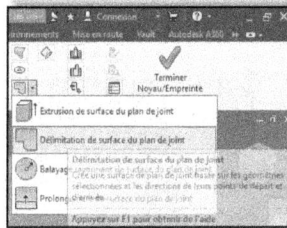

➤ Sélectionnez une arrête latérale du modèle.

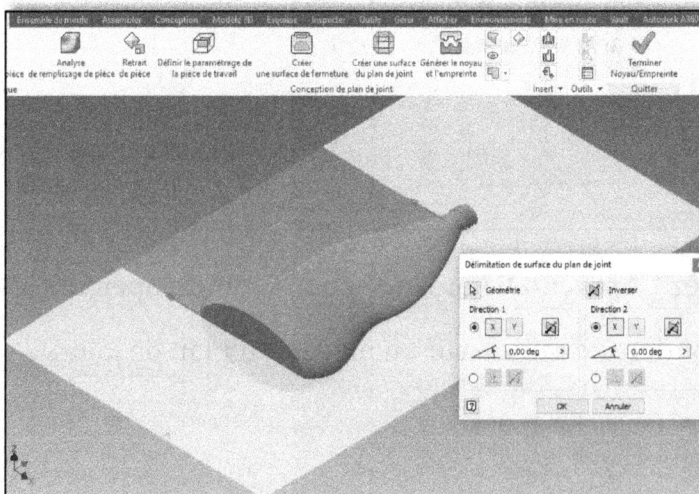

- ➤ Sélectionnez l'axe X dans Direction1 et Direction2.
- ➤ Sélectionnez ''Inverser'' dans Direction1 et Direction2.
- ➤ Cliquez Ok.
- ➤ Recliquez ''**Générer le noyau et l'empreinte**''.
- ➤ Cliquez ''**Aperçu/Diagnostic**''.

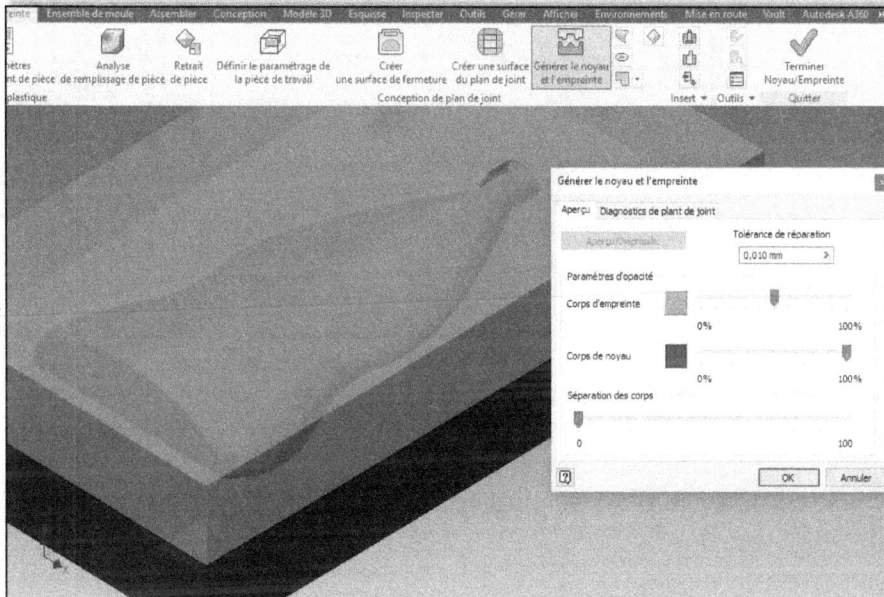

- ➤ Cliquez Ok.
- ➤ Cliquez ''**Terminer Noyau/Empreinte**''.

- ✓ Création de système d'alimentation :
- ➤ Cliquez ''**Esquisse manuelle**'' pour créer l'esquisse du système d'alimentation.

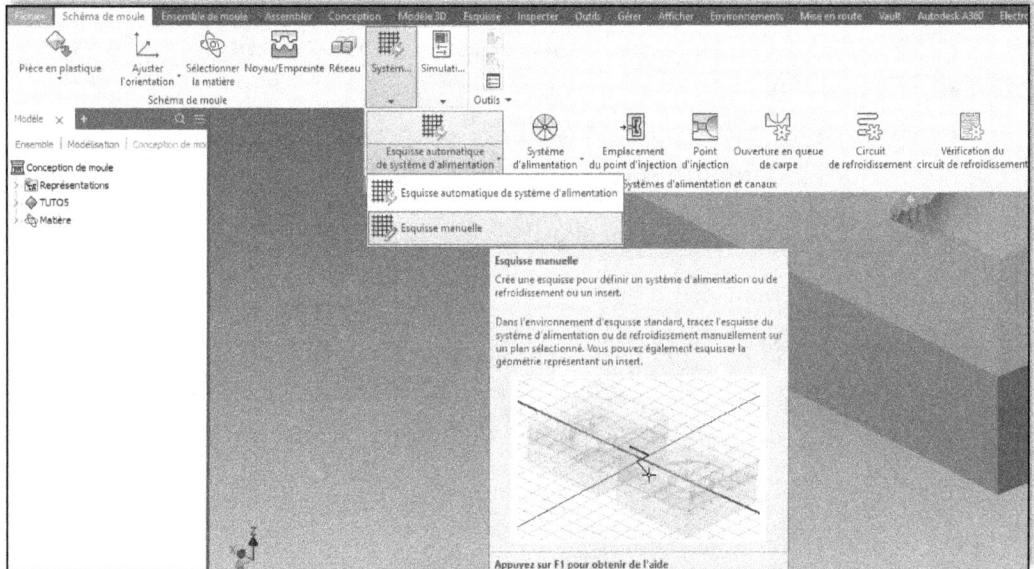

On va créer la canalisation d'alimentation avec le même niveau du plan de joint.

➤ Sélectionnez le plan de joint comme plan de l'esquisse à créer.

➤ Cliquez Ok.
➤ Cliquez ''**Ligne**'' et créez une ligne qui présente le chemin de la canalisation comme indiqué ci-dessous.

- ➢ Cliquez "**Projeter la géométrie**" et sélectionnez la face gauche de la pièce de travail et la face supérieure du modèle.
- ➢ Cliquez "**Ajuster**" ou "**Prolonger**" pour délimiter la ligne créée.

- ➢ Positionnez la ligne par rapport au centre de la bouteille comme indiqué ci-dessous.
- ➢ Créez une symétrie de la ligne pour avoir plus de canalisation.

- ➤ Cliquez ''**Terminer**''.
- ➤ Cliquez ''**Terminer l'esquisse**'' puis ''**Retour**''.

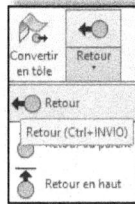

- ➤ Cliquez ''**Système d'alimentation**'' et sélectionnez les lignes d'esquisse créées précédemment.

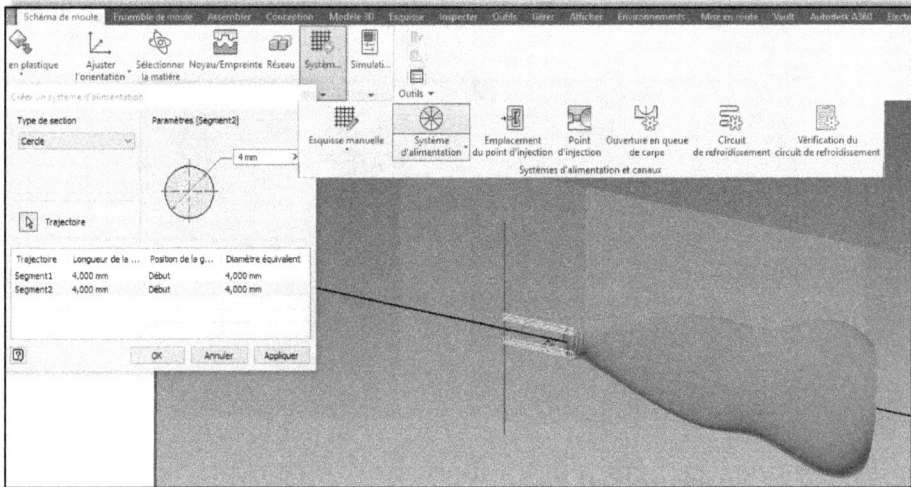

Vous pouvez changer la section et les dimensions de système d'alimentation.

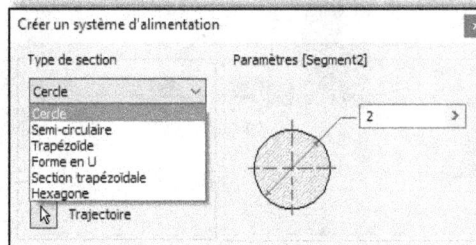

Soit une section circulaire de diamètre égale **2mm**.

➢ Cliquez Ok.

✓ Création des points d'injection :
➢ Cliquez ''**Point d'injection**'' pour créer un point d'injection dans la conception de moule.

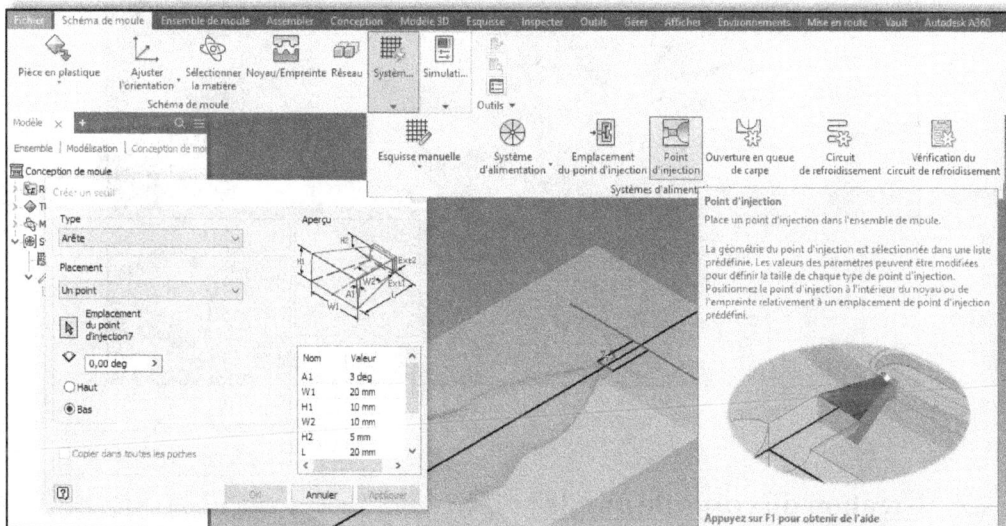

➢ Sélectionnez l'emplacement du point d'injection créé au début puis pivotez de **90°**.

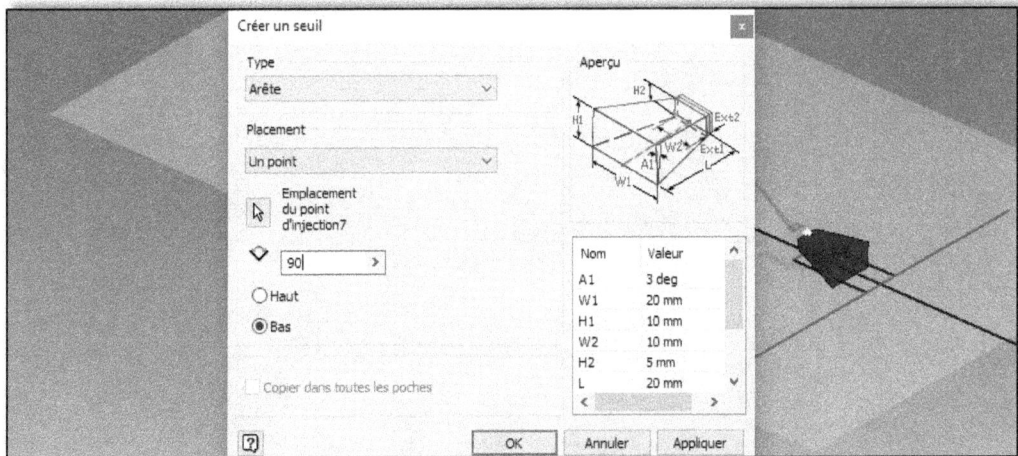

> ➤ Cliquez Ok.

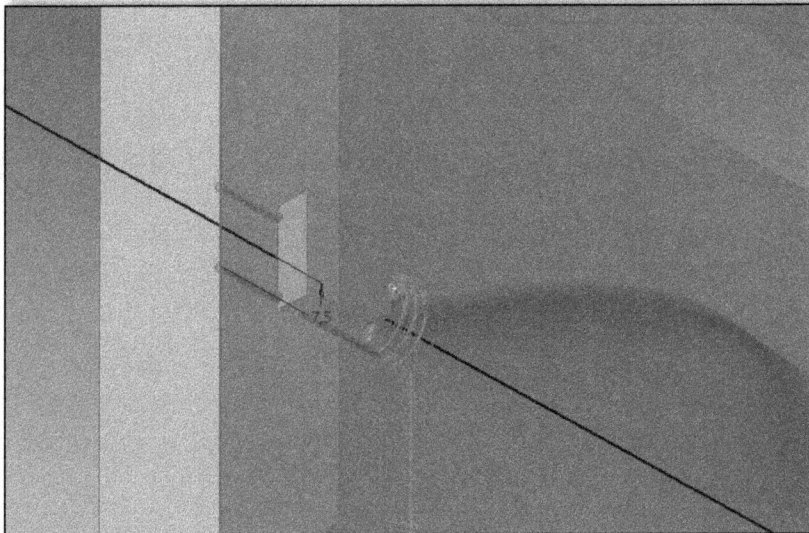

✓ Création du corps de moule :
➤ Cliquez ''**Corps de moule**'' dans le ruban ''**Ensemble de moule**'' pour ajouter un corps de moule.

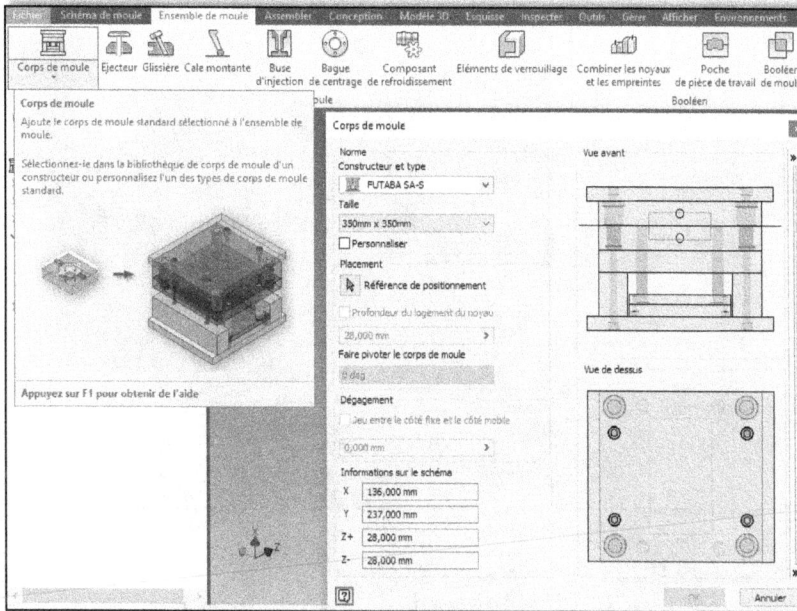

On va analyser la boite de dialogue du corps de moule :

- Constructeur : on va laisser le constructeur proposé par défaut d'Inventor.
- Taille : choisir la taille de votre corps. Vous pouvez la personnaliser.
- Placement :
- ➤ Sélectionnez le sommet indiqué ci-dessous.

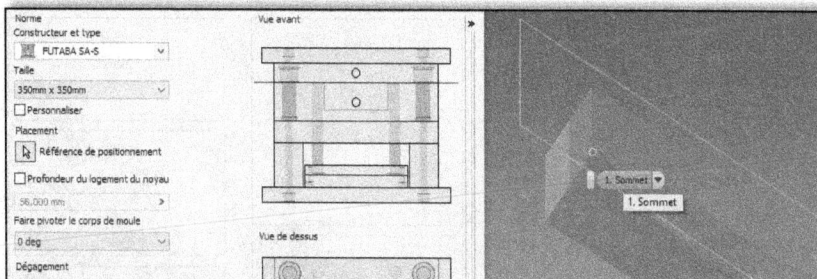

- ➤ Cliquez Ok.

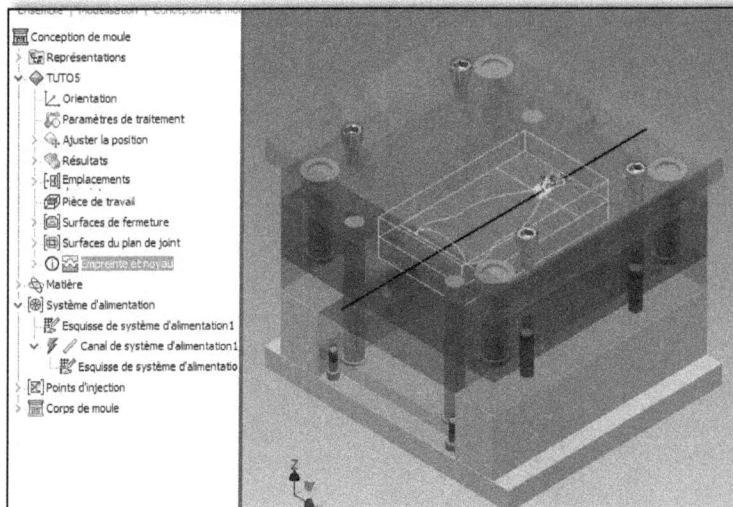

✓ Buse d'injection :

La buse d'injection a pour objectif d'assurer le transfert de la matière fondue à travers le système d'alimentation.

➢ Cliquez ''**Buse d'injection**'' dans le ruban ''**Ensemble de moule**''.

\- Placement :

➢ Sélectionnez la géométrie de l'esquisse du système d'alimentation (un point d'une ligne de l'esquisse…).

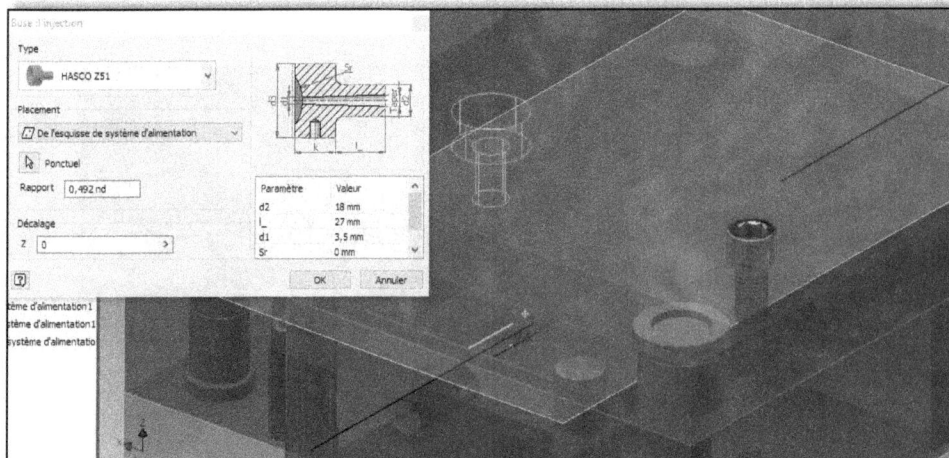

➤ Cliquez Ok.

✓ Bague de centrage :

Le but de cette bague est d'arrêter le mouvement de la buse d'injection.

➤ Cliquez ''**Bague de centrage**''.

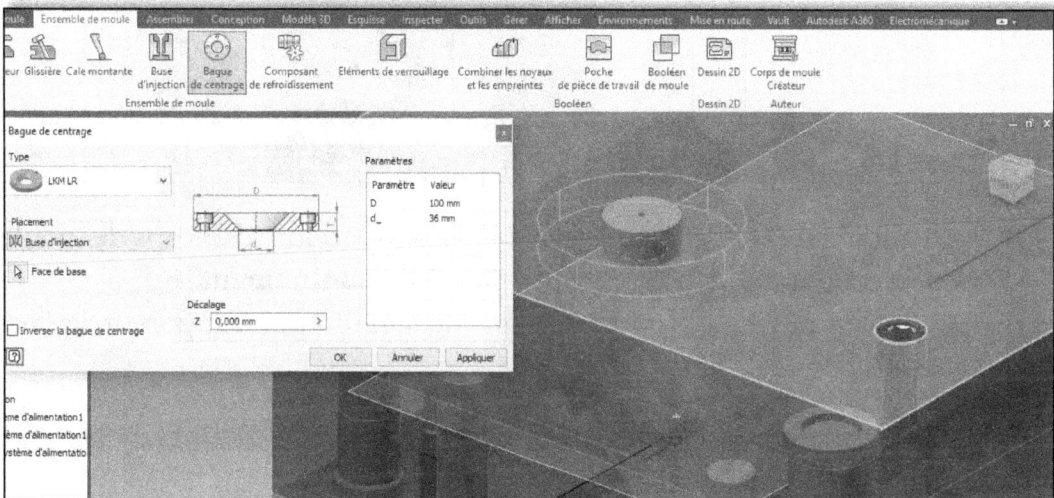

➤ Cliquez Ok.

✓ Circuit de refroidissement :

Il est évident quand on parle de moulage, il s'agit des hautes températures dans le système. Ce qui nécessite un circuit de refroidissement.

➤ Cliquez ''**Circuit de refroidissement**'' dans le ruban ''**schéma de moule**''.

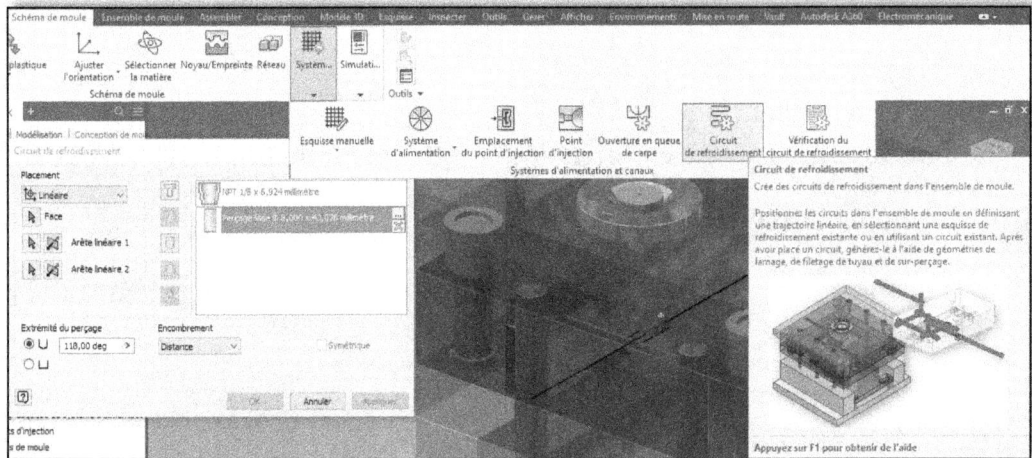

> Cliquez ''**Face**'' et sélectionnez la face supérieure du corps de moule.
> Sélectionnez ''**A travers tout**'' dans ''**Encombrement**''.
> Entrez des cotes pour localiser le circuit par rapport à la face sélectionnée.

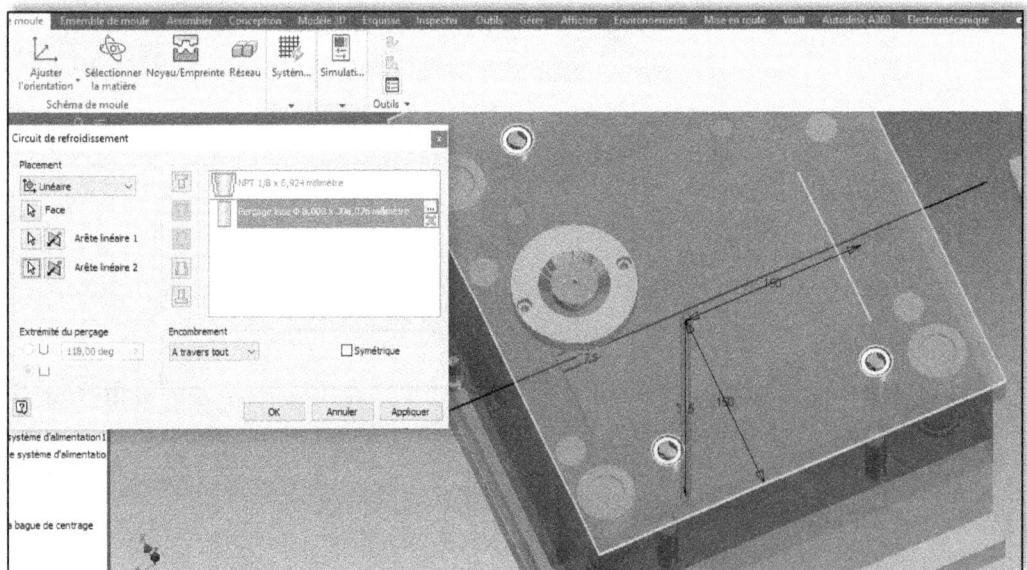

> Cliquez Ok.

✓ <u>Analyse de remplissage du moule :</u>

Après avoir modélisé le moule, on va maintenant analyser le remplissage de la matière fondue dans le moule (temps de remplissage…).

➤ Cliquez ''**Analyse de remplissage de moule**'' dans ''**Simulation de moule**''.

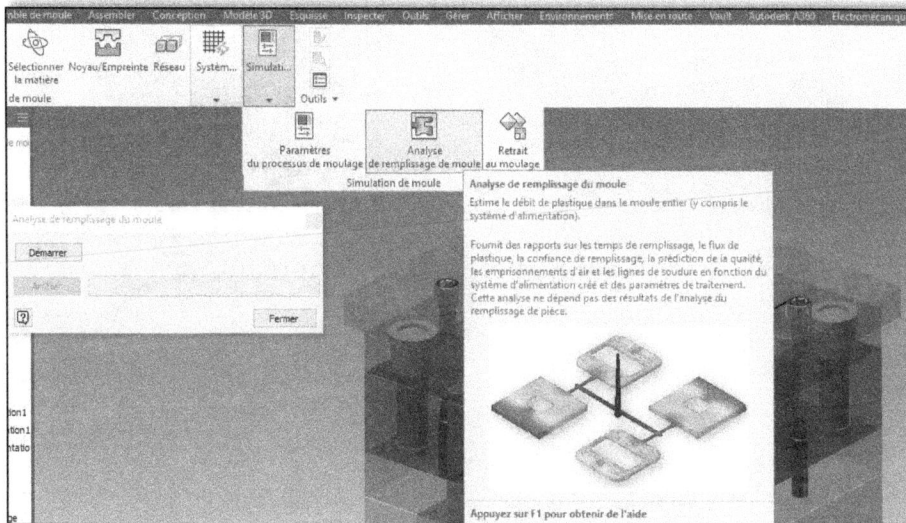

➤ Cliquez ''**Démarrer**''.

Si cela ne fonctionne pas, vous devez définir d'abord les paramètres du processus de moulage.

➤ Cliquez ''**Paramètres du processus de moulage**''.

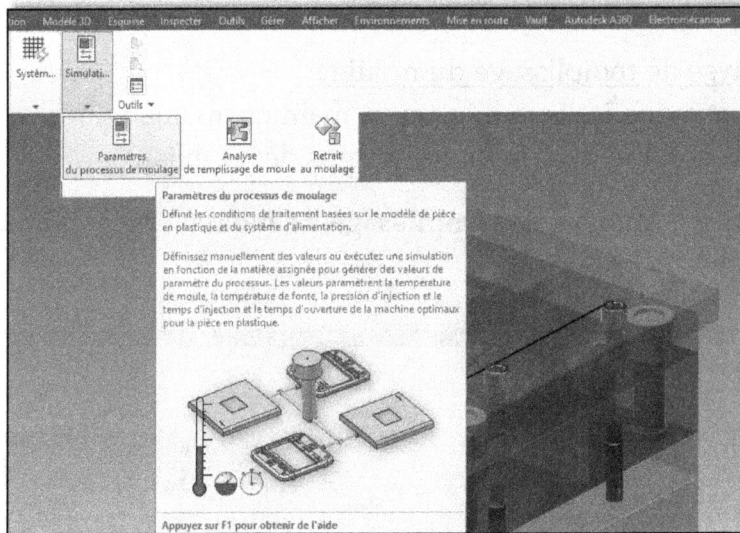

➤ Cliquez Ok en laissant les paramètres par défaut.

➤ Recliquez ''**Analyse de remplissage de moule**'' puis démarrez l'analyse.

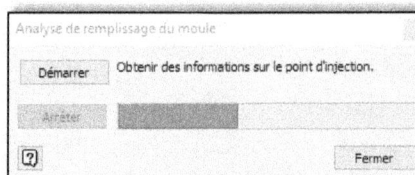

<u>Résultats d'analyse</u> :

- Température de moule : **30°C**.
- Température de fusion : **170°C**.
- Temps d'injection : **59.5 s**.

✓ <u>Mise en plan :</u>

On va créer un modèle 2D du moule conçu.

➤ Cliquez ''**Dessin 2D**'' dans le ruban ''**Ensemble de moule**''.

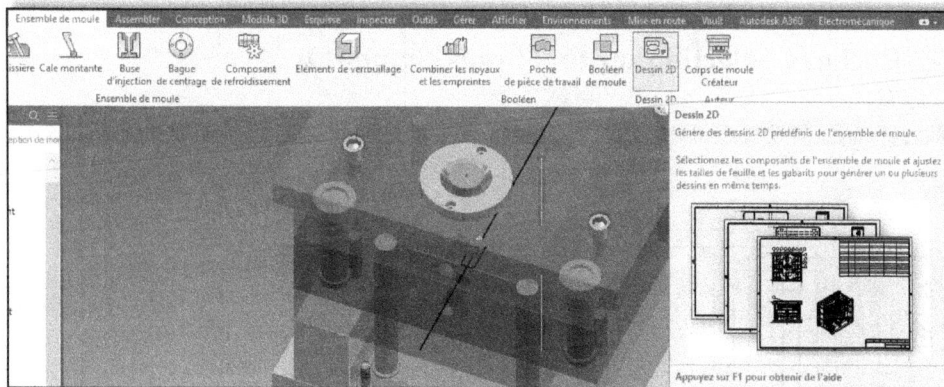

➤ Sélectionnez les éléments que vous désiriez faire apparaitre dans le dessin.

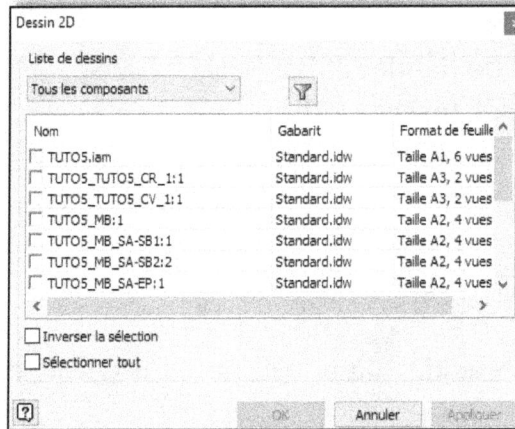

> Cochez "**Sélectionnez tout**" puis cliquez Ok.

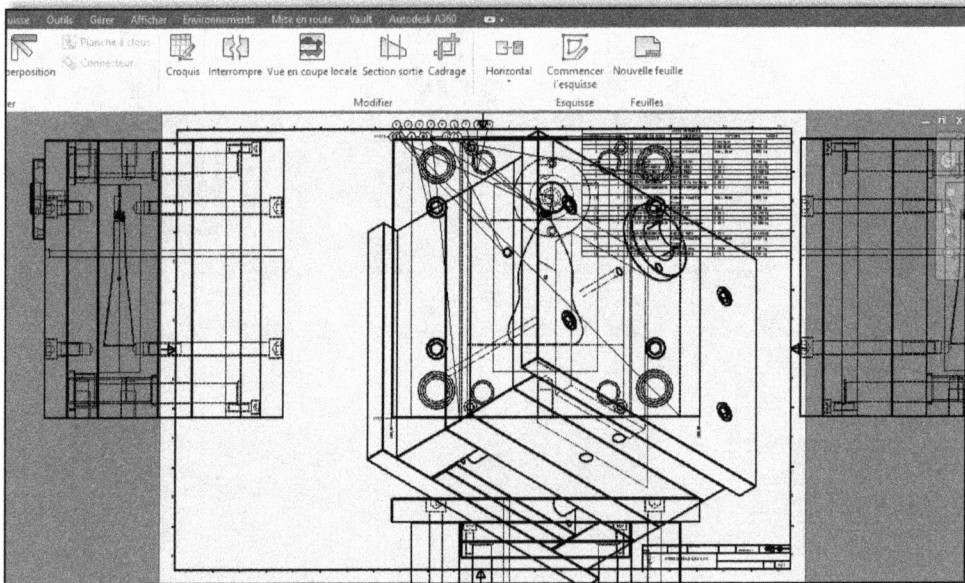

> Changez l'échelle et le format pour une bonne lisibilité du dessin.
> Supprimez les vues inutiles et réorganisez le dessin.

On remarque que Inventor a généré automatiquement un tableau contenant la nomenclature du moule.

LISTE DE PIECES					
ARTICLE	QTE	NUMERO DE PIECE	DESCRIPTION	MATIERE	MASSE
12	1			Générique	0,793 kg
15	1			Générique	0,791 kg
6	4	JIS 1176 M10x30	Cylinder Head Cap Screw	Acier, doux	0,032 kg
17	4	M-GBA 30x39	GUIDE BUSH	SUJ 2	0,233 kg
4	2	SA-SB-350x350x90	Spacer Block	S 55 C	15,217 kg
5	1	SA-EP-350x220x25	Ejector Plate	S 55 C	14,969 kg
1	4	M-GPA30x117x59	GUIDE PIN	SUJ 2	0,662 kg
16	1	SA-ERP-350x220x20	Ejector Retainer Plate	S 55 C	11,703 kg
11	1	SA-BCP-350x400x30x28 5	Bottom Clamping Plate	S 55 C	32,563 kg
2	4	JIS 1176 M16x30	Cylinder Head Cap Screw	Acier, doux	0,091 kg
7	4	M-RPN25x190	Return Pin	SUJ 2	0,738 kg
18	1	SA-S-AP-350x350x40	Cavity Plate	S 55 C	36,249 kg
9	1	SA-S-BP-350x350x80	Core Plate	S 55 C	73,484 kg
10	1	SA-TCP-350x400x30x28 5	Top Clamping Plate	S 55 C	32,506 kg
8	1	SA-SP-350x350x45	Support Plate	S 55 C	42,143 kg
3	4	JIS 1176 M16x160	Cylinder Head Cap Screw	Acier, doux	0,297 kg
13	1	Z51/18x27/3,5	Sprue Bushing	1.2826	0,207 kg
14	1	LR-100-36	Locating Ring	S 45 C	0,737 kg

➢ Enregistrez et exportez le plan en format PDF.

3. Conclusion :

L'objectif de ce chapitre est d'avoir une idée sur la procédure de conception de moule. Ainsi, vous pouvez concevoir des moules pour d'autres pièces même métalliques en suivant la même démarche.

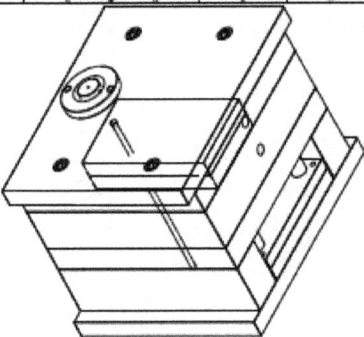

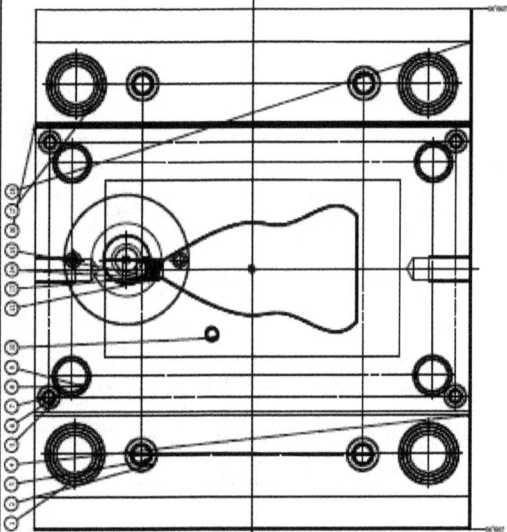

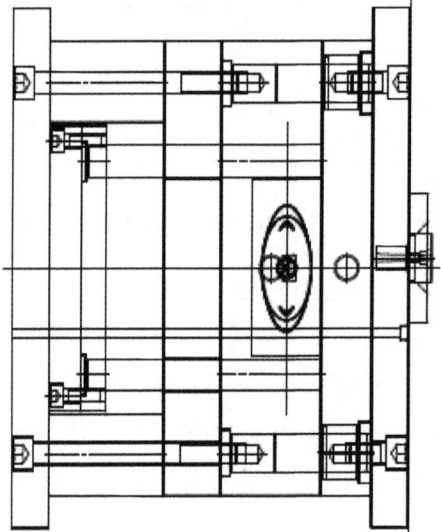

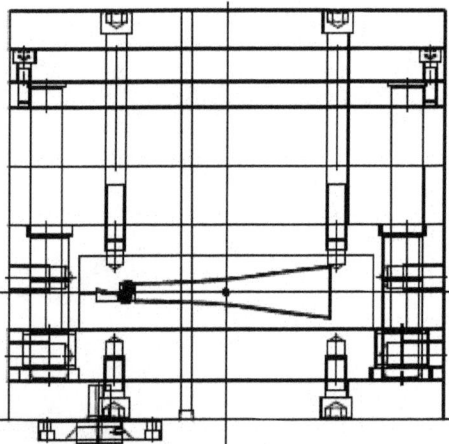

ANNEXES

Tab n°1 : Tableau des tolérances générales

Tolérances générales ISO 2768 — Usinage mm

Classe de précision	Dimension linéaire					Angle cassé (chanfrein ou rayon)			Dimension angulaire (côté le plus court)			
	>0,5 à 3 inclus	>3 à 6	>6 à 30	>30 à 120	>120 à 400	>0,5 à 3 inclus	>3 à 6	>6	≤10	>10 à 50 inclus	>50 à 120	>120 à 400
f (fin)	± 0,05	± 0,05	± 0,1	± 0,15	± 0,2	± 0,2	± 0,5	± 1	± 1°	± 30'	± 20'	± 10'
m (moyen)	± 0,1	± 0,1	± 0,2	± 0,3	± 0,5	± 0,2	± 0,5	± 1	± 1°	± 30'	± 20'	± 10'
c (large)	± 0,2	± 0,3	± 0,5	± 0,8	± 1,2	± 0,4	± 1	± 2	± 1°30'	± 1°	± 30'	± 15'
v (très large)	—	± 0,5	± 1	± 1,5	± 2,5	± 0,4	± 1	± 2	± 3°	± 2°	± 1°	± 30'

Tolérances géométriques mm

Classe de précision	Rectitude (—) - Planéité (▱)					Perpendicularité (⊥)			Symétrie (⌖)			Battement (↗ ↗↗)
	≤10	>10 à 30 inclus	>30 à 100	>100 à 300	>300 à 1000	≤100	>100 à 300	>300 à 1000	≤100	>100 à 300	>300 à 1000	—
H (fin)	0,02	0,06	0,1	0,2	0,3	0,2	0,3	0,4	0,5	0,5	0,5	0,1
K (moyen)	0,05	0,1	0,2	0,4	0,6	0,4	0,6	0,8	0,6	0,6	0,8	0,2
L (large)	0,1	0,2	0,4	0,8	1,2	0,6	1	1,5	0,6	1	1,5	0,5

www.ingramcontent.com/pod-product-compliance
Lightning Source LLC
Chambersburg PA
CBHW051203200326
41519CB00025B/6985